JN236548

How Networks Work

ネットワークは なぜつながるのか

●知っておきたいTCP/IP、LAN、ADSLの基礎知識●

戸根勤 著／日経NETWORK 監修

日経BP社

はじめに

　ブラウザにURLを入力すれば、Webページが表示されます。これは当たり前のことですが、その裏側では多数の技術が使われており、それぞれが連携して動きます。その技術の連携を解説するのがこの本の目的です。具体的には、ブラウザとTCP/IPはどういう関係を持ってどのようなやり取りをして動くのか、TCP/IPとLANの関係はどうか、ルーターとスイッチング・ハブはどうか、社内や家庭内のLANと通信回線はどうか、というようなことを解き明かそうというわけです。

　こうした連携の大半はWebアクセス以外のネットワーク・アプリケーションにも共通します。ネットワークの本来の役割はデータを運ぶことにあり、その仕組みや動作はどんなアプリケーションにも共通するからです。ですから、連携を理解することで身につけた知識は、Webアクセスだけでなく、他のアプリケーションにも応用できます。

　逆に、そうした連携がわからないとネットワークの実際の動きは理解できません。TCP/IP、イーサネット、ADSL、光ファイバといった個別の技術をいくら深く理解したとしても、それぞれの連携がわからなければ、全体の動きが見えてこないからです。

　この、全体が見えるか見えないか、という点が重要です。全体が見えていれば、個別の技術の知識が多少不足しても、ある程度推測できるようになります。あそこがこうなっているんだから、ここはこうなっているはずだ、という具合です。これがわかるようになればしめたものです。足りない知識を補って考えることができますし、不足した知識を習得する効率も段違いです。推測が利けば、その時点でもう半分はわかっているようなものですから、知識習得の効率が違うのは当たり前です。

　ネットワークの分野では次々と新しい技術が登場していますから、個別の

技術は新しいものに置き換わることがあります。しかし、連携の部分は簡単には置き換わりません。連携部分を変えてしまうと、互換性がなくなってしまうからです。連携部分は陳腐化しないということです。一度習得すれば将来も通用する、といえるでしょう。その意味でも連携を理解することは重要です。

　その連携を理解するために、ブラウザでURLを入力したところから、そのURLを基にWebサーバーにアクセスして、ページのデータを取り出し、それを画面に表示するところまで、順番に動きを追いかけてみる、という方法をとります。探検ツアーのようなものだと思ってください。インターネットを通ってサーバーまで行って帰ってくる道筋の途中には、今のネットワークの主要な技術要素が全部ありますから、そこで機器やソフトウエアがどのように動いているのかを探検すればネットワーク全体の動きがわかります。そこで身に付けた知識は、インターネットだけでなく、社内や家庭内のLANを含むネットワーク全体に通用するでしょう。

　なお、この探検ツアーは説明のために箱庭的なものを用意するのではなく、今実際に使われている技術をありのまま探検していきます。箱庭ではなく、本物を探検するところに意味があるからです。本物を探検するため、難しく感じる部分もあるかと思いますが、初心者の方でも理解できるように基本的な考え方から一つひとつ丁寧に解説しました。ツアー全体を見渡せる工夫もしています。じっくり読んでいただけば「難しいかと思ったけれど理解できた」と手ごたえを感じていただけると確信しています。本物に触れて、確かな知識を身につけてください。

2002年10月

戸根　勤

本書の構成

探検ツアーのご案内

　本書はブラウザにURLを入力してからホームページが表示されるまでの過程を探検していくもので、ツアーを6つの行程に分け、それを6つの章に割り当てています。ツアーに出発する前に、まずツアー全体の概要を見ておきましょう。

第1章　Webブラウザ内部

　探検ツアーの出発点はブラウザです。探検は、ここでURLを入力するところから始まります。

http://www.lab.glasscom.com/sample1.html

　というようなURLをブラウザに入力すると、ブラウザは「sample1.htmlというページのデータをください」というような意味のメッセージを作ります。このメッセージを作る作業がブラウザの一番重要な役割です。メッセージというのは一種の作業指示伝票のようなものです。その伝票をWebサーバーに届けると、Webサーバーがその指示に従ってデータを返送してくれることになっています。

　ところが、ブラウザにはメッセージを運ぶ機能はありません。メッセージを運ぶことがネットワークの本来の役割ですが、ブラウザにはその機能が備わっていないのです。そこで、その機能を持っているソフトウエアにメッセージを運ぶよう依頼します。

第2章　TCP/IPソフト、LANアダプタ

　ここで登場するのがTCP/IPソフトです。TCP/IPソフトはブラウザから受け取ったメッセージをパケットの中に格納して宛先アドレスを付加します。郵便にたとえると、パケットは封筒に相当します。そこに作業指示伝票を入れ、宛名を書くと考えればよいでしょう。TCP/IPソフトには、この他にも、

探検ツアーの流れ

第1章
Webブラウザ

Webブラウザ
TCP/IP
LANドライバ

第2章
TCP/IPと
LANアダプタ

クライアント側LAN
（スイッチング・ハブ
　ADSLモデム一体型ルーター）

第3章
LANを構成する機器
（ハブ、スイッチ、ルーター）

アクセス回線

NTT

電話局　　インターネット中核部

プロバイダ

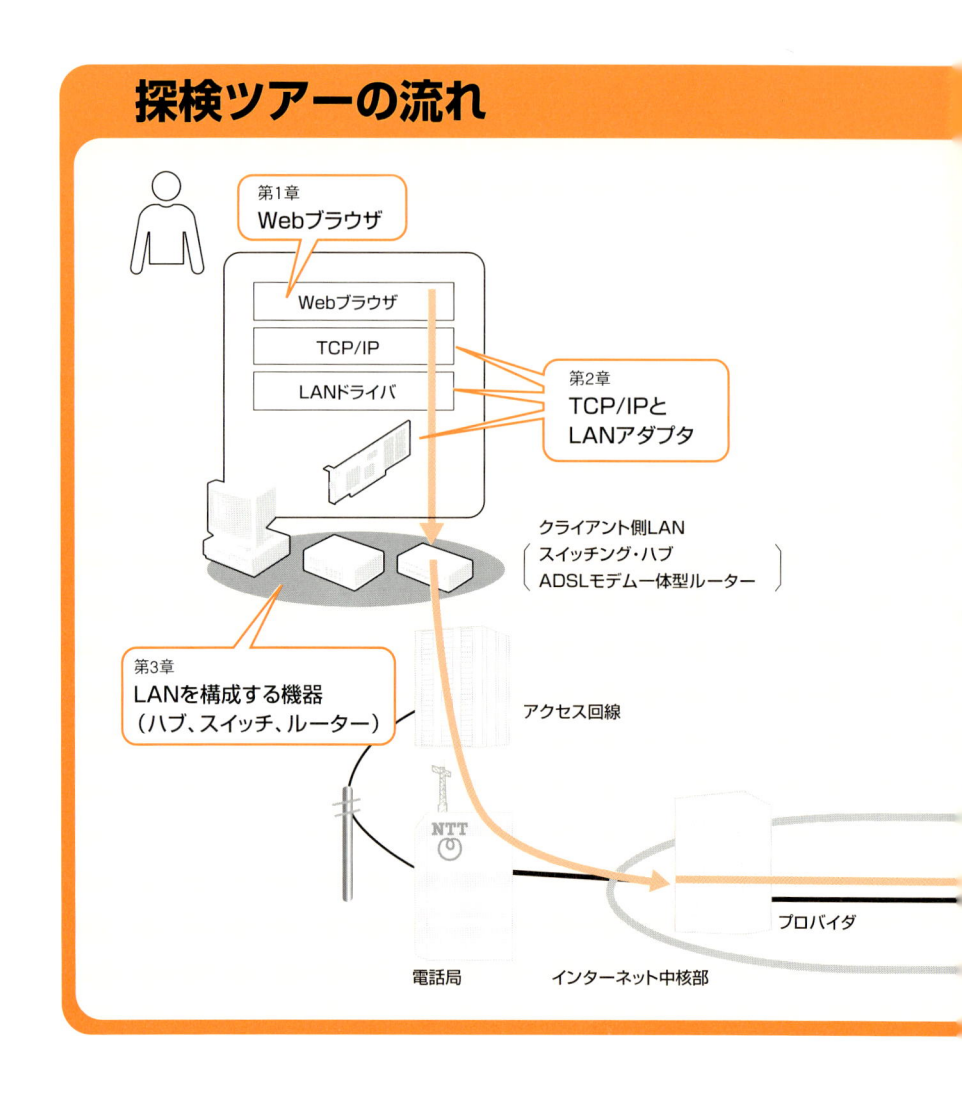

通信エラーが起こったら送り直したり、データ送信のペースを調節したり、いろいろな役割があります。秘書のようなものと考えてもよいかもしれません。

次にTCP/IPソフトはそのパケットをLANアダプタに渡し、LANアダプタがそれを電気信号に変換して、LANのケーブルに送り出します。これで、パケットがネットワークの中に入って行きます。

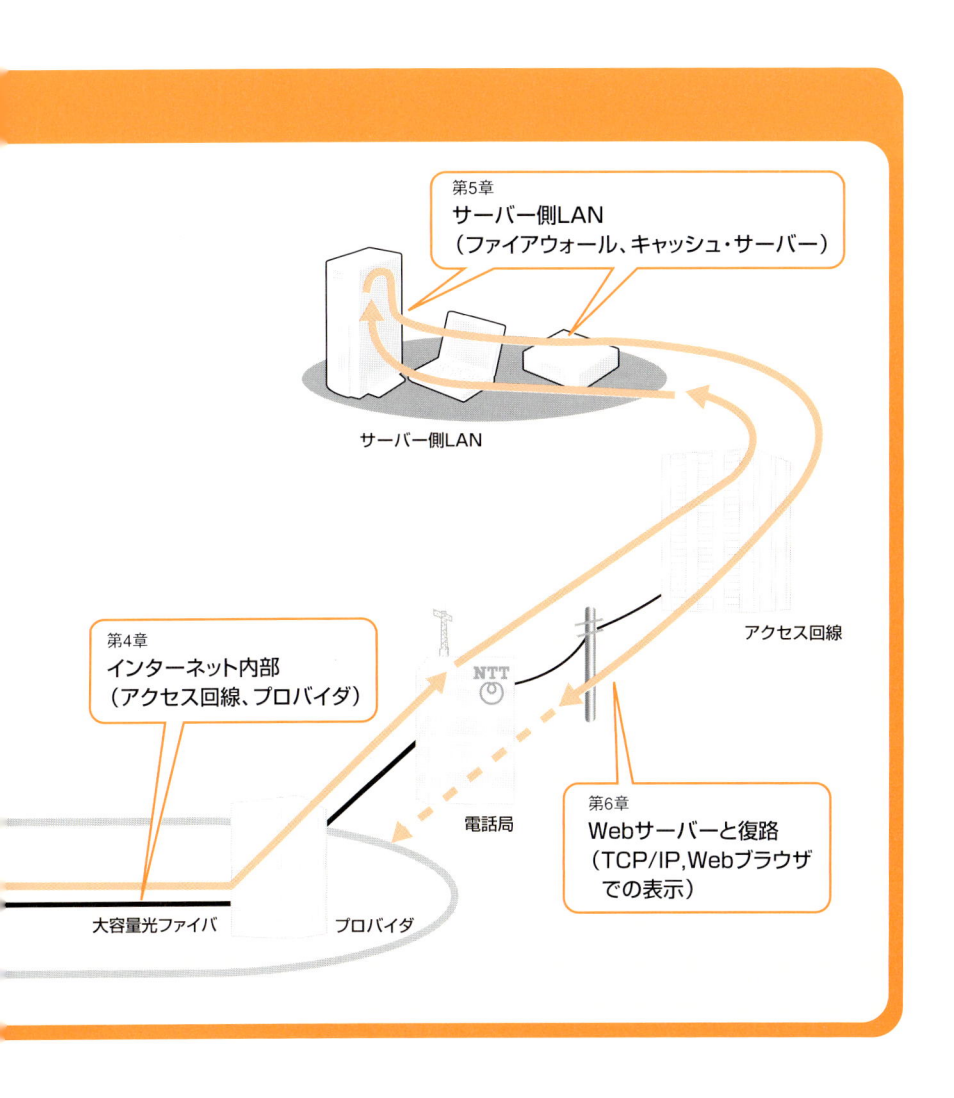

第5章
サーバー側LAN
（ファイアウォール、キャッシュ・サーバー）

サーバー側LAN

第4章
インターネット内部
（アクセス回線、プロバイダ）

アクセス回線

NTT

電話局

第6章
Webサーバーと復路
（TCP/IP,Webブラウザ
での表示）

大容量光ファイバ　　プロバイダ

第3章 ハブ、スイッチ、ルーター

　その次に登場する技術は、インターネットに接続する形態によって違います。クライアント・パソコンはLANを経由してインターネットに接続されているかもしれませんし、電話回線やISDNでインターネットに直接接続されているかもしれません。このツアーでは残念ながらそうしたバリエーション

を全部カバーできないので、クライアント・パソコンは家庭や会社のLANに接続され、その先がADSLサービスによってインターネットに接続されている、という最近の典型的な状況を想定して探検ツアーを行います。

この場合、LANアダプタが送信したパケットは、スイッチング・ハブなどを経由してADSLモデム一体型ルーターに届くはずです。ADSLモデム一体型ルーターの先はもうインターネットですから、そこから先はプロバイダがパケットを相手まで運んでくれます。ADSLモデム一体型ルーターは郵便ポストのようなもので、そこに封書を投函すれば、その後は郵便局員が手紙を相手に届けてくれるのと似ています。

第4章 アクセス回線、プロバイダ

次は、ADSLモデム一体型ルーターの先、つまりインターネットの内部です。インターネットの入り口にはアクセス回線という通信回線があります。電話回線、ISDN、ADSL、CATV、FTTH、専用線といった通信回線がアクセス回線となり、それで最寄りのアクセス・ポイントにつながります。

アクセス・ポイントは最寄りの郵便局に相当するものと考えればよいでしょう。郵便ポストから回収した手紙をそこで仕分けして日本全国、あるいは、全世界に向けて配送しますが、インターネットも同じように、まずアクセス回線でアクセス・ポイントまでパケットを運び、そこから日本全国、全世界に配送します。アクセス・ポイントの先がインターネットの中核部分といえるでしょう。

そこには多数のプロバイダのネットワークがありますが、そこでパケットを運ぶ仕組みもLANでパケットを運ぶ場合と似ています。ルーターが進む先をコントロールしながらパケットを運んでいきます。といっても、そこで使うルーターは家庭に設置するような小型のものではありません。何百本もケーブルを接続できる巨大で高速なルーターです。インターネット中核部分にはそうしたルーターがたくさん設置されています。全世界で数万台以上あるでしょう。それが複雑につながれ、パケットはその間を流れていきます。

ルーターの間をつなぐ部分ですが、

家庭や社内のLANの場合はそこを単純にケーブルで結ぶだけですが、インターネットの場合はケーブルで結ぶだけではありません。昔の電話の技術を使ってパケットを運ぶ場合もあれば、最新の光通信技術を使ってパケットを運ぶ場合もあります。この部分で使うルーターとパケットを運ぶ技術が今のネットワークで一番ホットな部分です。技術開発の最先端がこの部分に凝縮されているといえます。

第5章 ファイアウォール、キャッシュ・サーバー

この中核部分を通り、パケットは最終的にWebサーバー側のLANにたどり着きます。すると、そこにはファイアウォールが待ち構えており、入ってくるパケットをチェックするでしょう。そのチェックが終わったら、次にキャッシュ・サーバーが控えているかもしれません。大規模Webサイトだったら、複数のWebサーバーにメッセージを振り分ける負荷分散装置が設置されているかもしれません。また、インターネット全体にキャッシュ・サーバーを分散させるコンテンツ配信サービスを利用している可能性もあります。そうした仕組みを通ってパケットはWebサーバーにたどり着きます。

第6章 Webサーバー

パケットがWebサーバーにたどり着いたら、TCP/IPがパケットの中身を取り出して元のメッセージを復元してWebサーバー・ソフトに渡します。そして、Webサーバー・ソフトがメッセージの意味を読み取り、依頼されたデータを取り出して、クライアントに送り返します。そのデータがクライアントに届くまでの動きは、ここまでとは逆になります。

データがクライアントに返ってきたら、ブラウザがそれを画面に表示します。これでWebサーバーにアクセスするという一連の動作が終わり、ここがツアーの終点となります。

パケットが通る道筋

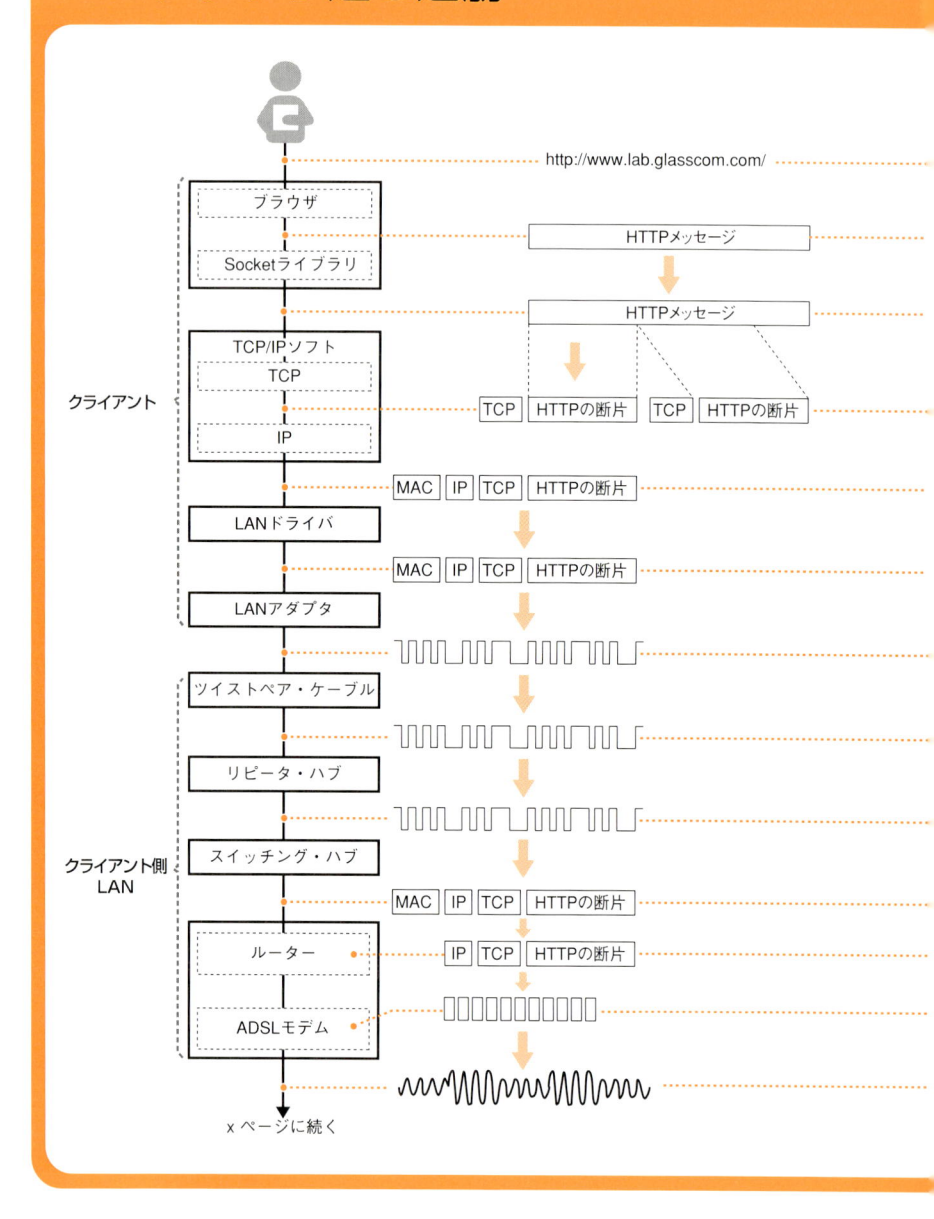

クライアント
- ブラウザ
- Socketライブラリ
- TCP/IPソフト
  - TCP
  - IP
- LANドライバ
- LANアダプタ

クライアント側LAN
- ツイストペア・ケーブル
- リピータ・ハブ
- スイッチング・ハブ
- ルーター
- ADSLモデム

http://www.lab.glasscom.com/

HTTPメッセージ → HTTPメッセージ → TCP | HTTPの断片　TCP | HTTPの断片 → MAC | IP | TCP | HTTPの断片 → MAC | IP | TCP | HTTPの断片 → MAC | IP | TCP | HTTPの断片 → IP | TCP | HTTPの断片

x ページに続く

パソコンで作られたパケットは中身は変わりませんが、この図のように外見を変えて、webサーバーまで送られていきます。

MACアドレス	IPアドレス	概要	章
		最初、ユーザーがURLを入力します。	第1章
		そのURLをブラウザが解析してHTTPメッセージを作り、Socketライブラリに渡します。	
		Socketライブラリは、受け取ったHTTPメッセージを送信データとしてTCP/IPソフトに渡します。	
		TCPは、送信データをパケットの長さに合わせて分割してTCPヘッダーを付加し、IPに渡します。	第2章
最寄ルーターのMACアドレス	WebサーバーのIPアドレス	IPは、TCPから受け取ったパケットにIPヘッダーを付加します。さらに、MACアドレスを調べてMACヘッダーも付加してからLANドライバに渡します。	
最寄ルーターのMACアドレス	WebサーバーのIPアドレス	LANドライバは、IPから送信パケットを受け取り、それをLANアダプタに渡し、送信するよう指示します。	
		LANアダプタは、イーサネットが送信可能な状態になるのを見計らって、パケットを電気信号に変換してツイストペア・ケーブルに送り出す。	
		信号は、ツイストペア・ケーブルの中を通って、リピータ・ハブに届きます。	第3章
		リピータ・ハブは信号を全ポートにばらまきます。すると、それが、スイッチング・ハブに届きます。	
最寄ルーターのMACアドレス	WebサーバーのIPアドレス	スイッチング・ハブは、届いたパケットの宛先MACアドレスの値と自分の中にあるアドレス・テーブルを照合して出力先ポートを判断し、そのポートにパケットを中継します。	
	WebサーバーのIPアドレス	ルーターは、届いたパケットの宛先IPアドレスの値と自分の中にある経路表の内容を照合して出力ポートを判断し、そのポートにパケットを中継します。	
		ルーターとADSLモデムを一体化したADSLモデムの場合、出力側ポートはADSLモデムに直結されているので、パケットはADSLモデムに入って行き、そこでATMセルに分割されます。	第4章
		ADSLモデムは、ATMセルに分割した後、電気信号に変換して電話線に送り出します。	

パケットが通る道筋（つづき）

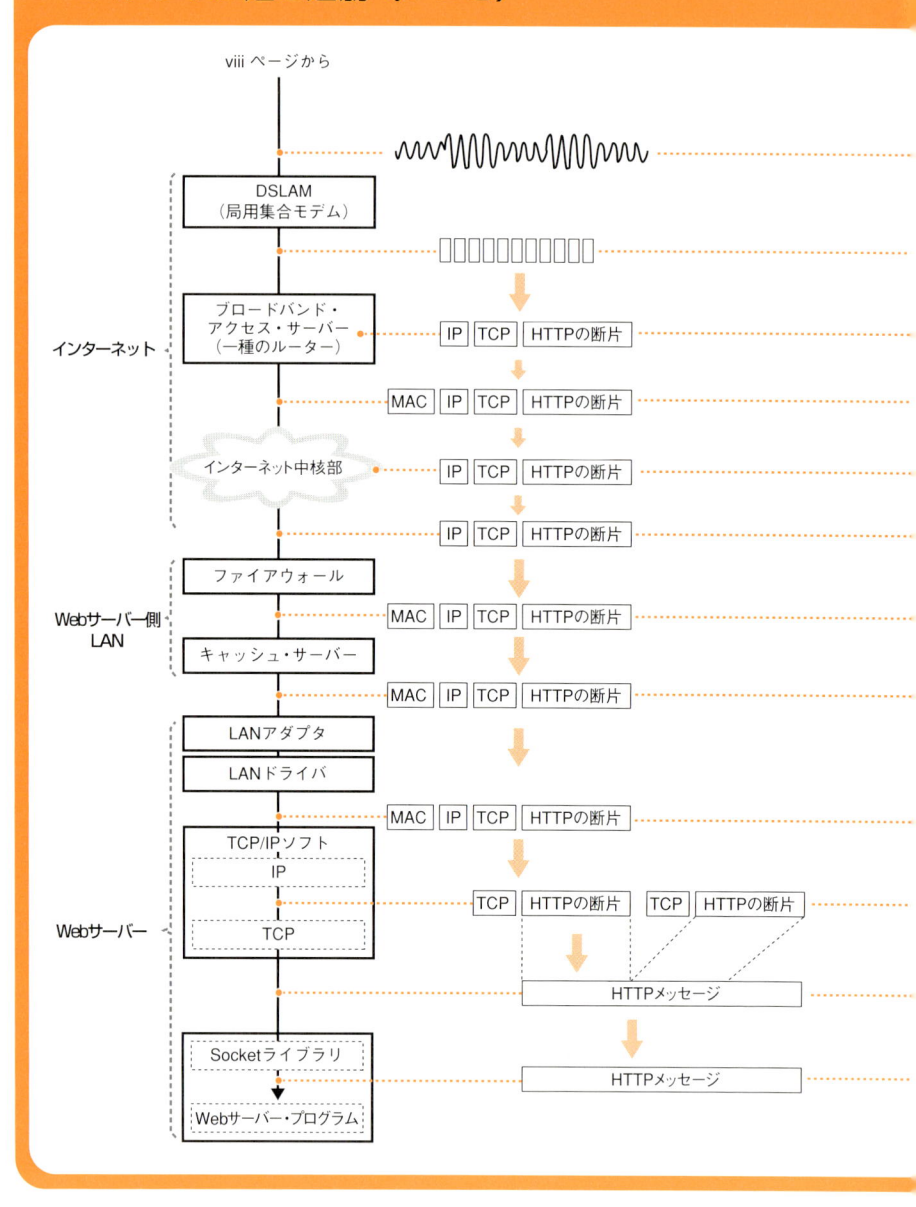

viii ページから

インターネット
- DSLAM（局用集合モデム）
- ブロードバンド・アクセス・サーバー（一種のルーター）
- インターネット中核部

| IP | TCP | HTTPの断片 |

| MAC | IP | TCP | HTTPの断片 |

| IP | TCP | HTTPの断片 |

| IP | TCP | HTTPの断片 |

Webサーバー側 LAN
- ファイアウォール
- キャッシュ・サーバー

| MAC | IP | TCP | HTTPの断片 |

| MAC | IP | TCP | HTTPの断片 |

Webサーバー
- LANアダプタ
- LANドライバ

| MAC | IP | TCP | HTTPの断片 |

- TCP/IPソフト
  - IP
  - TCP

| TCP | HTTPの断片 |　| TCP | HTTPの断片 |

HTTPメッセージ

- Socketライブラリ
- Webサーバー・プログラム

HTTPメッセージ

MACアドレス	IPアドレス	概要	章
		ADSLモデムが送り出した信号は、電柱の電話線を通って、電話局のDSLAM（局集合モデム）に届きます。	第4章
		DSLAMは、受信した電気信号をATMセルの形に戻してブロードバンド・アクセス・サーバーに送ります。	
	WebサーバーのIPアドレス	ブロードバンド・アクセス・サーバーはATMセルをパケットの形にしてから、宛先アドレスを調べて、パケットを中継します。	
次のルーターのMACアドレス	WebサーバーのIPアドレス	ブロードバンド・アクセス・サーバが中継したパケットはインターネットの中核部に入って行きます。	
	WebサーバーのIPアドレス	インターネット中核部分には多数のルーターがあり、それがパケットの宛先IPアドレスに基づいてパケットを順次中継し、サーバー側のLANにパケットを届けます。	
	WebサーバーのIPアドレス	サーバー側のLANには、ファイアウォールがあり、それで入ってきたパケットを検査し、通過させるべきか、遮断させるべきか判断します。	第5章
キャッシュ・サーバーまたはWebサーバーのMACアドレス	WebサーバーのIPアドレス	Webサーバーの手前にキャッシュ・サーバーを設ける場合、ファイアウォールを通過したパケットをキャッシュ・サーバーが横取りします。ユーザーがリクエストしたページがキャッシュ・サーバーに保管されていれば、キャッシュ・サーバーがWebサーバーに代わって、そのページを送り返します。	
WebサーバーのMACアドレス	WebサーバーのIPアドレス	キャッシュ・サーバーにページが保管されていなければ、そこでリクエストが転送されWebサーバーに届きます。	
	WebサーバーのIPアドレス	Webサーバにパケットが届いたら、LANアダプタとLANドライバが連携してパケットを受信し、TCP/IPソフトに渡します。	第6章
		TCP/IPソフトは、IPヘッダとTCPヘッダを順に検査し、誤りがなければ、パケットからHTTPメッセージの断片を取り出して元の形に戻します。	
		元の形に戻ったHTTPメッセージは、Socketライブラリを介して、Webサーバーに渡します。	
		Webサーバーは受け取ったHTTPメッセージの内容を解析し、そこに書いてある依頼内容に従ってデータを取り出して、クライアントに送ります。	

ネットワークはなぜつながるのか
～本書で解説する主なキーワード～

第1章 ブラウザがメッセージを作る
ブラウザ、Webサーバー、URL、HTTP、HTML、
プロトコル、URI、リクエスト・メッセージ、
リゾルバ、Socketライブラリ、DNSサーバー、
ドメイン名

第2章 TCP/IPのデータを電気信号にして送る
TCP/IP、ソケット、IPアドレス、
ポート番号、パケット、ヘッダー、
LANアダプタ、LANドライバ、MACアドレス、
イーサネット・コントローラ、ICMP、UDP

第3章 ケーブルの先はLAN機器だった
LAN、ツイストペア・ケーブル、クロストーク、
リピータ・ハブ、MDI、MDI-X、スイッチング・ハブ、
全2重、半2重、衝突、オート・ネゴシエーション、
ルーター、経路表、ネットマスク、
デフォルト・ゲートウエイ、
フラグメンテーション、アドレス変換、
グローバル・アドレス、プライベート・アドレス

本書をお読みいただくことで、ブラウザにURLを入力してからwebページが表示されるまでの仕組みがわかります。

第4章 プロバイダからインターネット内へ

ADSL、アクセス回線、
ADSLモデム一体型ルーター、ATM、セル、
直交振幅変調、スプリッタ、DSLAM、
ブロードバンド・アクセス・サーバー、
リモート・アクセス・サーバー、PPP、
ネットワーク・オペレーション・センター、
光ファイバ、IX（Internet eXchange）

第5章 Webサーバーに遂にたどり着く

ファイアウォール、パケット・フィルタリング、
データ・センター、ラウンド・ロビン、
負荷分散装置、キャッシュ・サーバー、プロキシ、
プロキシ・サーバー、コンテンツ配信サービス、
リダイレクト

第6章 返信データが完成し、Webブラウザに戻る

レスポンス・メッセージ、マルチタスク、
マルチスレッド、仮想ディレクトリ、CGI、
フォーム、アクセス制御、パスワード、データ形式、
MIME

目次

第1章 ブラウザがメッセージを作る
〜ブラウザ内部を探検〜

- 探検ツアーの始まりはURLを入れるところから　　3
- ブラウザはまずURLを解読　　5
- ファイルとディレクトリの違い　　6
- HTTPの基本的な考え方　　8
- HTTPのリクエスト・メッセージを作る　　11
- リクエストを送るとレスポンスが返ってくる　　15
- 送り先となるWebサーバーのIPアドレスを調べる　　20
- IPアドレスを探す機能はSocketライブラリが提供　　22
- リゾルバを利用してDNSサーバーに問い合わせる　　23
- リゾルバを呼び出すときの動き　　25
- DNSサーバーの基本動作　　28
- DNSサーバーへ問い合わせるパケット　　31
- DNSサーバーの担当範囲と階層構造　　32
- 担当のDNSサーバーを探し、IPアドレスを取得　　34
- DNSサーバーはキャッシュ機能で素早く回答　　38
- SocketライブラリはTCP/IPソフトへの仲介役　　39
- ソケットを生成して、接続状況を管理　　42
- IPアドレスとポート番号をTCP/IPソフトへ通知　　43
- サーバー側も待ち受けの準備をする　　44
- サーバー側はIPアドレスを照合して接続許可を返信　　45
- さあ、メッセージの送受信を開始　　46
- メッセージ送受信の終わりを通知　　47

COLUMN　ほんとうは難しくないネットワーク用語
怪傑リゾルバ　　52

第2章 TCP/IPのデータを電気信号にして送る
～TCP/IPソフトとLANアダプタを探検～

- TCP/IPソフトの内部構成　　　　　　　　　　　　　　　**57**
- ソケットの実体はTCP/IPソフト内部のメモリー　　　　　**60**
- 宛先と送信元の組み合わせが同じソケットは一つだけ　　**63**
- TCP/IPソフトはまずソケットを作成　　　　　　　　　　**66**
- ソケットを生成したら、TCPで"パイプ"をつなぐ　　　　**68**
- 接続、データ送受信、切断の3フェーズで管理　　　　　　**70**
- 制御情報を納めたTCPヘッダーを作る　　　　　　　　　**73**
- IPアドレスを納めたIPヘッダーを作る　　　　　　　　　**75**
- イーサネット用にMACヘッダーを作る　　　　　　　　　**79**
- ARPで送信先ルーターのMACアドレスを調べる　　　　　**81**
- IPパケットを電気や光の信号に変換して送信　　　　　　**82**
- さらにパケットに三つの制御用データを付ける　　　　　**85**
- ハブに向けて接続を知らせるパケットを送信　　　　　　**89**
- LANアダプタのMAUが衝突を検出　　　　　　　　　　　**91**
- 通信開始に対する応答パケットを受け取る　　　　　　　**92**
- サーバーからの応答パケットをIPからTCPに渡す　　　　**95**
- HTTPリクエスト・メッセージのパケットを作成　　　　　**98**
- データが大きいときは分割して送る　　　　　　　　　　**100**
- パケットが届いたことをACK番号を使って確認　　　　　**101**
- パケット平均往復時間でACK番号の待ち時間を調整　　　**104**
- ウインドウ制御方式でACK番号を効率よく管理　　　　　**105**
- データ送受信フェーズの動作は接続フェーズと同じ　　　**108**
- HTTPレスポンス・メッセージを待つ　　　　　　　　　**109**
- 送り直しの必要がないデータの送信はUDPが効率的　　　**109**

COLUMN ほんとうは難しくないネットワーク用語

ソケットにねじ込むのは電球かプログラムか　　　　　　　**116**

第3章 ケーブルの先はLAN機器だった
〜ハブとスイッチ、ルーターを探検〜

- 一つ一つのパケットが独立したものとして動く　**121**
- LANケーブルは信号を劣化させないで送るのがポイント　**123**
- "より"は雑音を防ぐための工夫　**126**
- リピータ・ハブは全ポートから信号を送信　**129**
- スイッチング・ハブはアドレス・テーブルで中継　**132**
- MACアドレス・テーブルの登録・更新　**136**
- 例外的な動作　**138**
- 衝突に関する振る舞いとハブ接続台数の制限　**140**
- スイッチング・ハブは全2重　**142**
- 最適な伝送速度で送るオート・ネゴシエーション　**144**
- スイッチング・ハブは複数の中継動作を同時に実行　**146**
- ルーターとスイッチング・ハブの違い　**147**
- ネットワーク番号とホスト番号　**148**
- ネットワーク番号とホスト番号を分けるネットマスク　**150**
- 経路表に登録される情報　**152**
- 経路表を検索して出力ポートを見つける　**154**
- デフォルト・ゲートウエイで次のルーターへ　**156**
- パケットには有効期限がある　**157**
- 大きいパケットはフラグメンテーション機能で分割　**157**
- ルーターの送信動作はコンピュータと同じ　**159**
- アドレス変換でIPアドレスを有効利用　**161**
- アドレス変換の基本動作　**164**
- ポート番号を書き換える理由　**167**
- インターネットから社内へのアクセス　**168**
- ルーターのパケット・フィルタリング機能　**170**

COLUMN　ほんとうは難しくないネットワーク用語

　ハブとルーター　名前を変えれば値段も変わる？　**174**

第4章 プロバイダからインターネット内へ
～アクセス回線とプロバイダを探検～

- インターネットを構成するルーター　　　　　　　　　**179**
- アクセス回線のバリエーション　　　　　　　　　　　**181**
- ADSLモデムでパケットをセルに分割　　　　　　　　**182**
- ADSLは「変調方式」でセルを信号化　　　　　　　　**185**
- ADSLは多数の周波数を使い高速化を実現　　　　　　**188**
- スプリッタの役割　　　　　　　　　　　　　　　　　**190**
- 電話局までの道のり　　　　　　　　　　　　　　　　**192**
- ISDNの影響　　　　　　　　　　　　　　　　　　　**194**
- ISDN信号に同期させてADSLの信号を変化させる　　**197**
- DSLAMを通過してBASに届く　　　　　　　　　　　**198**
- ユーザー認証と設定情報通知　　　　　　　　　　　　**200**
- ADSLでPPPを動かすPPPoA　　　　　　　　　　　　**203**
- PPPoA以外の方法のメリットとデメリット　　　　　　**207**
- アクセス・ポイントの構成　　　　　　　　　　　　　**211**
- 建物内部はケーブルで直結　　　　　　　　　　　　　**215**
- 通信回線の多重化　　　　　　　　　　　　　　　　　**223**
- プロバイダ同士の接続　　　　　　　　　　　　　　　**225**
- プロバイダ同士で経路情報を交換　　　　　　　　　　**226**
- 社内ネットワークの自動登録との違い　　　　　　　　**228**
- IXの必要性　　　　　　　　　　　　　　　　　　　　**230**
- IXでプロバイダ同士を接続する様子　　　　　　　　　**231**

COLUMN　ほんとうは難しくないネットワーク用語

名前はサーバー、中身はルーター　　　　　　　　　　　**238**

第5章 Webサーバーに遂にたどり着く
～ファイアウォール、Webサーバーを探検～

- Webサーバーの手前には各種のサーバーあり　　　　　**243**

- ファイアウォールのタイプ　　　　　　　　　　　　　　　**246**
- パケット・フィルタリングの条件設定の考え方　　　　　**247**
- アプリケーションを限定するのにポート番号を使用　　　**252**
- 接続方向をコントロール・ビットで判断　　　　　　　　**253**
- 社内LANから公開サーバー用LANへの条件設定　　　　　**255**
- 社内LANへ外からはアクセスできない　　　　　　　　　**255**
- ファイアウォールを通過する　　　　　　　　　　　　　**256**
- データ・センターにWebサーバーを設置する場合　　　　**257**
- 処理能力不足の場合は複数サーバーで負荷分散　　　　　**258**
- 負荷分散装置で複数のWebサーバーに振り分け　　　　　**262**
- キャッシュ・サーバーの利用　　　　　　　　　　　　　**264**
- キャッシュ・サーバーは更新日でコンテンツを管理　　　**266**
- キャッシュ・サーバーにパケットを届ける方法　　　　　**270**
- プロキシの原点はフォワード・プロキシ　　　　　　　　**272**
- フォワード・プロキシを改良したリバース・プロキシ　　**274**
- コンテンツ配信ネットワークを利用した負荷分散　　　　**277**
- 最寄りのキャッシュ・サーバーの見つけ方　　　　　　　**281**
- リダイレクト用サーバーでアクセス先を振り分ける　　　**286**
- キャッシュ内容の更新方法で性能に差が出る　　　　　　**287**

COLUMN **ほんとうは難しくないネットワーク用語**

通信回線がLANになる日　　　　　　　　　　　　　　　**292**

第6章 返信データが完成し、Webブラウザに戻る
～わずか数秒の「長い旅」の終わり～

- 受信信号をデジタル・データに変換　　　　　　　　　　**297**
- TCP/IPソフトがHTTPメッセージを取り出す　　　　　　**300**
- ソケットを作成して接続を待ち受ける　　　　　　　　　**302**
- TCP/IPソフトからデータを受け取る　　　　　　　　　　**306**
- サーバーは複数のクライアントと同時に通信　　　　　　**306**

- ■ 問い合わせのURIを実際のファイル名に変換　　　**309**
- ■ CGIアプリケーションを起動する場合　　　**313**
- ■ Webサーバーで行うアクセス制御　　　**317**
- ■ レスポンス・メッセージを送り返す　　　**321**
- ■ レスポンスのデータ・タイプを見て中身を判断　　　**322**
- ■ ブラウザ画面にWebページを表示！ アクセス完了！　　　**325**

| COLUMN | **ほんとうは難しくないネットワーク用語** |

ゲートウエイは別世界に通じる入り口　　　**328**

おわりに　　　**330**
索引　　　**331**

各章の構成

各章の内容は「ウォーミングアップ」「探検ツアーのポイント」「本文」「用語解説」となっています。いくつかの「コラム」もあります。

●ウォーミングアップ

各章の冒頭には「ウォーミングアップ」として簡単なクイズを掲載していますので、ぜひ挑戦してください。この部分は探検ツアーの予告編ともいえる部分です。これから始まる探検ツアーの内容をここで想像してみてください。

●探検ツアーのポイント

「探検ツアー」のポイントは、本文で説明するテーマを示したものです。その章の概要を最初につかんでおくのにお読みください。

●本文

ポイントを把握できたらツアーに出発しましょう。この部分は経験豊富な説明員が親切に説明いたします。ネットワークの知識がない方でも実際のネットワークの姿が見えてくるでしょう。ごゆっくり、ツアーをお楽しみください。

●用語解説

本文中で使われている専門用語の解説を各章の最後に掲載しています。「用語解説」で取り上げている用語は、本文中で「*」を付けています。必要に応じて参照してください。

●コラム「ほんとうは難しくないネットワーク用語」

「コラム」では、ネットワーク用語の語源について、探検隊長と隊員の会話のスタイルで掲載しています。日頃難しく感じている用語も、その語源を調べてみるとその本質が理解できるものです。用語に親しむ気持ちでお読みください。

第1章

Webブラウザが メッセージを作る

～ブラウザ内部を探検～

ウォーミングアップ

本題に入る前に、ウォーミングアップとしてクイズを出題させていただきます。きちんと説明できるかどうか試してみてください。

問題

1. 「http://www.nikkeibp.co.jp」の「www」は何を表すでしょう？
2. 下のURLのうちどちらが好ましい表記でしょうか？
   (a) http://www.nikkeibp.co.jp
   (b) http://www.nikkeibp.co.jp/
3. インターネットに接続したパソコンやサーバーを識別するためのアドレスを何というでしょう？
4. Webサーバーの名前からIPアドレスを調べるために使うサーバーを何というでしょう？
5. DNSサーバーに問い合わせのメッセージを送るプログラムを何というでしょう？

いかがだったでしょうか。改めて聞かれると、簡潔に答えられない問題もあったことでしょう。答えと解説を以下に示しておきます。

答え

1. Webサーバーの名前
2. (b) http://www.nikkeibp.co.jp/
3. IPアドレス
4. DNSサーバー
5. リゾルバ

解説

1. wwwはサーバーの名前です。サーバーの名前は自由に付けることができるので、wwwという名前である必要はありません。
2. URLにはサーバー名とファイルのパス名の両方を書くことになっていますが、一番最後の「/」（ルート・ディレクトリを表す）がないと、パス名を表すものが書いていないことになります。
3. IPアドレスは電話番号のようなものです。ネットワークに接続したパソコンやサーバーにはすべて異なるIPアドレスを割り当てることになっています。
4. DNSサーバーには名前とアドレスの対応関係が登録されており、サーバーの名前からIPアドレスを調べるときはDNSサーバーに問い合わせると、答えてくれます。
5. DNSサーバーに問い合わせのメッセージを送るとき、ブラウザはリゾルバを呼び出してDNSサーバーにメッセージを送ってもらいます。

探検ツアーの ポイント

早速ツアーを始めましょう。まず、第1章はWebブラウザの動作を探検します。URL欄に入力されたURLを解読して、Webページを読み出すためのリクエスト・メッセージを作り、それをWebサーバーに送り出すところまでです。Webブラウザはその動作を全部自分で実行する、というわけではありません。たとえば、DNSサーバーを使って、WebサーバーのIPアドレスを調べるところは、DNSのクライアントに相当するリゾルバというソフトウエアに依頼してIPアドレスを調べてもらいます。Webサーバーにリクエスト・メッセージを送るときも同様です。リクエスト・メッセージそのものはWebブラウザが作りますが、それを送受信するときはOSの内部にあるTCP/IPプロトコル処理ソフトに依頼して送受信動作を実行してもらいます。いろいろなソフトウエアに仕事を依頼しながら全体の動作を実行するわけです。これはWebブラウザに限ったことではなく、ネットワーク・アプリケーションすべてに共通します。ネットワークに対して仕事を依頼するアプリケーションと、依頼された仕事を実行するソフトウエアが役割分担しながら連携することによって全体がスムーズに動くのです。その役割分担と連携の実態を解明することがこの章のポイントです。

■探検ツアーの始まりはURLを入れるところから

最初はブラウザでURLを入力するところからです。Webサーバー*にアクセスする場合は、URL*入力欄にhttp:で始まるURLを入力しますが、URLはhttp:で始まるとは限りません。ftp:で始まるもの、file:で始まるもの、mailto:注1で始まるものなどがあります。

ブラウザはWebサーバーにアクセスするクライアントとして使うことが多いですが、それだけでなくファイルをダウンロード/アップロードするFTP*のクライアント機能やメールのクライアント機能なども持っています。ブラウ

注1) メールソフトをセットアップしないと、URL欄にmailto:... と入力しても正しく動きません。
注2) その機能の違いはプロトコルの違いともいえます。ですから、機能を使い分けることは、プロトコルを使い分けることになります。

ザはいくつかのクライアント機能を兼ね備えた複合的なクライアント・ソフトだといえるでしょう。そのため、いくつかある機能の中のどれを使ってデータにアクセスすればよいのか判断する材料が必要になります[注2]。

これが、いろいろなURLが用意されている理由です。**図1.1**に、現在インターネットで使われている主要なURLをまとめておきますが、その書き方は

HTTPプロトコルでWebサーバーにアクセスする場合

```
http://user:password@www.glasscom.com:80/dir/file1.htm
```

ユーザー名（省略可） パスワード（省略可） Webサーバーのドメイン名 ポート番号（省略可） ファイルのパス名

FTPプロトコルでファイルをダウンロードしたりアップロードする場合

```
ftp://user:password@ftp.glasscom.com:21/dir/file1.htm
```

ユーザー名（省略可） パスワード（省略可） FTPサーバーのドメイン名 ポート番号（省略可） ファイルのパス名

クライアント・パソコン自身のファイルからデータを読み込む場合

```
file://localhost/c:/path/file1.zip
```

コンピュータ名（省略可） ファイルのパス名

メールを送信する場合

```
mailto:tone@glasscom.com
```

メール・アドレス

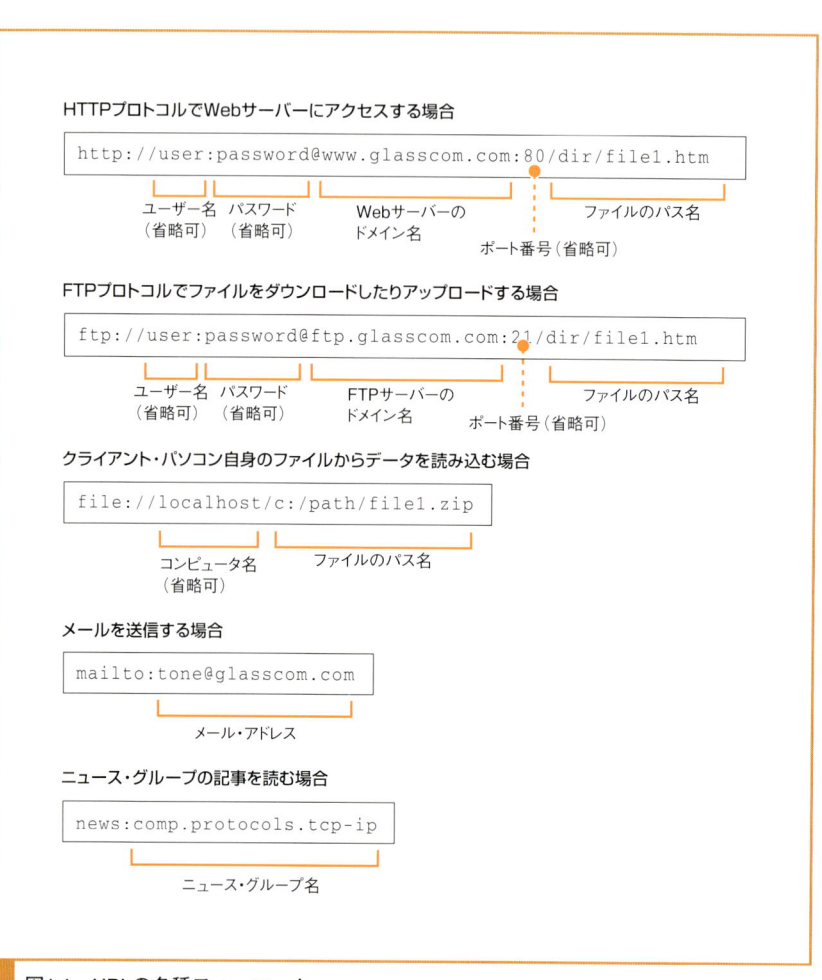

ニュース・グループの記事を読む場合

```
news:comp.protocols.tcp-ip
```

ニュース・グループ名

図1.1　URLの各種フォーマット

アクセス先によって違います。たとえば、Webサーバーやx FTPサーバーにアクセスする場合は、サーバーのドメイン名*やアクセスするファイルのパス名などをURLに書き、メールの場合は送る相手のメール・アドレスをURLに書く、といった具合です。また、必要に応じて、ユーザー名やパスワード、サーバー側のポート番号*などを書くこともできます。

　このように書き方はまちまちですが、どのURLにも共通する点が一つあります。URLの先頭にある文字列、つまり、http:、ftp:、file:、mailto:といった部分でアクセス先にアクセスする方法を表す点です。アクセス先がWebサーバーだったらHTTPプロトコルを使ってアクセスし、FTPサーバーだったらFTPプロトコルを使うという具合です。ですからここは、アクセスするときのプロトコル*の種類が書いてあると考えればよいでしょう。その後に続く部分の書き方はまちまちでも、先頭部分によってその後に続く書き方が決まるので、混乱することはありません。

ブラウザはまずURLを解読

　ブラウザが最初にやる仕事は、Webサーバーに送るリクエスト・メッセージを作るために、このURLを解読することです。URLのフォーマットはプロトコルによって違うので、ここではWebサーバーにアクセスする場合を例に説明します。

　HTTPの仕様に沿って考えると、URLは**図1.2**（a）のようにいくつかの要素を並べたもの、ということになります。そこでURLを解読するときは、まず、図1.2（a）のように要素をばらばらに分解します。例として図1.2（b）のURLを分解したものが図1.2（c）です。そして、分解した要素の並び方を調べれば、URLの意味がわかります。たとえば、分解した結果の図1.2（c）を見てみると、Webサーバーの名前を表す個所に「www.lab.glasscom.com」という名前があり、ファイルのパス名に相当する部分に「/dir/file1.htm」という文字列があります。これで、図1.2（b）のURLは「www.lab.glass-

```
(a) HTTPの仕様で定められたURLのフォーマット

http: + // + Webサーバー名 + / + ディレクトリ名 + / ……+ ファイル名
                              └──────────────────────────────────┘
                                 データ源（ファイル）のパス名を表す
         └── 「//」はあとに続く文字列がサーバーの名前であることを表す
   URLの先頭はデータ源にアクセスする仕組み、つまりプロトコルを書く    □ は省略可能

(b) URLの例

http://www.lab.glasscom.com/dir/file1.htm

(c) (a)のフォーマットに照らし合わせて(b)を解読したところ

http: + // + www.lab.glasscom.com + / + dir + / + file1.htm
                     │                └──────────────────┘
                  Webサーバー名          データ源（ファイル）のパス名
```

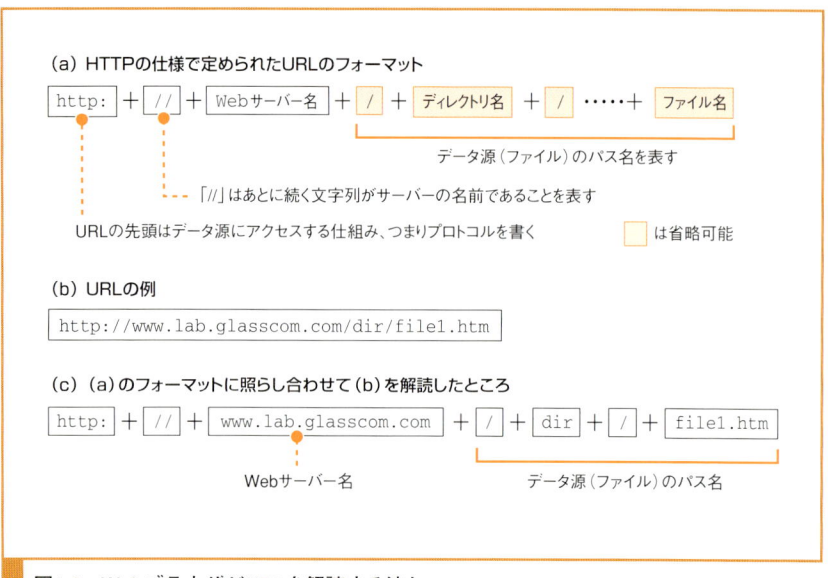

図1.2　WebブラウザがURLを解読する流れ

com.com」という名前のWebサーバー上にある「/dir/file1.htm」というパス名のファイルにアクセスする、という意味を持つことがわかります。

■ファイルとディレクトリの違い

　名刺などにWebサーバーのURLを書くとき、下の例のように最後にスラッシュ（/）を付けたものと、付けないものの二つを見かけます。

　　(a) http://www.lab.glasscom.com/
　　(b) http://www.lab.glasscom.com

　この二つに違いはあるのでしょうか。それとも違いはないのでしょうか。話は少し横道にそれますが、この疑問の答えを探すと、URLの解読ルールがよくわかるはずです。

上で説明したURLの解読ルールに従って上の二つを解読してみましょう。すると、(a)は次のようになります。

　　Webサーバーの名前＝www.lab.glasscom.com
　　パス名＝/

　つまり、HTTPプロトコルによって、「www.lab.glasscom.com」というWebサーバーにアクセスし、その「/」というパス名のファイルを読み出せ、ということになります。「/」だけだとわかりにくいですが、これはルート・ディレクトリ*を表します。そして、ファイル名は省略されていることになります。このようにファイル名が省略されている場合、Webサーバーはあらかじめ設定しておいた名前のファイルが指定されたものと見なして、そのファイルをブラウザに返送することになっています。実際には、index.html、あるいは、default.htmという名前のファイルが返送される例が多いのですが、それは、ファイル名が省略されていたらindex.html、あるいは、default.htmというファイルを返送するようWebサーバーに設定してあるからです。
　では、(b)はどうでしょう。同じように解読すると、Webサーバーの名前は(a)と同じ結果になりますが、パス名は何もありません。ファイル名だけでなくディレクトリ名も省略されていることになります。ディレクトリ名まで省略すると、本当に何をリクエストしているのかわからなくなってしまいますから、これはやり過ぎといってもよいかもしれません。ただ、これを間違いだとするとエラーが増えてしまうので、例外的に、(b)のように書いた場合は、最後に「/」がついているものと見なすことになっています。ですから、(b)の書き方でもWebサーバーにアクセスできるのですが、(a)のように書く方が本来の考え方を反映しているといえるでしょう。

■HTTPの基本的な考え方

　URLを解読すれば、どこにアクセスすべきかが判明します。そうしたら、ブラウザはHTTPプロトコルを使ってWebサーバーにアクセスしますが、その前に、そもそもHTTPプロトコルがどういうものなのか説明しておきましょう。

　HTTPプロトコルはクライアントとサーバーがやり取りするメッセージの内容や手順を定めたものですが、その基本的な考え方は単純です。まず、クライアントからサーバーに向けてリクエストのメッセージを送ります。リクエスト・メッセージの中には、「何を」「どうして」欲しいのかが書いてあります。その「何を」に相当するものを「URI」（Universal Resource Identifier）[*]といいます。普通、Webページ[*]のファイル名やCGIプログラム[*]のファイル名がURIとなります。次の「どうして」に相当するものを「メソッド」といいます。メソッドというとわかりにくいですが、一種のコマンドだと思えばよいでしょう。そのメソッドによって、Webサーバーにどのような動作をして欲しいのか伝えるわけです。

　クライアントが送ったリクエスト・メッセージがWebサーバーに届いたら、Webサーバーはその中に書いてある内容を解読し、URIとメソッドを調べ、「何を」「どうする」か判断してその要求に従って動作します。その結果生じるデータをレスポンス・メッセージに格納します。レスポンス・メッセージには、実行結果が正常終了だったか、異常が起こったかを表すステータス・コードも格納します。URLで指定したファイルが見つからないと「404 Not Found」というような表示が出ることがありますが、これがステータス・コードです。そして、それをクライアントに送り返します。これで終わりです。これがHTTPの基本中の基本です（**図1.3**）。

　もう少し具体的に説明した方がわかりやすいかもしれません。メソッドは全部で数種類あります（**表1.1**）。ただ、普段使うのはGETとPOSTの二つなの

で、この二つを例にして説明しましょう。まず、メソッドの部分にGETと書いてある場合は、サーバーからデータを読み出すことを表します。その場合、URIにはindex.htmlというようにWebページのファイルが書いてあることが多いでしょう。このメッセージを受け取ったサーバーは、index.htmlというファイルを開いて中身のデータを取り出します。そして、それをクライアントに送り返します。

また、メソッドがPOSTの場合はどうでしょう。この場合、URIにはCGIプログラムやスクリプトのファイル名が書いてあるはずです。index.cgi、あるいは、index.phpというようなファイル名がその典型です。そして、リクエスト・メッセージの中には、メソッドとURIだけでなく、CGIプログラムやスクリプトに渡すデータも書いてあるはずです。このメッセージを受け取ったサーバーは、URIで指定されたCGIプログラムやスクリプトを起動し、リクエスト・メッセージ中に書いてあったデータをそこに渡します。そして、そのプログラムが出力するデータをレスポンス・メッセージに格納してクライアントに送り返します。

これが、HTTPの典型的な例ですが、メソッドの種類を調べると、HTTPでできること、つまり、Webサーバーの潜在的な能力が見えてきます。普通は、GETとPOSTしか使わないので、Webサーバーでできるのは、ページ・

図1.3　HTTPの基本的な考え方

表1.1　HTTPのメソッド

メソッド	HTTPのバージョン 1.0	HTTPのバージョン 1.1	意味
GET	○	○	URIで指定した情報を取り出す。ファイルの場合、そのファイルの中身を返送する。CGIプログラムの場合は、そのプログラムの出力データをそのまま返送する。
POST	○	○	クライアントからサーバーにデータを送信する。フォームに入力したデータを送信する場合などに使う。
HEAD	○	○	GETとほぼ同じ。ただし、HTTPのメッセージ・ヘッダーを返送するだけで、データの中身は返送しない。ファイルの最終更新日時などの属性情報を調べるときに使う。
OPTIONS		○	通信オプションを通知したり調べるときに使う。
PUT	△	○	URIで指定したサーバー上のファイルを置き換える。URIで指定したファイルが存在しない場合は、新たにファイルを作成する。
DELETE	△	○	URIで指定したサーバー上のファイルを削除する。
TRACE		○	サーバー側で受け取ったリクエスト・ラインとヘッダーをそのままクライアントに返送する。プロキシ・サーバーなどを使う環境で、リクエストが書き換えられる様子を調べるときに使う。
PATCH		△	PUTと同様にサーバー上の情報を置き換えるが、置き換える差分だけサーバーに送信する。
LINK		△	他の情報との関連付けを行う。
UNLINK		△	LINKで設定した関連付けを削除する。

○：それぞれのバージョンで仕様として定義されているもの
△：正式な仕様ではなく付加機能として仕様書の付録（Appendix）に記述されているもの

データを読み出したり、フォームに記入したデータをWebサーバーに送る、といった程度だと思っている人が多いのですが、PUTやDELETEを使えば、クライアントからWebサーバーのファイルを書き換えたり、削除したりすることもできるはずだ、ということがわかります。

ただし、勝手にWebサーバーの中身を書き換えられたり消されたりすると困りますから、そうするにはセキュリティ対策が欠かせません。PUTやDELETEをサーバーに送るクライアント・ソフトも広く普及しているとはいえない状況です。ですから、実際にはクライアントからWebサーバーのファイルを書き換えたり削除する例は多くありません。インターネットでは、皆無といってもよいでしょう。しかし、Webサーバーはデータを取り出すだけの道具と理解するのと、データの書き換えや削除もできるけれど問題があるからデータを取り出す用途にしか使っていない、と理解するのでは大きな差があるはずです。余裕があれば、そうした細かい点も理解しておいた方がよいでしょう。

■HTTPのリクエスト・メッセージを作る

ブラウザの探検ツアーに話を戻しましょう。

URLを解読し、Webサーバーとファイル名が判明したら、ブラウザはそれを基に、HTTPのリクエスト・メッセージを作ります。実際のHTTPメッセージは、書き方、つまりフォーマットが決まっていますから、ブラウザはこのフォーマットに合わせてリクエスト・メッセージを作ります（**図1.4**）。

リクエスト・メッセージでは、1行目の先頭にメソッドという一種のコマンドを書きます。これで、WebブラウザはWebサーバーにどうしてほしいのかを伝えるわけですが、ここで一つ問題をクリアしなければいけません。メソッドは何種類もあるので、そのうちどのメソッドを書くのかを判断しなければならないのです。

これを解くカギはブラウザの動作状態にあります。この探検ツアーは、ブラウザの上部にあるURL欄にURLを入力し、そのページを表示することを前提に進めていますが、ブラウザがWebサーバーにリクエストを送る場面はこれだけではありません。Webページの中に埋め込まれたハイパーリンクをクリックしたり、フォームにデータを記入して送信ボタンを押したときもWeb

サーバーにリクエスト・メッセージを送ります。メソッドの種類は、こうした場面によって変わるのです。

　URL欄にURLを入力した場合は、そのページを表示することになっていますからGETメソッドを使います。ハイパーリンクをクリックした場合も同様に、GETメソッドを使います。フォームの場合は、その中にどのメソッドを

（a）リクエスト・メッセージ

```
<メソッド><空白><URI><空白><HTTPバージョン>
<フィールド名>:<フィールド値>
…
…
…
<空白行>
<メッセージ・ボディ>
```

この最初の行を**リクエスト・ライン**といい、この1行で、リクエストの内容がだいたいわかる

この部分を**メッセージ・ヘッダー**といい、1行に一つのヘッダー・フィールドを書く。これで、リクエストの付加的な情報を表す。その行数は状況によって異なり、空白行までがメッセージ・ヘッダーとみなされる

メッセージ・ボディの中身はクライアントからサーバーに送信するデータ。フォーム・ページに入力したデータをPOSTメソッドでWebサーバーへ送るときなどにデータが入る

（b）レスポンス・メッセージ

```
<HTTPバージョン><空白><ステータス・コード><空白><レスポンス・フレーズ>
<フィールド名>:<フィールド値>
…
…
…
<空白行>
<メッセージ・ボディ>
```

ステータス・コードの内容を表す短い説明文

ヘッダー・フィールド

ステータス・ライン

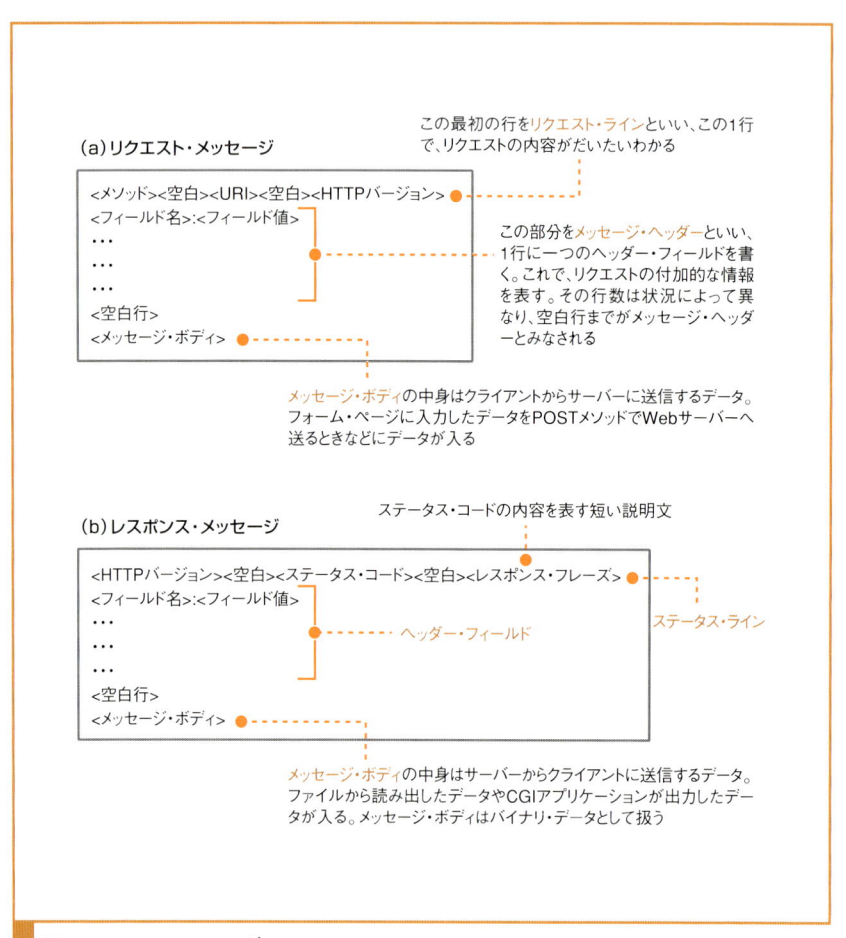

メッセージ・ボディの中身はサーバーからクライアントに送信するデータ。ファイルから読み出したデータやCGIアプリケーションが出力したデータが入る。メッセージ・ボディはバイナリ・データとして扱う

図1.4　HTTPメッセージのフォーマット
　　　ブラウザやWebサーバーはこのフォーマットに合わせてメッセージを作る。

使ってリクエストを送るのか指定してありますから、その指定に従ってメソッドを使い分けます（**図1.5**）。

メソッドを書いたら空白を空け、次にURIを書きます。URIはファイルやプログラムのパス名を表すと考えればよいでしょう。普通、次のようなフォーマットで書きます。

/<ディレクトリ名>/..../<ファイル名>

URLを解読して取り出したパス名はこのフォーマットに則っているはずなので、そのパス名をそのまま書き写すことになります。

そして、1行目の最後に、そのメッセージがHTTPのどのバージョンの仕様に則って書いてあるのか表すために、そのバージョンを書くことになっています。これで1行目は終わりです。

2行目からは「メッセージ・ヘッダー」という行が続きます。1行目でリクエストの内容はだいたいわかりますが、付加的な細かい情報が必要になる場合もあります。それを書き留めておくのがメッセージ・ヘッダーの役割です。日付、クライアント側が扱えるデータの種類、言語、圧縮の形式、クライアントやサーバーのソフトウエア名称やバージョン、データの有効期限や最終更新日時など多数の項目が仕様で定められています。いずれも詳細な情報を表すものなので、その意味を正確に理解するにはHTTPの詳しい知識が必要となるものが少なくありません。最初から全部理解する必要はないでしょう。

メッセージ・ヘッダーに書く内容はブラウザの種類やバージョン、設定などによって異なります。いずれにしても、数行から10数行程度のメッセージ・ヘッダーを書く例が大半です。

メッセージ・ヘッダーを書いたら、その後に何も書かない空白行を1行入れ、その後に、送信するデータを書くことになっています。HTTPはこの部

```
メソッドを指定する部分
①GET、②POSTのいずれかが入る（ここはGETの例）

                        フォームのデータを渡すプログラムのファイル名

<form method="GET" action="/cgi/sample.cgi">
  <input type="text" name="Field1" size="20">
  <input type="submit" value="SEND" name="SendButton">
  <input type="reset" value="RESET" name="ResetButton">
</form>
```

フォーム・ページのHTMLソース

Webブラウザの表示

クライアント

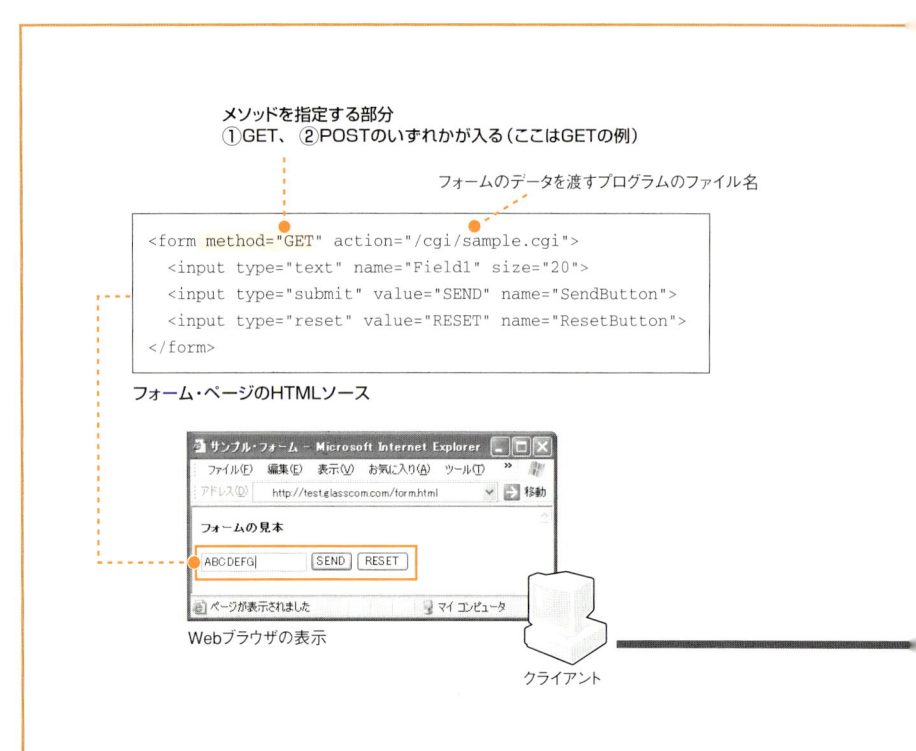

図1.5　フォームでのメソッドの使い分け

分を「メッセージ・ボディ」と呼び、これがメッセージの本体となります。ただ、メソッドがGETの場合は、メソッドとURIだけでWebサーバーは何をすべきか判断できるので、メッセージ・ボディに書く送信データは何もありません。メッセージ・ヘッダーが終わったところでメッセージは終わります。

　メソッドがPOSTの場合には、フォームに記入したデータなどを送るので、それをメッセージ・ボディの部分に書きます。これでブラウザのリクエスト・メッセージ作成は終わりです。

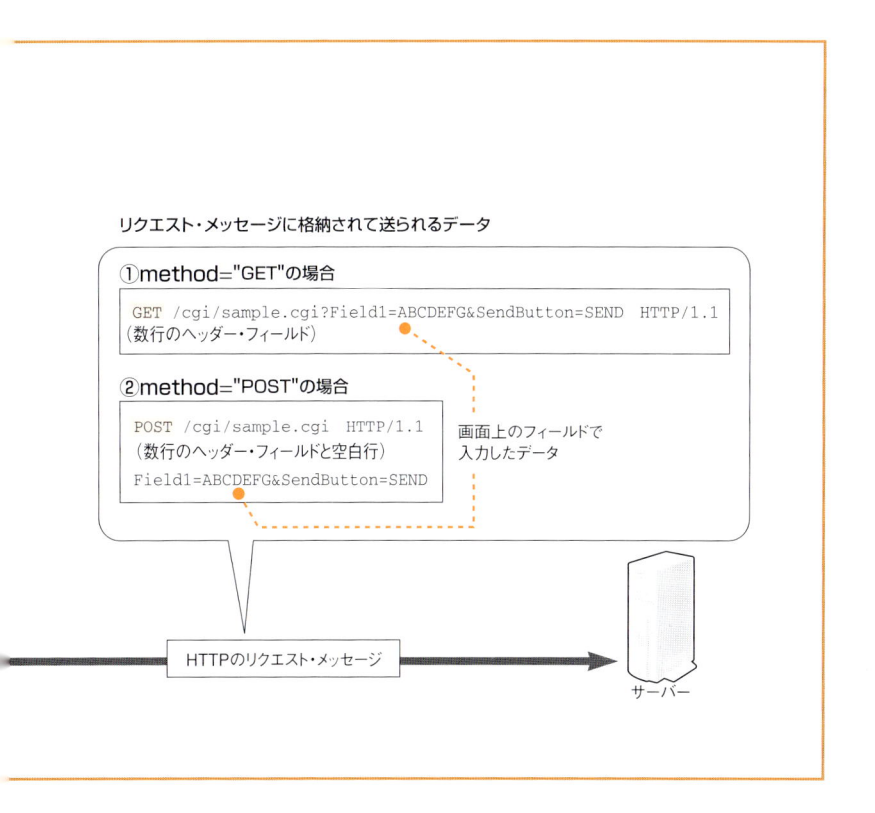

```
リクエスト・メッセージに格納されて送られるデータ

①method="GET"の場合

GET /cgi/sample.cgi?Field1=ABCDEFG&SendButton=SEND  HTTP/1.1
（数行のヘッダー・フィールド）

②method="POST"の場合

POST /cgi/sample.cgi  HTTP/1.1
（数行のヘッダー・フィールドと空白行）
Field1=ABCDEFG&SendButton=SEND
```

画面上のフィールドで入力したデータ

HTTPのリクエスト・メッセージ

サーバー

リクエストを送るとレスポンスが返ってくる

　このメッセージを送るとWebサーバーからレスポンス・メッセージが返ってきます。詳しくは第6章で説明しますが、ここでも簡単に見ておきましょう。レスポンス・メッセージのフォーマットも基本的な考え方はリクエスト・メッセージと同じです（図1.4（b））。ただ、1行目が違います。レスポンスの場合は、リクエストを実行した結果を表すステータス・コードとレスポンス・フレーズが記述されています。この二つは同じ内容を表しますが、用途が違います。ステータス・コードは数字で書いたもので、主に、プログラムなどに実行結果を知らせる目的を持っています（**表1.2**）。それに対して、レ

スポンス・フレーズの方は文章で書かれており、人間に実行結果を知らせるのが目的です。

　レスポンス・メッセージが返ってきたら、そこからデータを取り出して画面に表示すれば、Webページが目に見えるかたちになります。ページが文章だけであれば、これで終わりです。しかし、画像などが貼り込んである場合は続きがあります。

　画像などを貼り込む場合は、文章の中に画像ファイルを表すタグ*という制御情報が埋め込まれているので、ブラウザは画面に文章を表示するときに、タグを探します。そして、タグに出会ったら、そこに画像用のスペースを空けて、文章を表示します。そしてもう一度、Webサーバーにアクセスして、画像ファイルをWebサーバーから読み出してそのスペースに表示します。そのときも、文章ファイルを読み出すときと同じように、画像ファイルの名前をURIに指定してリクエスト・メッセージを送ります。

　リクエスト・メッセージに書くURIは一つだけと決まっていますから、ファイルは一度に一つずつしか読み出せません。ですから、このように別々にファイルを読み出すわけです。一つの文章に、画像が3個貼り込んであったら、文章ファイルを読み出すリクエストと画像ファイルを読み出すリクエストで、合計4回、リクエスト・メッセージをWebサーバーに送ることになり

表1.2　HTTPのステータス・コードの概要

ステータス・コードは1桁目で概要を表し、2、3桁目で詳細な状況を表す。下の表は、その1桁目の意味をまとめたもの。

コード値	説明
1xx	処理の経過状況などを通知する
2xx	正常終了
3xx	何らかの別のアクションが必要であることを表す
4xx	クライアント側のエラー
5xx	サーバー側のエラー

第 1 章　Webブラウザがメッセージを作る

ます。

　そうやって必要なファイルを判断して、それを読み出し、レイアウトして画面に表示する、という全体の動作をコーディネートするのもブラウザの役

```
GET /sample1.htm HTTP/1.1           リクエスト・ライン
Accept: */*
Accept-Language: ja
Accept-Encoding: gzip, deflate
User-Agent: Mozilla/4.0 (compatible; 【右端省略】
Host: www.lab.glasscom.com
Connection: Keep-Alive
```

①「/sample1.htm」を読み出すためのリクエスト・メッセージ

リクエスト・ラインの先頭にはWebサーバーへのリクエストの種類を表すメソッド

リクエストの中核となるURI。この例は読み込むファイル名が記されている

メッセージ・ヘッダー

画像ファイル:「/gazou.jpg」

文章ファイル:「/sample1.htm」

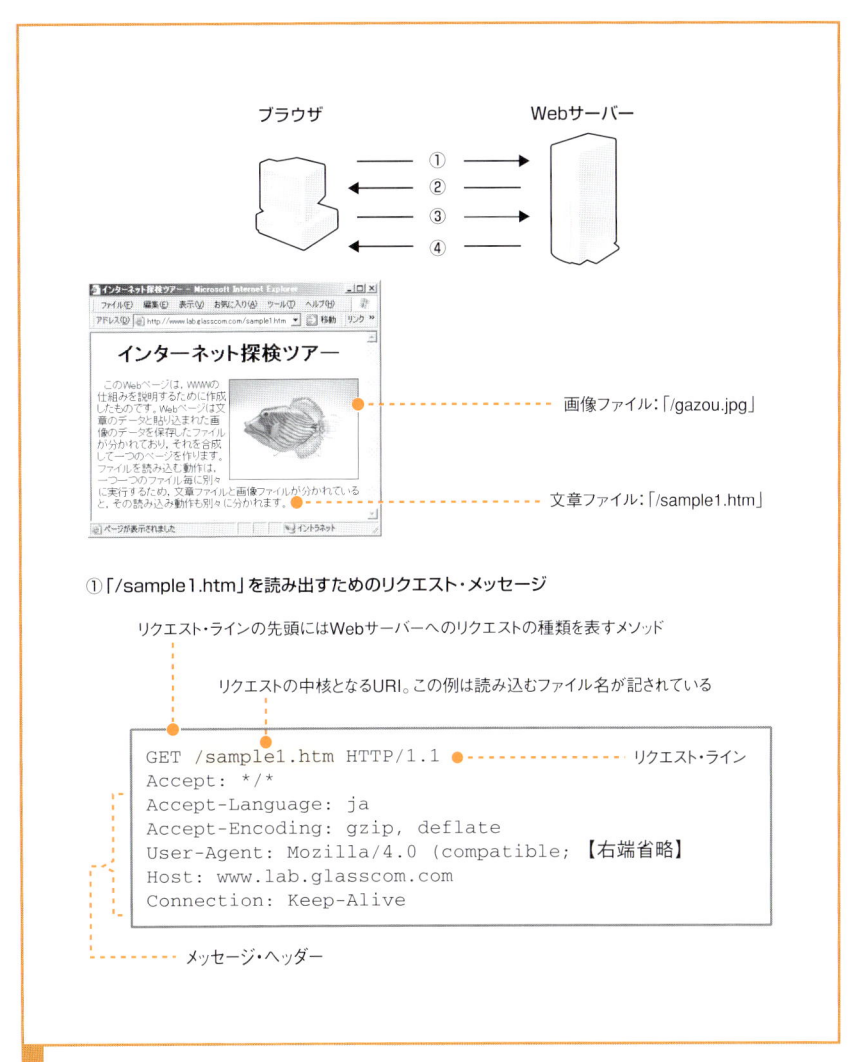

図1.6　HTTPメッセージの実例

②「/sample1.htm」の内容をクライアントに返すレスポンス・メッセージ

サーバー・ソフトの種類　　　　　　　　　　　　ステータス・ライン

```
HTTP/1.1 200 OK
Date: Wed, 20 Feb 2002 04:14:22 GMT
Server: Apache/1.3.20 (Unix)  (Red-Hat/Linux) 【右端省略】
Last-Modified: Tue, 19 Feb 2002 15:12:33 GMT
ETag: "5a9da-279-3c726b61"
Accept-Ranges: bytes
Content-Length: 633           ←　データの長さ
Connection: close
Content-Type: text/html

<html>
<head>
<meta http-equiv="Content Type"content="text/html;
charset=euc-jp">
<title>インターネット探検ツアー</title>
</head>

<body>
<h1 align="center">インターネット探検ツアー</h1>
<img  border="1"  src="gazou.jpg"  align="right"  width="200"
height="150">
このWebページは、WWWの仕組みを説明するために作成したものです。
(中略)その読み込み動作も別々に分かれます。
</body>
</html>
```

MIME仕様でデータの形式を定義したもの。text/htmlはHTMLドキュメントを表す

これが埋め込まれた画像ファイルの名前。このファイルを次のリクエストでサーバーから読み出す

図1.6　HTTPメッセージの実例（つづき）

割です。Webサーバー側はそういった事情は関知しません。4回のリクエストが一つのページのものなのか、それとも別々のページのものなのか、まったく気にかけません。単純に一つのリクエストに対して、一つのレスポンスを返すだけです。

　これが、ブラウザとWebサーバーのやり取りの全容です。参考として、実

③「/gazou.jpg」を読み出すためのリクエスト・メッセージ

```
GET /gazou.jpg HTTP/1.1
Accept: */*
Referer: http://www.lab.glasscom.com/sample1.htm
Accept-Language: ja
Accept-Encoding: gzip, deflate
User-Agent: Mozilla/4.0 (compatible; MSIE 6.0;【右端省略】
Host: www.lab.glasscom.com
Connection: Keep-Alive
```

④「/gazou.jpg」の内容をクライアントに返すレスポンス・メッセージ

```
HTTP/1.1 200 OK
Date: Wed, 20 Feb 2002 04:14:22 GMT
Server: Apache/1.3.20 (Unix)  (Red-Hat/Linux)【右端省略】
Last-Modified: Wed, 02 May 2001 05:59:18 GMT
ETag: "5a9d1-1913-3aefa236"
Accept-Ranges: bytes
Content-Length: 6419
Connection: close
Content-Type: image/jpeg
```
image/jpegはJPEG形式の画像データであることを表す

【ここから画像データが始まるが、バイナリ・データなので省略】

際にブラウザとWebサーバーがやり取りしたメッセージの例を**図1.6**に載せておきます。この例は、gazou.jpgという画像ファイルを貼り込んだsample1.htmというページを読み出すときに流れるメッセージを表したものです。

　HTTPの仕組みとメッセージのフォーマットがわかったら、次のステップに進みましょう。次のステップは、このHTTPリクエスト・メッセージをWeb

サーバーに送り出すことです。図1.6にメッセージの実例がありますが、これをWebサーバーに送り出すときにブラウザがどんなふうに動くのか。それが次のステップのポイントです。

■送り先となるWebサーバーのIPアドレスを調べる

　ブラウザは、URLを解読したり、HTTPメッセージを作る機能は持っていますが、そのメッセージをネットワークに送り出す機能を持っているわけではありません。その機能はOSが持つことになっているので、ブラウザが持つ必要はないからです。ですから、メッセージを送るときはOSに依頼して送ってもらうことになります。

　しかし、今、この段階でWebサーバーにメッセージを送ることはできません。OSにデータ送信を依頼するときは、送信データと一緒に送信相手の送り先となるIPアドレス*をOSに通知しなければいけないからです。その辺の事情は、電話をかけるときと似ています。電話をかけるときに相手の電話番号が必要なのと同じように、インターネットで通信するときは相手のIPアドレスが必要になります。

　それなら、URLの中にはサーバー名ではなく、IPアドレスを書く方がいいのではないかという疑問が湧いてくるかもしれません。実際、サーバー名の代わりにIPアドレスを書いても正しく動きます。しかし、電話番号を覚えるのが大変なのと同様に、IPアドレスを覚えるのは大変です。名前の方が数字より覚えやすいですから、URLを書くときもサーバー名の方がわかりやすいわけです。

　IPアドレスなんかやめて、名前で相手を指定して通信できるようにすれば

注3） 実際に名前で通信相手を指定してデータを送受信するネットワークもありました。Windowsネットワークの原型となったPC-Networksがその例です。
注4） サーバー名とIPアドレスを対応付けるためにDNSを使うのが一番多い使い方ですが、DNSの機能はそれだけではありません。メール・アドレスとメール・サーバーを対応付けるなど、いろいろな情報を対応付けて互いに変換することができます。

いいんじゃないか、という意見もあるかもしれません。インターネットは最新のネットワーク技術を使っているんだから、電話と違って、そのくらいのことはできるんじゃないか、と考える人がいても不思議ではないでしょう[注3]。

　その辺の事情を説明する前に、IPアドレスの役割を説明した方がよいかもしれません。インターネットでデータを運ぶときは、データの流れる行き先をルーター*という機器でコントロールします。通信する相手のIPアドレスが必要になる理由はここにあります。IPアドレスがないと、そのコントロールができないのでデータを相手に届けられないわけです。ということは、IPアドレスの代わりに名前を使ってルーターが行き先をコントロールすれば、IPアドレスをやめて名前で相手と通信することもできることになるはずです。確かに原理的には、それも可能です。しかし、データ量という観点から名前とIPアドレスを比べると、そこには大きな差があります。

　IPアドレスは32ビット、つまり、4バイト分しかないのに対して、ドメイン名は最大で255バイトもあります。すると、名前でデータの行き先をコントロールしようとすると、ルーターは大量のデータを処理しなくてはいけないことになり、処理効率の低下を招きます。その結果ネットワークの速度は遅くなるでしょう。速いルーターを使えばその問題は解決できる、という考え方もあるかもしれません。でも、そうするとルーターが高くついてしまいます。高くても使いやすい方がよい、と考える人もいますが、高いか安いかという以前に、インターネットの現状に追いつけなくなる可能性もあります。インターネット内にあるルーターの中には、このデータはこっち、これはあっち、というようにデータを振り分ける動作を1秒間に百万回以上こなすものもありますが、それでも足りないくらい今のインターネットには大量のデータが流れているからです。そういった事情があるので、名前をそのまま使って相手と通信するのは賢い方法とはいえないわけです。

　そこで、人間は名前を使い、ルーターなどの機械はIPアドレスを使う、という方法が定着しました。人間と機械の間に、名前とIPアドレスを対応付

けて、その対応付けに従って両者を変換する仕組みを介在させることにしたのです。つまり、名前がわかればIPアドレスがわかる、あるいは、IPアドレスがわかれば名前がわかる、という仕組みを使って、双方のギャップを埋めることにしたわけです。その仕組みがDNS（Domain Name System）です[注4]。

■IPアドレスを探す機能はSocketライブラリが提供

　IPアドレスを調べる方法は簡単です。最寄りのDNSサーバーに「www.lab.glasscom.comというサーバーのIPアドレスを教えてください」と問い合わせるだけです。するとDNSサーバーが「そのサーバーのIPアドレスは、xxx.xxx.xxx.xxxです」というように教えてくれます。ここまでは簡単ですし、知っている人も多いでしょう。では、ブラウザはどうやってDNSサーバーに問い合わせるのでしょうか。ちょっと寄り道をして、その部分を探検してみましょう。

　DNSサーバーに問い合わせるということは、DNSサーバーに問い合わせメッセージを送り、そこから返送される応答メッセージを受け取る、ということです。これは、DNSサーバーに対してクライアントとして動作する、ともいえます。このDNSクライアントに相当するものを「DNSリゾルバ」、あるいは、単に「リゾルバ」と呼びます。DNSの仕組みを使ってIPアドレスを調べることを「ネーム・リゾリューション」と呼びますが（これを直訳して「名前解決」と呼ぶこともあります）、そのリゾリューション（resolution）を実行することからリゾルバ（resolver）というわけです。

　リゾルバの機能は、ブラウザに限らず、いろいろなネットワーク・アプリケーションが必要としています。こうした共通機能は、個々のアプリケーションが別々に持つのではなく、皆が利用できる形で1カ所にまとめて持つ、という方法をとるのが通例です。リゾルバもそうなっています。

　また、リゾルバだけ単独で使うことはなく、ネットワークでデータを送受信する機能と一緒に使います。ですから、リゾルバの機能とデータ送受信機

能は一緒に使える形にまとめられています。そのまとめ方はOSの種類やプログラミング言語によって異なりますが、ほとんどのOSとプログラミング言語が「Socketライブラリ」と呼ぶものの考え方を採用しています。

　Socketライブラリとは、BSD（Berkeley Software Distribution）というUNIXの派生バージョン[注5]で開発されたC言語用のライブラリで、インターネットで使われている機能の多くが、Socketライブラリを用いて開発されました。そのため、他のOSや言語でもSocketライブラリをお手本にしてリゾルバやデータ送受信の機能が作られたのです。例えば、WindowsはSocketライブラリを基にしたWinsockというライブラリを持っています。

　Socketライブラリは探検ツアーの見どころの一つですが、リゾルバを利用してDNSサーバーに問い合わせを行う動作はSocketライブラリが持つ機能のほんの一部しか使いません。それだと、Socketライブラリの全容は理解できないでしょうから、ここではとりあえずリゾルバを利用する動作だけ説明しておきます。Socketライブラリ全体の説明は、それを本格的に使うとき、つまり、WebサーバーにHTTPメッセージを送る場面までとっておきます。

■ リゾルバを利用してDNSサーバーに問い合わせる

　では、Socketライブラリを用いてリゾルバを呼び出す方法ですが、それは簡単です。Socketライブラリの実体は他のプログラムから呼び出され動くように書かれたプログラムの集まりで[注6]、リゾルバの機能はその中に埋め込まれています。ですから、**図1.7**のようにリゾルバのプログラム名とWebサーバーの名前を書くだけでリゾルバを呼び出すことができます[注7]。

　リゾルバを呼び出せば、それがDNSサーバーに問い合わせのメッセージを

[注5] カリフォルニア大学バークレー校で作られたものです。
[注6] C言語はそうしたプログラムを関数と呼びます。サブルーチン、あるいは、オブジェクトと呼ぶプログラムと似たものと考えればよいでしょう。
[注7] 実際には、この他にIPアドレスを格納するメモリー領域の配置などを記したファイルを、#includeというディレクティブを用いて、プログラム先頭部分で読み込んでおく必要があります。

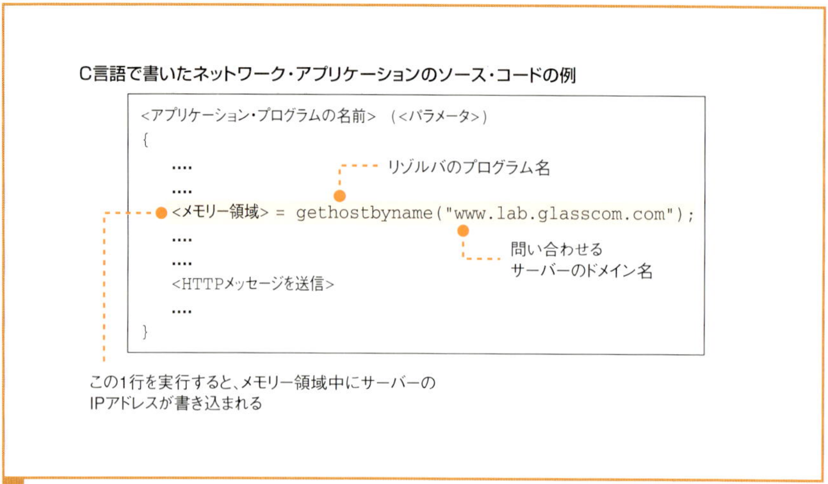

```
C言語で書いたネットワーク・アプリケーションのソース・コードの例

<アプリケーション・プログラムの名前>　(<パラメータ>)
{
    ‥‥
    ‥‥                    ┌──── リゾルバのプログラム名
    ‥‥                    │
●── <メモリー領域> = gethostbyname("www.lab.glasscom.com");
    ‥‥                                    │
    ‥‥                                    └── 問い合わせる
    <HTTPメッセージを送信>                      サーバーのドメイン名
    ‥‥
    ‥‥
}
```

この1行を実行すると、メモリー領域中にサーバーの
IPアドレスが書き込まれる

図1.7　リゾルバを呼び出す方法
　　ブラウザやWebサーバーはこのフォーマットに合わせてメッセージを作る。

送ってくれます。すると、DNSサーバーから応答メッセージが返ってきます。この応答メッセージの中にIPアドレスが格納されているので、リゾルバはそれを取り出して、リゾルバがアプリケーションから呼び出されたときに指定されたメモリー領域の中にIPアドレスを書き込みます。図1.7の1行を実行するだけで、Socketライブラリはこれだけの仕事をします。これでIPアドレスを調べる動作は終わりです。Webサーバーにメッセージを送るときは、このメモリー領域からIPアドレスを取り出して、HTTPのリクエスト・メッセージと一緒にOSに渡して送信を依頼するだけです。

　OSの種類によっては、Socketライブラリの中にリゾルバを埋め込むのではなく、OSの中核部分にリゾルバを組み込み、Socketライブラリの中からリゾルバを呼び出すものもあります（Windows 2000/XPがその例）。ただその場合でも、Socketライブラリの中でリゾルバ機能が動くのか、Socketライブラリが自分で実行せずにOS中核部分に実行させるか、という違いがあるだけで、アプリケーション・プログラムから見ると結果は変わりませんし、リ

ゾルバを呼び出す方法も変わりません。

■ リゾルバを呼び出すときの動き

　リゾルバを呼び出したときのSocketライブラリ内部の動きも簡単に見ておきましょう（**図1.8**）。ネットワーク・アプリケーションがリゾルバを呼び出すと制御がリゾルバの内部に移ります。制御が移るという表現は、プログラミング経験がないと理解しにくいかもしれません。アプリケーション・プログラムに書いてある処理内容は、通常、上から下に順番に実行されていくのですが、それがSocketを呼び出す部分に差し掛かりその行を実行すると、そこでアプリケーションの動作が一時的に止まります（図1.8①）。そして、Socketライブラリの内部にあるリゾルバが動き始め（②）、アプリケーションから依頼された処理を実行します。

　このように、別のプログラムを呼び出すことによって、呼び出し元のプログラムは休止状態となり、呼び出した先のプログラムが動き始めることを制御が移るというわけです。なお、この図では、gethostbynameという名前のプログラムがリゾルバそのものだと想定して書いてありますが、実際には、リゾルバはいくつかのプログラムで構成されているかもしれません。ただ、gethostbynameがリゾルバそのものだと考える方がわかりやすいので、その想定で話を進めます。

　リゾルバに制御が移ったら、そこで問い合わせのメッセージを作ります。これは、ブラウザがWebサーバーに送るHTTPのリクエスト・メッセージを作るのと似ています。DNSの仕様に従って、「www.lab.glasscom.comというサーバーのIPアドレスを教えてください」という意味を持つバイナリ形式のデータを作るわけです。そうしたら、そのメッセージをDNSサーバーに送ります（③）。そのメッセージ送信動作は、リゾルバが自分で実行するのではなく、OS内部にあるTCP/IPプロトコル処理ソフト（以後TCP/IPソフトと略）を呼び出して実行を依頼します[注8]。リゾルバもブラウザと同じように、

アプリケーション・プログラム（Webブラウザ）

```
.....
.....         ①
<メモリー領域> = gethostbyname("www.lab.glasscom.com");
次の行
.....         ⑩
.....
```

②

Socket

```
gethostbyname  {
    DNSサーバーに送るパケットを作る;
    そのパケットをDNSサーバーに送る;
    DNSサーバーから返ってくるパケットを受信する;
    パケットからIPアドレスを取り出し,<メモリー領域>に格納する
    アプリケーションに戻る;
⑨ }
```

③

OS内部のTCP/IPソフト

```
UDPパケット送信  {
    送信動作
              }              ④

⑧ UDPパケット受信  {
    受信動作
              }              ⑦
```

LANアダプタ

⑥ ⑤

DNSサーバー

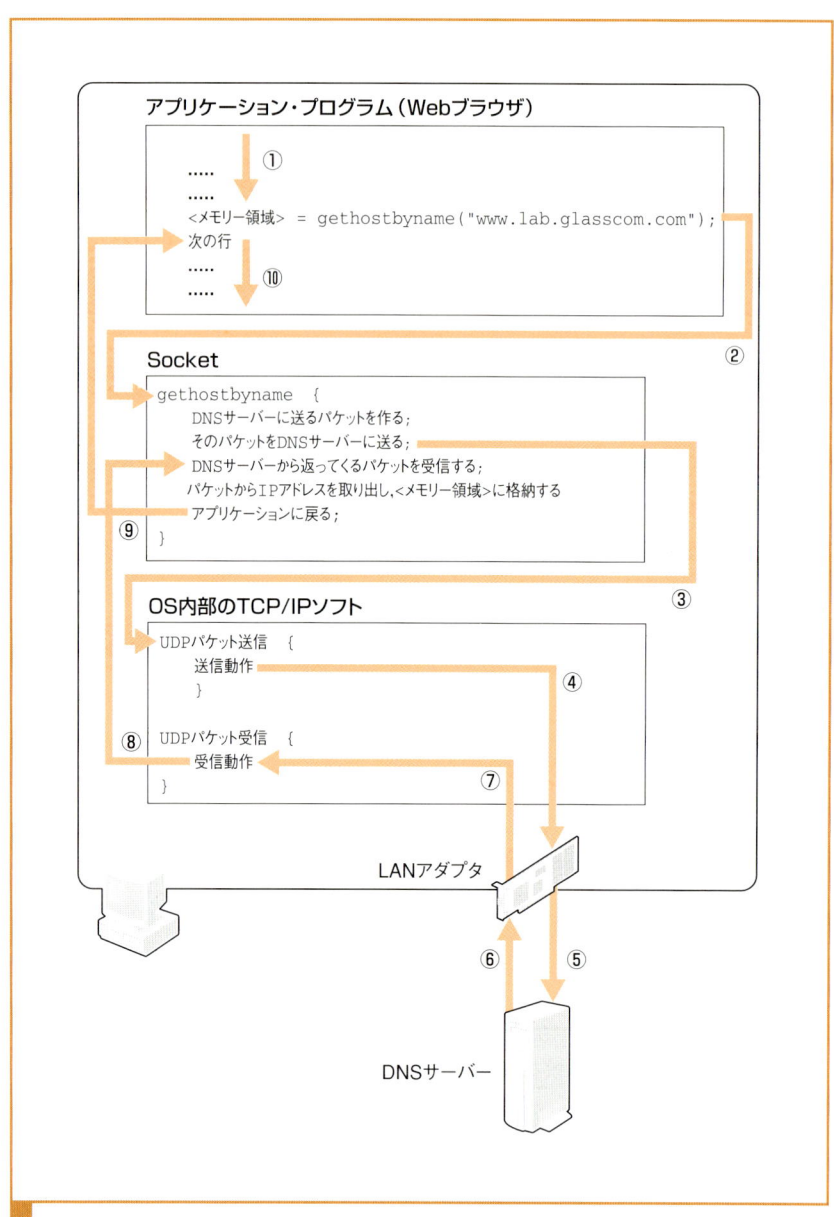

図1.8 リゾルバを呼び出すときのパソコン内部の動き
複数のプログラムが順番に処理を引き継いでいくことで、データが送信される。

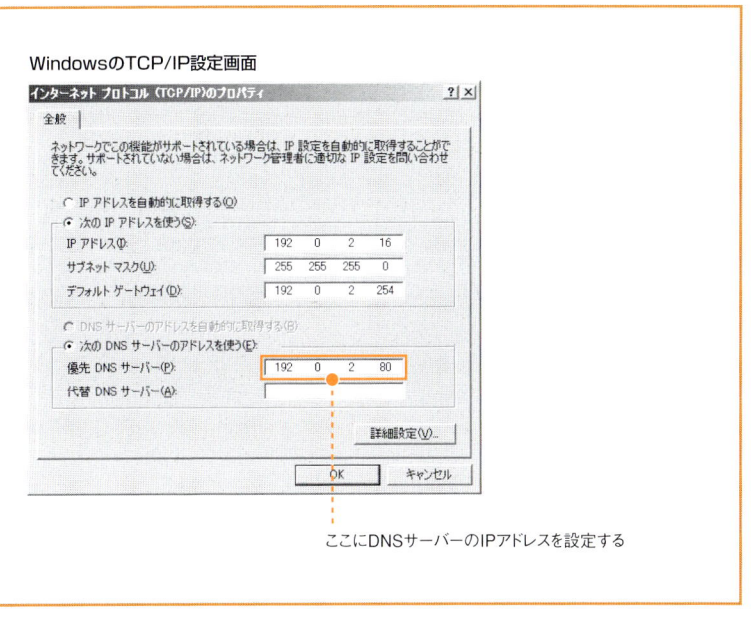

図1.9 DNSサーバーのアドレス設定

ネットワークに対してデータを送受信する機能を持っていないからです。リゾルバがTCP/IPソフトを呼び出すと、今度はそこに制御が移り、そこでメッセージを送る動作を実行し、LANアダプタを通じてメッセージがDNSサーバーに向けて送信されます（④⑤）。

　コンピュータの内部は、このように多層構造になっています。つまり、層を成すように多数のプログラムが存在し、互いに役割分担しています。そして、上位の層から何らかの仕事を依頼されたときに、自分の役割を果たしたら、次の層に処理を依頼するという動作を何回か繰り返し、それで一つの仕事が終わります。それを一度に全部追いかけると、DNSサーバーへ問い

注8）OSの内部構成はOSの種類によって異なり、TCP/IPプロトコル処理ソフトに相当する部分の呼び名もまちまちです。TCP/IPプロトコル・ドライバ、TCP/IPプロトコル・スタックなどと呼ぶ例が多いのですが、ここではその意味がわかるようTCP/IPプロトコル処理ソフト、略してTCP/IPソフトと呼ぶことにします。

合わせメッセージを送る動作から離れてしまうので、その部分は後のお楽しみにとっておきます。ここでは、リゾルバが動くと、DNSサーバーに問い合わせが送信されると理解しておけばよいでしょう。

なお、DNSサーバーへメッセージを送信するときも、DNSサーバーのIPアドレスが必要です。ただ、それはコンピュータのTCP/IP設定項目の中で設定した値を使うので、改めて調べる必要はありません。TCP/IPの設定方法はOSの種類によって異なりますが、Windowsだったら**図1.9**の画面で設定します。リゾルバはここで設定したIPアドレスに問い合わせメッセージを送る、と考えればよいでしょう。

■DNSサーバーの基本動作

DNSサーバーに問い合わせメッセージを送った後の動作を理解するには、DNSサーバーの動きを知らないといけません。まず、そこから説明します。

DNSサーバーの基本動作は、クライアントから問い合わせメッセージを受け取り、その問い合わせの内容に応じて、登録情報を回答することにあります。問い合わせメッセージには**図1.10**上部の表にある三つの情報が含まれています。DNSサーバーにはこの三つの情報に対応付けるようにして、クライアントに回答する情報を登録しておきます。その登録情報から問い合わせに該当するものを探して、クライアントに情報を返答するわけです。

たとえば、www.lab.glasscom.comという名前のサーバーのIPアドレスを調べるとき、クライアントは次の情報を含む問い合わせメッセージをDNSサーバーに送ります。

(a) 名前 = www.lab.glasscom.com
(b) クラス = IN
(c) タイプ = A

第1章 Webブラウザがメッセージを作る

問い合わせ項目	説明
名前	サーバーやメール配送先（メール・アドレスの@以後の名前）などの名前
クラス	名前のクラスを表す。DNSの仕組みが考案されたときは、インターネット以外のネットワークでの利用も考えられていたためクラスが設けられていたが、今は、インターネット以外では使われていないので、クラスは常にインターネットを表すINという値をとる
タイプ	名前のタイプ（種類）を表す。そのタイプによってクライアントに回答する情報の内容が異なる。 A ：登録されている名前がサーバー名であることを表し、クライアントにはIPアドレスを回答する。 MX：名前はメール配送先を表し、メール・サーバーのドメイン名、優先順位、IPアドレスなどを回答する

②設定ファイルで登録情報を探す

①問い合わせメッセージ（名前、クラス、タイプ）

③名前に対応する回答項目を返す

クライアント　　　　　　　　DNSサーバー

この表は設定ファイルに登録する内容を表したもの。この1件分の登録情報を「リソース・レコード」という

Webサーバーにwwwという名前を付け、そのIPアドレスを登録したもの

メール配送先の名前、メール・サーバーの名前とIPアドレスを登録したもの

名前	クラス	タイプ	クライアントに回答する項目
www.lab.glasscom.com	IN	A	192.0.2.226
glasscom.com	IN	MX	10 mail.glasscom.com
mail.glasscom.com	IN	A	192.0.2.227
…	…	…	…

問い合わせ項目の名前とこの欄を比較して該当するものを探す

問い合わせ項目のクラスとこの欄を比較して該当するものを探す

問い合わせ項目のタイプとこの欄を比較して該当するものを探す

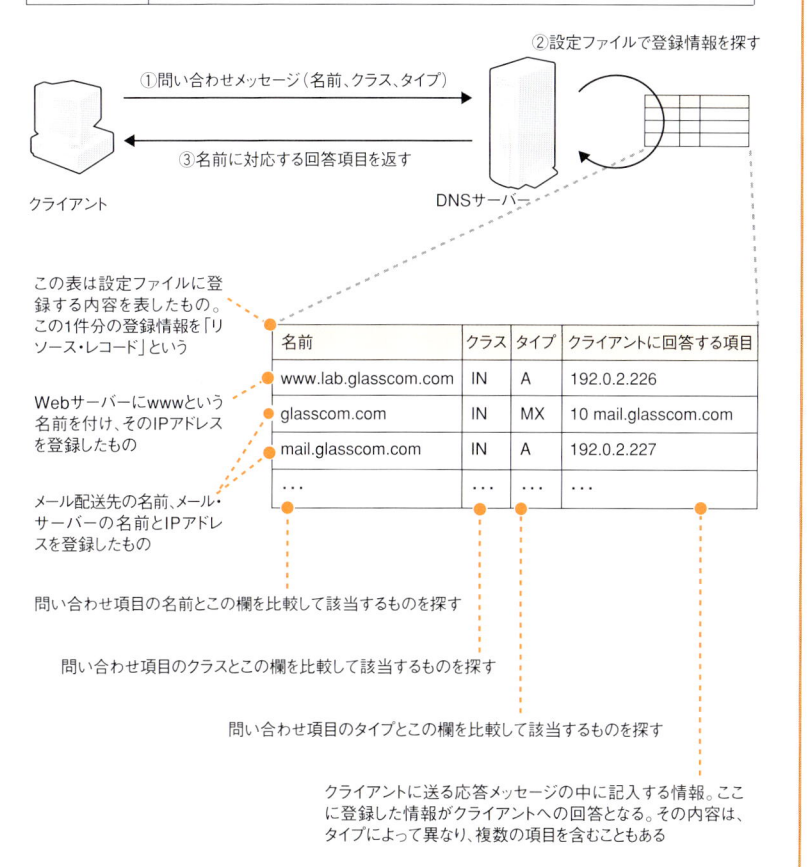

クライアントに送る応答メッセージの中に記入する情報。ここに登録した情報がクライアントへの回答となる。その内容は、タイプによって異なり、複数の項目を含むこともある

図1.10　DNSサーバーの基本動作

すると、DNSサーバーは登録情報の中から、この三つに該当するものを探します。仮に、図1.10下部の表のように情報が登録されていたとしたら、一番上の行が該当するので、そこに登録されている192.0.2.226という値をクライアントに回答します。Webサーバーにはwww.lab.glasscom.comというようにwwwで始まる名前を付けることが多いのですが、そういうルールがあるわけではありません。WebServer1でも、MySrvでも何でも、自由に好きな名前を付けることができます。「A」というタイプでその名前をDNSサーバーに登録すればよい、というだけのことです。

　IPアドレスを問い合わせるときは、Aというタイプ（Aはaddressの略）を使いますが、メール配送先を問い合わせるときは「MX」（Mail eXchange）というタイプを使います。IPアドレスの情報はAというタイプで登録され、メール配送先はMXというタイプでDNSサーバー内部に登録されているからです。たとえば、tone@glasscom.comというメール・アドレスがあり、その配送先を調べる場合は、@より後にある名前がメール配送先となるので、その名前を問い合わせます。問い合わせメッセージの項目は次のようになるでしょう。

　　(a)　名前　= glasscom.com
　　(b)　クラス= IN
　　(c)　タイプ= MX

　すると、DNSサーバーは、10 mail.glasscom.comという項目を回答します。タイプがMXの場合は、回答する項目には、メール・サーバーの優先順位とメール・サーバーの名前の二つがあります。それが10とmail.glasscom.comというわけです。また、MXの場合はこの回答だけでなく、mail.glasscom.comというメール・サーバーのIPアドレスも一緒に回答することになっています。表の3行目にIPアドレスを登録した行があるので、mail.glasscom.comという

名前からその行を探し出して一緒に回答するわけです。このように、名前とタイプによって調べる情報を指定し、それに従って登録情報から該当するものを探してクライアントに回答するのがDNSサーバーの基本動作です。

ここでは、AとMXという二つのタイプしか説明しませんでしたが、この他にもいろいろなタイプがあります。IPアドレスから名前を調べるときに情報を登録する「PTR」というタイプ、名前にニックネーム（エイリアス）を付けるための「CNAME」、DNSサーバーのIPアドレスを登録する「NS」、ドメインそのものの属性情報を登録する「SOA」などです。DNSサーバーの動作は問い合わせメッセージ中の名前とタイプに該当する情報を探し出して回答するという単純なものですが、タイプを使い分ければいろいろな情報を登録して、問い合わせに回答することができることになります。

なお、図1.10では表の形で登録情報を書いてありますが、実際には、これが設定ファイルなどに書き込まれています。そして、この表の1行分の情報に相当するものを「リソース・レコード」と呼びます。

DNSサーバーへ問い合わせるパケット

では、DNSサーバーに問い合わせメッセージを送る場面に戻りましょう。リゾルバがDNSサーバーに送る問い合わせメッセージの実体は、一つのパケット*です。実際にはUDP*という仕様に従って作られたパケットなのですが、ここでは一つのパケットだということだけ理解しておけばよいでしょう。そのパケットの中に図1.10の上にある表に記した項目が書いてあります。その中身はバイナリ・データなので詳しいことは省略しますが、DNSサーバーがそのパケットを受け取れば、サーバー名に対応するIPアドレスを必要としているのだということがわかるようになっています。

この問い合わせのパケットがDNSサーバーに届くと、DNSサーバーはパケットの中に書いてある名前とタイプ（IPアドレスを調べるときのタイプはA）に該当するリソース・レコードを探し出し、そこに登録されている情報（IP

アドレス）を応答メッセージに書き込み、クライアントに送り返します（図1.8⑥）。

そのパケットは、ネットワークを通ってクライアント側に届き、TCP/IPソフトを経由してリゾルバに渡され（⑦⑧）、リゾルバが中身を解読してそこからIPアドレスを取り出し、アプリケーションにIPアドレスを渡します（⑨）。実際には、指定したメモリー領域にIPアドレスを格納します。

図1.7ではそのメモリー領域を<メモリー領域>と書きましたが、実際のプログラムでは、そこにメモリー領域を表す名前が書いてあるでしょう。これでリゾルバの動作が終わり、制御がアプリケーションに戻ってきます。アプリケーションはメモリー領域に格納したIPアドレスを必要なときに取り出すことができますから、これでIPアドレスがアプリケーションに渡されたことになります。

DNSサーバーの担当範囲と階層構造

上の説明は、問い合わせメッセージを受け取ったDNSサーバーに名前とIPアドレスが登録されている場合を想定しています。普通、DNSサーバーには社内のWebサーバーやメール・サーバーを登録しておきますから、Webサーバーが社内にあれば上のように動くでしょう。しかし、社外のサーバーまで全部登録するわけにはいきませんから、問い合わせた名前がDNSサーバーに登録されていない場合だってあります。その場合、DNSサーバーがどう動くのか説明しましょう。

問い合わせメッセージの情報がDNSサーバーに登録されていない場合は、それが登録されているDNSサーバーを探し出し、そこに問い合わせを送ってIPアドレスを調べます。このとき、問い合わせた名前から登録されているDNSサーバーを探し出すのですが、そこがDNS全体の仕組みのポイントとなります。

DNSで扱う名前は、www.lab.glasscom.comというようにドットで区切っ

て階層化されており、右に位置する名前が上位の階層を表すことになっています[注9]。この例では、comというドメインが上位にあり、その下位にglass-com、さらにその下にlabというドメインがあり、その中にwwwというコンピュータがあることを表しています。会社の事業部、部、課、といった階層化と同じように考えればよいでしょう。それを、下位の階層から順番に左から右に列挙するわけです。

このように階層化したドメインの一つひとつがDNSサーバーの担当範囲を表す単位となります。つまり、glasscom.comやlab.glasscom.comというドメインの一つひとつがDNSサーバーの担当範囲を表す単位となるわけです。そして、一つ、あるいは、複数のドメインを1台のDNSサーバーが担当します[注10]。xx事業部を担当するDNSサーバー、xx部を担当するDNSサーバー、といった具合です。xx部とxx課の両方を担当する、というように複数のドメインを担当するDNSサーバーもあります。

ただし、一つのドメインが最小の単位となるので、それを複数のDNSサーバーで分割して担当することはありません。一つのドメインを複数のDNSサーバーで分担したいときはドメインを分割します[注11]。ドメインを分割するというのは、そのドメインの下位に位置するドメイン（これを「サブ・ドメイン」と呼びます）を複数作ることです。それで下位ドメインの数だけ分割できたことになります。そして、その下位ドメインの一つひとつをDNSサーバーに分担させます。そうやって、全世界で分担を広げていったのが今のドメインです。

こうやって作ったドメインの中にWebサーバーやメール・サーバーを登録します。たとえば、www.lab.glasscom.comというWebサーバーはlab.glass-

---

注9）階層の数に制限はありませんが、名前の最大長は255バイト以内に制限されています。
注10）障害対策や負荷分散のために、バックアップを用意するのが通例なので、実際には複数のDNSサーバーが一つのドメインの情報を持ちます。しかし、それはあくまでもバックアップ用にすぎず、本当に登録情報を管理するサーバーは1台に限られます。
注11）会社で組織とドメインを対応させることがあります。すると、組織変更で部署が分割された場合に、ドメインも分割したくなることがあります。ドメインを分割するのはそういった場合です。

com.comというドメインに登録されていることになります。ですから、Webサーバーを登録したドメインのDNSサーバーを探し出せれば、具体的には、そのIPアドレスがわかればその後は簡単です。そのDNSサーバーに問い合わせメッセージを送れば、答えが返ってきます。

■担当のDNSサーバーを探し、IPアドレスを取得

ここでポイントとなるのは、Webサーバーが登録されているDNSサーバーを探し出す方法です。インターネットにはDNSサーバーが何万台もありますから、片っ端から聞いて回るわけにはいきませんし、最寄りのDNSサーバーにインターネットのDNSサーバーを全部登録しておくわけにもいきません。DNSサーバーを探せなければ、問い合わせメッセージを送ることができませんから、DNSの仕組みは成り立たなくなってしまいます。

そこで考え出された方法が次のようなものです。まず、下位のドメインを担当するDNSサーバーを、すぐ上に位置するドメインのDNSサーバーに登録します。そして、その上位のDNSサーバーをさらにその上位のDNSサーバーに登録する、というように順に登録していきます。つまり、lab.glasscom.comというドメインを担当するDNSサーバーをglasscom.comのDNSサーバーに登録し、glasscom.comのDNSサーバーをcomドメインのDNSサーバーに登録するといった具合です。

こうして登録していくと、comやjpといったドメイン（これを「トップレベル・ドメイン」と呼びます）のDNSサーバーに下位のDNSサーバーを登録したところで終わりのように見えますが、実は、そうではなく、インターネットのドメインには、comやjpの上位にもう一つドメインがあります。それを「ルート・ドメイン」と呼びます。

ルート・ドメインには、comやjpといったドメイン名がないので、普通にドメイン名を書くときはそれを省略しますが、ルート・ドメインを明示的に書く場合は、www.lab.glasscom.com.というように最後にピリオドを付け、

このピリオドがルート・ドメインを表します。しかし、普通は、そう書かないので、ルート・ドメインの存在に気づかないわけです。でも、ルート・ド

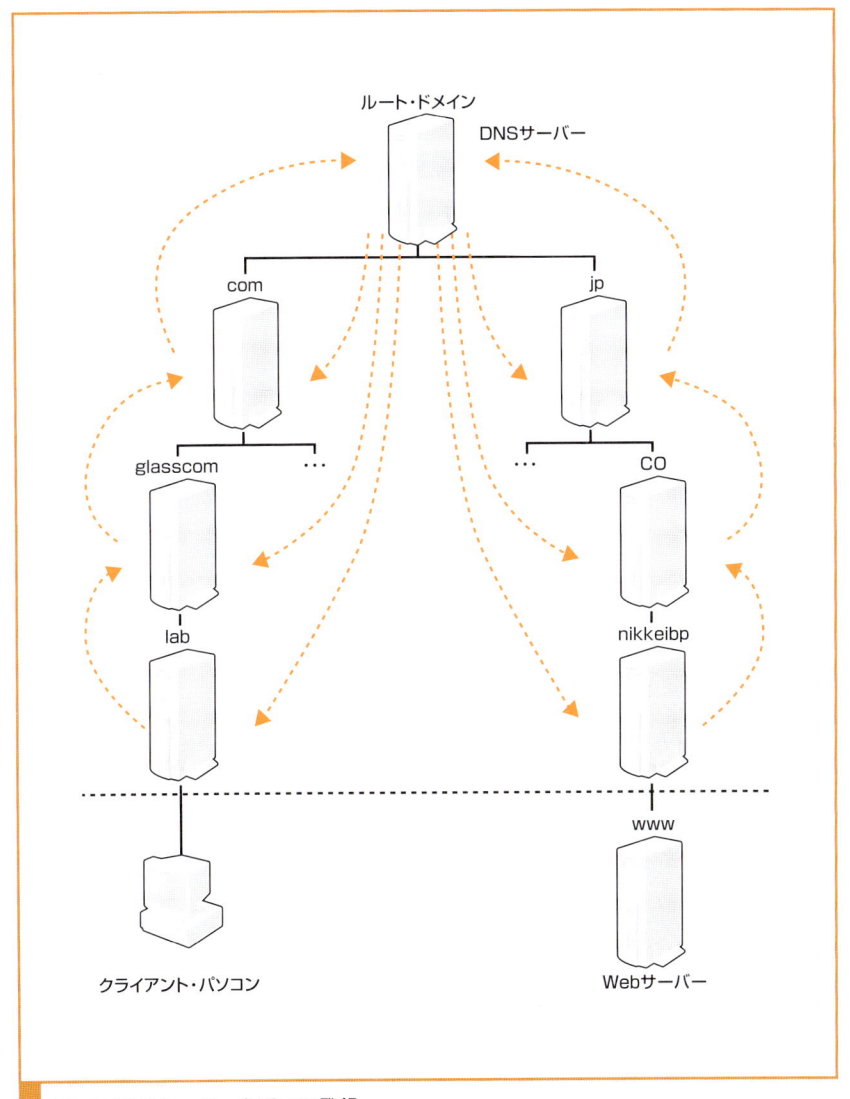

図1.11 DNSサーバーを互いに登録

メインは存在するので、そのDNSサーバーにcomやjpのDNSサーバーを登録します。

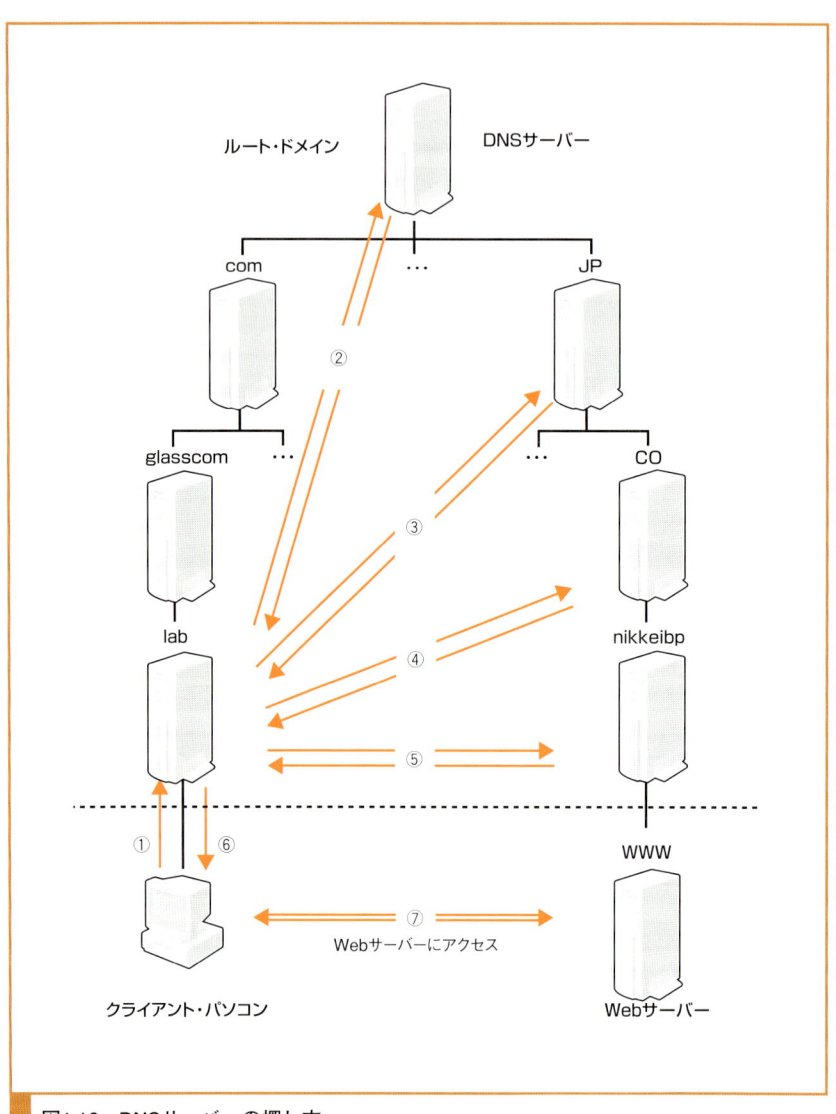

図1.12　DNSサーバーの探し方

そして、最後にルート・ドメインのDNSサーバーをDNSサーバー全部に登録します。ルート・ドメインのDNSサーバーは全世界で13台しかありませんし、滅多に変更されませんから、それを各DNSサーバーに登録してもそれほど手間ではありません。実際には、ルート・ドメインのDNSサーバーに関する情報はDNSサーバー・ソフトと一緒に設定ファイルとして配布されていますから、DNSサーバー・ソフトをインストールすれば、自動的に登録が終わってしまうといえます。

ここまでがいわば準備段階です。DNSサーバーをインストールして設定するときに、ここまでの登録を済ませておきます（**図1.11**）。

DNSサーバーを探すときは、このDNSサーバー同士の登録を逆にたどります。そうすれば、DNSサーバーを階層の上から順番に調べることができ、目的のDNSサーバーにたどり着きます。たとえば、lab.glasscom.comのDNSサーバーに、www.nikeibp.co.jpというWebサーバーに関する問い合わせが届いたとしましょう（**図1.12①**）。lab.glasscom.comのDNSサーバーにはルート・ドメインのDNSサーバーが登録されていますから、そこに問い合わせを送ることができます。ルート・ドメインには、jpドメインのDNSサーバーが登録されているはずですから、そこに問い合わせればjpドメインのDNSサーバーの所在がわかります（②）。そうしたら、次はjpのDNSサーバーに問い合わせを送ります。すると、その下のco.jpのDNSサーバーの所在がわかります（③）。次にco.jpのDNSサーバーに聞けばnikkeibp.co.jpの所在がわかります（④）。そうしたら、nikkeibp.co.jpのDNSサーバーにwww.nikkeibp.co.jpのIPアドレスの問い合わせを送ることができます（⑤）。これでWebサーバーのIPアドレスがわかります。

クライアントからの問い合わせを受けたDNSサーバーはこうやってIPアドレスを調べ、それをクライアントに返送します（⑥）。これでクライアントはWebサーバーにアクセスできるようになります（⑦）。

DNSサーバーの動きがわかったら、図1.8と図1.12を重ね合わせてみましょ

う。図1.12の①と⑥は、図1.8の⑤と⑥に相当しますから、この部分を重ね合わせれば、二つの図を一つにまとめることができます。図1.8と図1.12ではクライアントとDNSサーバーの上下の位置が逆ですが、一方をひっくり返せば両方の図を重ね合わせることができるでしょう。すると、ブラウザがgethostbynameを呼び出してWebサーバーのアドレスを調べる動作の一部始終がわかります。これがDNSサーバーにIPアドレスを問い合わせる実際の動きです。

■DNSサーバーはキャッシュ機能で素早く回答

なお、図1.12は基本となる動作を表したもので、現実のインターネットとは動きが異なる部分があります。現実のインターネットでは、jpドメインとco.jpドメインは同じサーバーが担当します。図では別々にDNSサーバーを書いてありますが、現実のDNSサーバーは同じものですし、jpドメインに問い合わせを送ると、co.jpを飛ばしてnikkeibp.co.jpのDNSサーバーの所在が返送されます。

また、最上位のルート・ドメインから順にたどっていくという原則どおりに動かないこともあります。DNSサーバーは一度調べた名前をキャッシュ*に記録しておく機能があり、問い合わせた名前に該当する情報がキャッシュにあれば、その情報を回答するからです。すると、その位置から階層構造を下に向かって探すことができます。ルート・ドメインから探し始めるより、この方が手間が省けます。

また、問い合わせた名前がドメインに登録されていない場合には、名前が存在しないという回答が返ってきますが、それをキャッシュに保存することもあります。これで名前が存在しない場合にも素早く回答できます。

このキャッシュの仕組みには注意点が一つあります。キャッシュに情報を保存した後、登録情報が変更される場合もあるので、キャッシュ中に保存した情報は正しいとは限らない、ということです。そのため、DNSサーバー

に登録する情報には有効期限を設定します。そして、キャッシュに保存したデータの有効期限が過ぎたら、そのデータはキャッシュから削除します。さらに、問い合わせに回答するとき、情報がキャッシュに保存されたものか、登録元のDNSサーバーからの回答なのかを知らせることになっています。

■SocketライブラリはTCP/IPソフトへの仲介役

　WebサーバーのIPアドレスがわかったら、DNSの話題は一段落して次の段階に進みましょう。次は、URLを基にして作ったHTTPリクエスト・メッセージをWebサーバーに送るところです。

　ここでも、Socketライブラリを使いますが、今度は、リゾルバを呼び出したときのようにプログラムを一つ（gethostbynameを）呼び出して終わり、というわけにはいきません。データを送受信するときは、複数のプログラムを決められた順番で呼び出す必要があるからです。

　また、データを送受信する動作自身はクライアント側とサーバー側で大きな違いはありませんが、データ送受信前に行う接続動作、つまり、データ送受信の開始を知らせる動作がクライアント側とサーバー側では違います。具体的には、クライアントはサーバーにデータ送受信の開始を知らせる動作を行うのに対して、サーバーはクライアントからの通知を受けてそれを承認する形でデータ送受信開始の動作を実行します。

　データ送信動作と受信動作の順番も違います。クライアントは、まずリクエストを送信し、次にレスポンスを受信します。サーバーの方は、まずリクエストを受信して、それに応える形でレスポンスを送信します。このように、クライアント側とサーバー側では、データ送受信の動作に違いがあるので、まず、クライアント側から説明します。また、ブラウザは複雑なので実際の動きを探検するのは大変ですから、ここでは、メッセージの送受信に関係するところのエッセンスだけを取り出したプログラムを例にして動きを説明します（**図1.13**）。

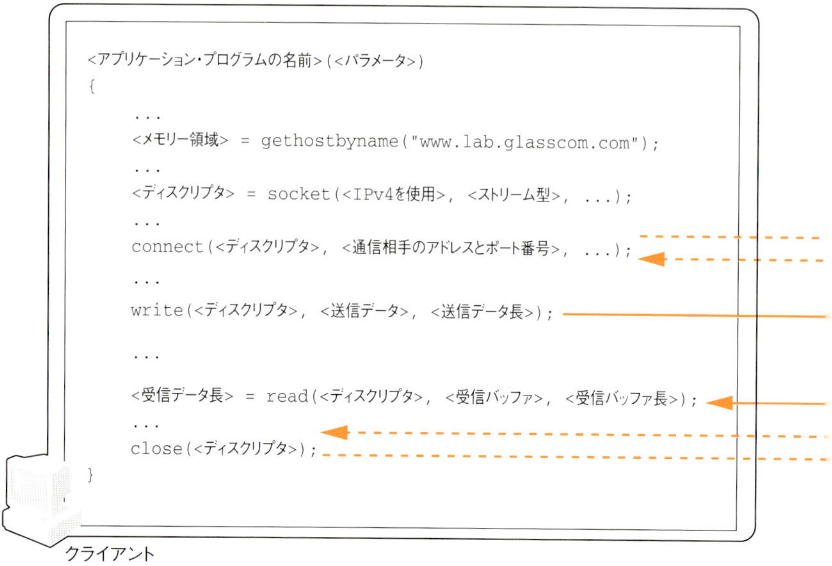

```
<アプリケーション・プログラムの名前>(<パラメータ>)
{
    ...
    <メモリー領域> = gethostbyname("www.lab.glasscom.com");
    ...
    <ディスクリプタ> = socket(<IPv4を使用>, <ストリーム型>, ...);
    ...
    connect(<ディスクリプタ>, <通信相手のアドレスとポート番号>, ...);
    ...
    write(<ディスクリプタ>, <送信データ>, <送信データ長>);
    ...
    <受信データ長> = read(<ディスクリプタ>, <受信バッファ>, <受信バッファ長>);
    ...
    close(<ディスクリプタ>);
}
```
クライアント

図1.13　クライアントとサーバーのメッセージ送受信動作の様子
　　　　ソケットの作成、Webサーバーへの接続、データ送信、データ受信、切断と内部の処理は流れている。

　クライアント側のデータ送受信動作は、DNSサーバーでIPアドレスを調べるためのリゾルバを呼び出すところから始まりますが、これは先ほど説明しました。でも、ここでもう一度、アプリケーションとSocketライブラリとOSの関係を思い出してください。アプリケーションがSocketライブラリに対して依頼した内容は、Socketライブラリ内部で必要な処理を施した後、OS内部のTCP/IPソフトに渡されます。

　先ほど説明しましたようにリゾルバは内部でDNSサーバーへの問い合わせメッセージを作ったり、応答メッセージからIPアドレスを取り出すといった

① 通信開始を知らせる制御用のパケットを交換　③ データを相手に送信
② 送信データを相手から受信　　　　　　　　　　④ 通信の終了を知らせる制御用のパケットを交換

```
<サーバー・プログラムの名前>(<パラメータ>)
{
    ...
    <ディスクリプタ1> = socket(<IPv4を使用>, <ストリーム型>, ...);
    ...
    bind(<ディスクリプタ1>, <接続可能なアドレスと自分のポート番号>, ...);
    ...
    listen(<ディスクリプタ1>, ...);
    ...
    <ディスクリプタ2> = accept(<ディスクリプタ1>, <通信相手のアドレスとポート番号>, ...);
    close(<ディスクリプタ1>);
    ...
    <受信データ長> = read(<ディスクリプタ2>, <受信バッファ>, <受信バッファ長>);
    ...
    <サーバーの処理>
    ...
    write(<ディスクリプタ2>, <送信データ>, <送信データ長>);
    ...
    close(<ディスクリプタ2>);
    ...
}
```

Webサーバー

データ加工を行います。ところがこれから説明するデータ送受信ではそうした加工は行いません。Socketライブラリ内のプログラムは、アプリケーションから依頼されたことをそのままTCP/IPソフトに伝える仲介役に徹する、と思ってよいでしょう。そうした仲介役にも意義はありますが、説明するときはそれを省いた方がわかりやすいので、今後のデータ送受信の説明では省き、SocketライブラリとTCP/IPソフトを区別せずに説明します。でも、そこには図1.8のようにSocketライブラリという仲介役がいることを忘れないでください。

■ソケットを生成して、接続状況を管理

　では、説明を先に進めましょう。リゾルバを呼び出してWebサーバーのIPアドレスを取得したら、次はSocketライブラリ内のsocket[注12]というプログラムを呼び出します。これでOS内部のTCP/IPソフトに送受信の準備を促します。

　その具体的な動作は、第2章でOS内部にあるTCP/IPソフトの動きを探検するときに説明しますので、今は、漠然と何らかの準備を行うと思っておいてください。それでは漠然としすぎてよくわからない、ということでしたら、ホテルにチェックインするときのことをイメージするといいかもしれません。フロントでチェックインすると、ホテルはその人に会計用のアカウントを作ります。ホテルのレストランやバーで飲食すればそのアカウントに情報を書き込んでいきます。そして、そのアカウントに書き込んだ情報でその人が今どういう状態にあるのか把握します。TCP/IPソフトのデータ送受信動作もこれと似ており、アプリケーションがどういう状態にあるのか常に把握しながら動きます。そのための制御情報などを保管するメモリー領域を用意するのが準備作業の主な目的です。この準備作業を、通称「ソケットを作る」といい、ホテルのアカウントに相当するものを「ソケット[注13]」と呼びます。

　準備が終わったら、TCP/IPソフトは「ディスクリプタ」という値をアプリケーション（この場合はWebブラウザ）に返します。今のコンピュータは、同時に多数のアプリケーションを実行できますから、それら複数のアプリケーションがTCP/IPソフトを通じて同時にデータ送受信を行うこともあります。このとき、TCP/IPソフトが個々のアプリケーションを識別するために、

注12）このsocketはSocketライブラリの中の一つのプログラムを指します。実は、Socketライブラリの語源は、このsocketというプログラムにあります。ですから両者は同じ名前なのです。そうはいっても、両者は混同しやすいので、ライブラリ全体を指すときはSocketと大文字で始め、その中のプログラムを指すときはsocketと小文字で始めることにします。混同しそうになったらそこで区別して下さい。

注13）Socket、socket、ソケットと同じ名前が何回も出てきて紛らわしいですが、世間でもそう呼んでいるのでお許しください。なお、ソケットとカタカナで書いたときは、ホテルのアカウントに相当するソケットだと思ってください。

それぞれのアプリケーションに渡す一種の番号札のようなものが、ディスクリプタです。以後、TCP/IPソフトにデータ送受信を依頼するとき、アプリケーションはこのディスクリプタを提出します。

ディスクリプタはホテルの鍵についている部屋番号のようなものと考えるとよいでしょう。レストランやバーで飲食したとき、鍵についている部屋番号を見せれば、その人のアカウントに料金をつけてくれますが、ディスクリプタを提出するのはこれと似ています。TCP/IPソフトに何かを依頼するとき、ディスクリプタを一緒に提出すれば、TCP/IPソフトの方はどのアプリケーションが依頼してきているのかわかります。それで状態を把握しながら通信を進めることができるわけです。

■IPアドレスとポート番号をTCP/IPソフトへ通知

socketの実行が終わり、ディスクリプタが返ってきたら、次はconnectというプログラムを呼び出して接続動作を実行します。これもTCP/IPソフトの内部を探検するときに詳しく説明しますが、ここでのポイントはサーバーのIPアドレスとポート番号をTCP/IPソフトに通知することです。TCP/IPソフトにデータ送受信を依頼するアプリケーションは、「どこの」「だれ」と通信したいのかTCP/IPソフトに知らせなければ通信できませんが、その「どこの」「だれ」かを指定するために、IPアドレスとポート番号を使うわけです[注14]。逆にいうと、IPアドレスとポート番号の両方がわかっていないと通信はできません。リゾルバを呼び出してIPアドレスをDNSサーバーに問い合わせる理由はここにあります。

考え方がわかったら、DNSサーバーで調べたサーバーのIPアドレスとあらかじめ決まっているポート番号を通知してTCP/IPソフトに接続を依頼する

注14）ポート番号は後で説明するように、アプリケーションの種類によって値が決まっています。Webサーバーだったらポート番号は80番です。

ことにしましょう。そうすると、TCP/IPソフトは通知されたIPアドレスの相手に対して制御用のパケットを送って、通信開始を知らせます（図1.13①）。ここから後の動作はクライアント側とサーバー側が連動しますので、サーバー側の動きも説明しましょう。

■ サーバー側は待ち受けの準備をする

　サーバー側は、クライアントから通信開始の知らせが届く前に準備が必要です。その準備は、socket、bind、listen、acceptというプログラムを呼び出すことです。これを示したのが、図1.13の右側です。この図もクライアント側と同様に、Webサーバーそのものではなく、メッセージ送受信のエッセンスだけ取り出したものです。では順に説明しましょう。

　まず、socketでクライアント側と同じように、ソケットを作ります。

　次のbindは、クライアント側にはありません。ここがサーバー側のポイントとなります。bindはsocketで作ったソケットに情報を登録します。その情報は通信を許可するIPアドレスと、自分自身のポート番号です。前者は、通信開始の知らせが届いたときに、どこからそれが届いたのか調べ、通信を許可するか拒否するか判断するために使います。特定のクライアントとだけ通信したい場合には、そこにクライアントのIPアドレスをセットします。相手を限定せず、どのクライアントとも通信する場合は、ゼロにしておきます[注15]。

　後者のポート番号は、TCP/IPソフトがパケットを受信したときに、それをどのアプリケーションに渡すべきか判断するときに使います。つまり、bindで指定したポート番号をソケットに登録しておき、それと同じ値を持つパケットが到着したら、そのポート番号を登録したプログラムにデータを渡すわけです。ですから、ポート番号は他で使っていないユニークな値を使わなければいけません。もし、bindで通知したポート番号が他のプログラムによって既に登録されていたら、bindはエラーになります。

また、クライアント側はサーバー側でTCP/IPソフトに登録したポート番号と同じ値をconnectで指定しなければいけません。違うポート番号を指定すると、他のサーバー・プログラムがデータを受信することになります。ということは、サーバーのポート番号を知らないとクライアントはサーバーと通信できないことになります。そのため、サーバー・プログラムの種類によってポート番号を決めておくことになっています。たとえば、Webサーバーだったら80番、メール・サーバーだったら25番といった具合です[注16]。

　ただ、それはルールとして決められているにすぎません。サーバー・プログラムがbindを呼び出すときに、そのルールと違うポート番号を指定することもできます。TCP/IPソフトは人間が決めたルールにはとらわれず、bindで指定されたポート番号をソケットに登録するだけであり、その登録内容によって到着したデータを渡すアプリケーションを判断するだけです[注17]。

　bindでソケットに値を登録したら、次はlistenを呼び出して、そのソケットがクライアントからの接続を待ち受けるものであることをTCP/IPソフトに通知します。そうしたら、acceptを呼び出します。これで、サーバーはクライアントから通信開始の制御パケットを待ち受ける状態になります。ここまでがサーバー側の準備であり、クライアント側でconnectを呼び出す前に、この準備作業を終わらせておかないといけません。

■サーバー側はIPアドレスを照合して接続許可を返信

　この状態でクライアントから通信開始の制御パケットが届いたら、bindで設定したIPアドレスと照合して通信を許可するか否か判断し、応答パケットを送り返します（図1.13①）[注18]。これで接続動作は終わりです。

注15）普通サーバーはこの方法をとります。
注16）ポート番号のルールは全世界で統一されており、IPアドレスと同様に他と重複しないよう一元管理されています。IANA（Internet Assigned Number Authority）という機関がその作業を担当しています。
注17）TCP/IPソフトの側からみれば、アプリケーション・プログラムがWebサーバーかどうか判別する方法はありません。ですから、人間が決めたルールに従おうと思ってもそうはできません。

サーバー側では、acceptがこの接続動作を実行し、それが終わったら制御をアプリケーションに戻して、同時に新しいディスクリプタをアプリケーションに渡します。ディスクリプタはソケットを識別するものですから、新しいディスクリプタをアプリケーションに渡す、ということは新しいソケットが内部で作られるということです。そして、クライアントとの通信には、その新しいソケットを使います。

　では、接続動作を待ち受けるために作った古いソケットはどうなるかというと、そちらは引き続き有効で、他のクライアントから通信開始の制御パケットを受け付けます。そして、接続を受け付けたら、再び新しいソケットを作り、そのソケットを使って通信することになります。こうして新しいソケットを次々と作りますから、複数のクライアントと通信することも可能です。図1.13はacceptを1回呼び出したらソケットをクローズしてしまいますから新しい接続を受け付けることはできませんが、プログラムを書き直して、接続の受付を終わったら、再びacceptを呼び出すようにすれば、複数のクライアントからの接続動作を受け付けるようにすることができます。普通のサーバー・プログラムはそうなっています。

■さあ、メッセージの送受信を開始

　長くなりましたが、これでやっとデータ送信の準備完了です。そうしたら、クライアントはwriteを呼び出します。そのとき送信データとそのデータの長さを渡します。すると、TCP/IPソフトがそのデータをサーバーに送ってくれます（図1.13②）。Webブラウザが作ったHTTPリクエスト・メッセージが、ここでいうデータです。TCP/IPソフトはその中身には触れず、そっくりそのままサーバーに送ります。

注18） 正確には、接続動作時に行きかう制御パケットは三つです。TCP/IPソフトの内部を探検するときにそのあたりを詳しく説明します。

そのデータはネットワークを通じてサーバーに届きます（②）。すると、サーバー側のTCP/IPソフトはそれを内部のバッファ・メモリーに格納します。そして、readが呼び出されたときにサーバー・プログラム（この場合はWebサーバー）に渡します。readを呼び出すときに受信バッファ用のメモリー領域を通知するので、TCP/IPソフトはそのメモリー領域にデータを格納してサーバー・プログラムに制御を戻すわけです。これで、サーバーがデータを受信したことになります。つまり、ブラウザが送ったHTTPメッセージがそのままWebサーバーに届くことになります。

Webサーバーは、その中にあるメソッドとURIで何をどうすればよいのか判断し、それを実行します。ファイルからデータを読み出したり、CGIプログラムを実行するのでしょう。そうしたら、レスポンス・メッセージを作って、そこにファイルの中身やCGIプログラムの出力データを格納し、writeを呼び出して、それをクライアントに送り返します（③）。すると、それはクライアントに届きますから、クライアント側でWebブラウザがreadを呼び出して、そのデータを受け取ります。

メッセージ送受信の終わりを通知

これで、クライアントとサーバーのやり取りは終わりです。あとは、closeを呼び出して通信終了を知らせる制御パケットを送ります（図1.13④）。TCP/IPのルールでは、どちらから通信終了してもかまわないのですが、Webアクセスの場合はサーバー側から通信を終了します。するとクライアント側ではreadを呼び出したときの戻り値で通信が終了したことをアプリケーションに知らせます。そうしたら、クライアント側でもcloseを呼び出します。closeを呼び出すと通信に使ったソケットが抹消されます。ホテルをチェックアウトするのと同じと考えればよいかもしれません。これでサーバーとクライアントのやり取りは終わりです。この通信終了の動作を切断と呼ぶこともあります。

これがHTTPのリクエスト・メッセージを送ってレスポンス・メッセージを受け取る際の動きです。Webページに画像などが貼り込まれている場合は、複数のデータを読み出すことになるので、この動作を繰り返します。

　こうして、一つのやり取りが終わったら切断し、複数のやり取りを行うときは再度接続動作からやり直すのがHTTPの元々の動きですが、画像などが貼り込んであり、複数のデータを読み込む場合には接続と切断を繰り返すのは無駄です。そこで、一度接続した後、切断せずに複数のリクエストとレスポンスのやり取りを実行する方法も用意されました。HTTPのバージョン1.1ではその方法を使うこともできます。

＊　　　　＊　　　　＊

　ブラウザとWebサーバーがメッセージを送り合う様子を探検してみましたが、メッセージを実際に送受信するのは、TCP/IPソフト、LANドライバ、LANアダプタの三つです。この三つが連動してはじめてネットワークにデータが流れていきます。次の章ではそこを探検します。

用語解説

▍Webサーバー

Webを実現するサーバー・ソフトウエアのことです。HTTPというプロトコルを使って送られるクライアントからのリクエストに従って、Webページのデータをクライアントに送ります。HTTPというプロトコルのサーバー機能であることから、HTTPサーバー、HTTPデーモンと呼ぶこともあります。WWWのサーバーなので、WWWサーバーと呼ぶ場合もあります。

▍URL

uniform resource locatorの略。Webのドキュメントやページなどに名前を付ける方法。Webページのほかに、FTPサーバー上のファイルや、メール・アドレスなどもURLで表現できます。

▍Webページ

Webのページ、つまり、ホームページのことです。元々ホームページという言葉は、URLでサーバー名だけを指定し、ページのパス名を省略したときに表示されるページのことを指していました。しかし、いつのころからか、Webのページを全部ホームページと呼ぶようになってしまいました。それだと、本当のホームページと、普通のWebのページが区別できないので、この本では、普通のWebのページをWebページと書いています。

▍FTP

インターネットで使われているファイル転送用プロトコル。FTPプロトコルを用いてファイル転送を行うプログラムもFTPと呼ばれています。

▍プロトコル

広い意味では、通信を行う際の約束事はすべてプロトコルの範疇に入ります。ケーブルの仕様や文字コードなどもプロトコルの一種です。しかし、通常そのような広い意味で使う例は少なく、データを運ぶ手順をプロトコルと呼ぶことが多いです。

▍ドメイン、ドメイン名

ドメインは、ネットワーク上にある領域を指す言葉で、ドメイン名はその領域の名前です。ネットワークにはいろいろなドメインがありますが、単にドメイン、あるいはドメイン名といった場合は、インターネットのコンピュータを管理するドメイン・ネーム・システム（DNS）の領域や名前を指すことが多いです。なお、ドメイン名は階層化されており、lab.glasscom.comというように各階層の名前をピリオド（.）で区切って表記します。

ポート番号

　TCP/IPソフトが上位のアプリケーションを識別するために使う番号のことです。これにより受信データをTCP/IPソフトは正しいアプリケーションに渡すことができます。

URI

　Webのドキュメントやページなどに、統一的な名前を付ける方法。ホームページなどの名前付けに使うURLは、URIという体系の中に含まれるもので、URIの方が適用範囲が広いといえます。

CGIプログラム

　Webサーバーのバックエンドでサーバー・アプリケーションを動かすとき、Webサーバーからサーバー・アプリケーションを呼び出すための標準的なインタフェース。

タグ

　<と>で囲まれた予約語のことで、タグの書き方や意味はHTMLという仕様で定義されています。

フォーム

　テキスト入力欄やチェック・ボックスなどが表示されたWebページのことです。

IPアドレス

　ネットワークに接続した機器一つひとつを識別する番号です。今使われているIPv4のIPアドレスは、ネットワーク番号と個々のコンピュータの番号を連結したもので、両者を合わせて32ビットになります。

　今使われているIPv4のIPアドレスは、1970年代前半に開発されたものですが、今のインターネットの規模は当時の予測を大きく上回ってしまったため、IPアドレスの不足が問題となっています。次のバージョンとなるIPv6では、IPアドレスが128ビットに拡張され、この問題は解消されます。

TCP/IPソフト

　OS内部の構成はOSによって異なり、TCP/IPソフトに相当する部分の呼び名もまちまちです。TCP/IPプロトコル・ドライバ、TCP/IPプロトコル・スタックなどと呼ぶ例が多いのですが、ここではTCP/IPソフトと呼ぶことにします。

UDP

TCP/IPプロトコル群の中のプロトコルです。TCPと同じように、データ送受信をコントロールする役割を持っていますが、接続動作や、エラー時の再送処理、フロー制御、順序制御などを行わずに、個々のパケットを別々のものとして運びます。接続動作を行わないので、短いデータのやり取りに向いています。

キャッシュ

　一度使ったデータを、データを利用

する場所に近いところの高速な記憶装置に保管し、2回目以降の利用を高速化する技術のことをいいます。

　キャッシュはいろいろな場所で使われています。CPUと主記憶装置の間に置くキャッシュ・メモリーや、ディスク装置のデータをメモリーにキャッシュする方法などが昔から使われていますが、ネットワークでもキャッシュ技術によって高速化する方法が一般化しています。

　典型的な例がWebで使われているキャッシュ技術です。Webブラウザは一度ダウンロードしたページのデータをハードディスクに保存し、2回目以降のサーバー・アクセスを高速化します。プロキシ・サーバーでもキャッシュ技術が使われ、一度アクセスしたページをサーバー内のハードディスクに保存して、2回目以降はインターネットにアクセスせずにページ・データを渡せるようにしています。

COLUMN
ほんとうは難しくないネットワーク用語

怪傑リゾルバ

　言葉は人間が作ったものですから、作った人の考え方を理解すれば言葉のほんとうの意味を理解できるはずです。そうやって一つひとつ言葉のほんとうの意味を理解すると、ネットワークをより深く理解できます。ネットワークを作った人間を理解することにつながるからです。わからない言葉を探検隊長に聞いてみましょう。

探検隊員：DNSのクライアントはリゾルバって言いますよね。あれ、何か変な名前ですけど、どうしてリゾルバって言うんですか？
探検隊長：君は英語のリゾルブ（resolve）っていう言葉を知ってるか？
隊員：え？　いえ…　ちょっと待ってください。今、辞書引きますから。えーと、分析するとか、答えを出すとか、変形するって書いてありますけど。
隊長：そうそう。では、その名詞形は辞書に何て書いてあるかな？
隊員：リゾルバ（resolver）って書いてありますけどぉ。
隊長：そう、リゾルバっていうのはそのことだよ。わかったかい。
隊員：えー、それじゃわかりませんよ。意地悪しないで教えてくださいよ。
隊長：いや、意地悪しているわけじゃないよ。分析して答えを出したり、変形してくれるからリゾルバなのさ。
隊員：そう言われても…　何を分析するのかわからないとピンと来ないんですけど。
隊長：それじゃあ、リゾルバの動きを思い出してみようか。リゾルバっていうのは何をするものだったかな？
隊員：ドメイン名からIPアドレスを調べるときに、DNSサーバーに問い合わせのメッセージを送るとか…
隊長：問い合わせを送ったら、その後はどうなるのかな？
隊員：DNSサーバーから答えが返っ

てきます。
隊長：それを受け取ってアプリケーションに渡すのもリゾルバの仕事だろう。
隊員：そうですね。
隊長：リゾルバを使うアプリケーション側からその動きを見ると、リゾルバにドメイン名を渡せば、リゾルバがそれを分析してIPアドレスという答えを出してくれる、というふうに見えるんじゃないかな？
隊員：なるほど。
隊長：ドメイン名をIPアドレスに変換してくれる、と考えることもできるね。
隊員：確かに。両方とも、リゾルバという言葉の意味が当てはまりますね。
隊長：だから、リゾルバっていう名前を付けたんだよ。
隊員：そうだったんですか。あのー、もう一つ聞いていいですか？
隊長：なんだね。
隊員：アドレス・リゾリューション・プロトコル（ARP）のリゾリューションというのも同じ意味ですか。
隊長：そうさ。こちらもIPアドレスを調べてMACアドレスという答えを探す、という意味では同じだからな。
隊員：それじゃ、ARPを実行するソフトはなんて呼ぶんですか？ ARPリゾルバですか？
隊長：いや… 意味からすればARPリゾルバでも間違いじゃないが、そんな言葉は聞いたことないな。
隊員：それじゃ、なんて言うんですか？
隊長：うーむ。そういえば、何と言うだろう？？
隊員：隊長でも知らないことあるんですね。
隊長：いや、そのう…

第2章
TCP/IPのデータを電気信号にして送る
～TCP/IPソフトとLANアダプタを探検～

ウォーミングアップ

本題に入る前に、ウォーミングアップとしてクイズを出題させていただきます。きちんと説明できるかどうか試してみてください。

問題

1. パケットを届ける相手を表す宛先IPアドレスはTCPヘッダーとIPヘッダーのどちらに含まれるでしょうか？
2. ポート番号はサーバー・プログラムの種類を指定するために使うものですが、これはTCPヘッダー、IPヘッダーのどちらに含まれるでしょうか？
3. パケットが正しく届いたかどうかを確認するのはTCPとIPのどちらでしょうか？
4. イーサネットのMACアドレスは何ビットあるでしょう？
5. ツイストペア・ケーブルには長さに制限があります。それは何メートルでしょう？

いかがだったでしょうか。改めて聞かれると、簡潔に答えられない問題もあったことでしょう。答えと解説を以下に示しておきます。

答え

1. IPヘッダー
2. TCPヘッダー
3. TCP
4. 48ビット
5. 100メートル

解説

1. IPヘッダーにはパケットを目的地に運ぶ際に必要となる制御情報が記載されています。宛先アドレスはその中で一番重要な情報です。
2. TCPヘッダーには、通信相手との間でデータを正しく受け渡しするために必要となる制御情報が記載されています。ポート番号はその通信相手のプログラムを指定する重要な情報です。
3. TCPはパケットが正しく届いたかどうか確認し、届いていないときはパケットを送り直します。
4. MACアドレスは48ビットあり、全世界で重複しないように一元管理されています。
5. 100メートルを超えると正しく通信できなくなる可能性があります。

第2章　TCP/IPのデータを電気信号にして送る

探検ツアーのポイント

　第1章では、URL欄に入力したURLを解読するところから始まり、次に、それを基にHTTPリクエスト・メッセージを作って、OSに送信を依頼するところまでを探検しました。この章では、TCP/IPソフトが受け取ったデータを分割してパケットを作り、LANアダプタがパケットを電気信号に変換してケーブルに流すところまでを探検します。ネットワークというとスイッチやルーターなどの機器を連想しがちですが、機器はパケットを運ぶだけの機能しかないので、それだけではネットワークは成り立ちません。最初にパケットを作って、通信相手に向けて送り出し、それが相手に届いたことを見届け、もし届いていなかったら送り直す、といった通信動作全体を調整して制御するのはコンピュータの役割であり、それがなければネットワークは動かないのです。この章でコンピュータのデータ送受信動作を探検しますが、それでデータを運ぶ仕組みの全体像が見えてくるはずです。

■TCP/IPソフトの内部構成

　ツアーを始める前に、第1章のツアーを簡単に整理してみましょう。URL欄に入力されたURLを解読し、それを基にHTTPリクエスト・メッセージを作って、TCP/IPソフトに送信を依頼するところまでがブラウザの担当範囲であり、第1章で、ここまで探検しました。この章では、そのメッセージをWebサーバーに向けて送り出すところの動きを探検します。その際、一つ注意点があります。ブラウザが作ったメッセージの中には、サーバーに対して「何を」「どうして」ほしいのかが書いてありますが、この章では、「何を」「どうして」という部分には触れません。TCP/IPソフトの役割は、メッセージをそっくりそのまま運ぶことにあり、その中身には関知しないからです。封書の中身を見ないで運ぶようなものといえるでしょう。「何を」「どうして」という部分が意味を持つのは、メッセージがWebサーバーに届いた後のことです。それまでの間、メッセージの中身は気にせず、メッセージを運ぶ動作

を見ていくことにします。

　メッセージを運ぶときの最初の動作は、TCP/IPソフトでメッセージをパケットの形に変えることです。その動きを知るには、TCP/IPソフトの内部の構造を知っておく必要があるので、その部分から説明しましょう。

　TCP/IPソフトの内部は役割の異なるいくつかの部分に分かれています（**図2.1**）。この図の上下関係は、ある作業を依頼する側が上にあり、その依頼を受けて実際に作業するものが下にある、という意味で書いてありますが、中には上下関係がはっきりしなかったり、ときによって上下が逆転するものもありますから、上下をあまり厳密に考えないでください。

　図の一番上にあるのがネットワーク・アプリケーションです。Webブラウ

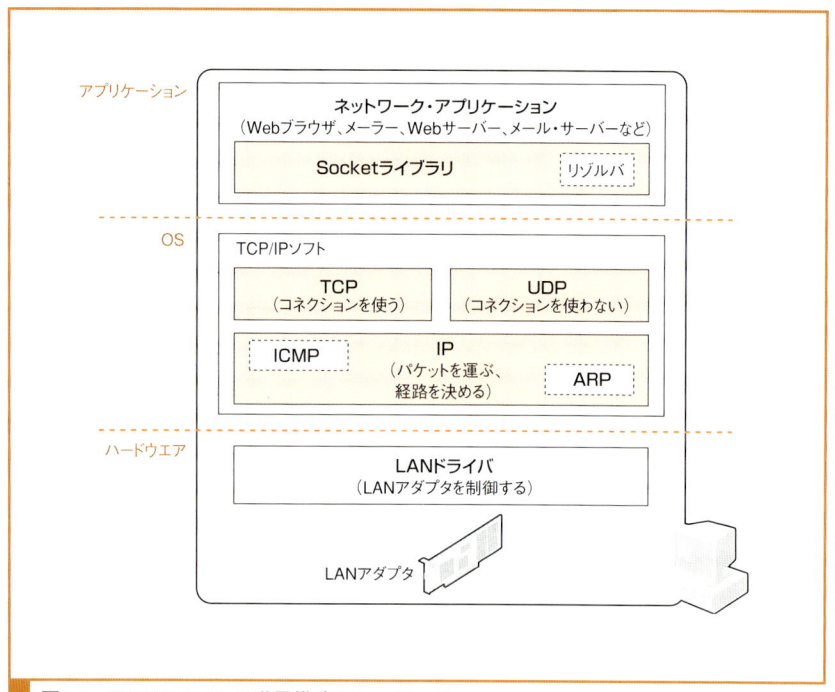

図2.1　TCP/IPソフトは階層構造になっている
　　　上の階層が下の階層に作業を依頼するようになっている。

ザ、メーラー（メールを読み書きするソフト）、Webサーバー、メール・サーバーといったプログラムがこれに相当します。ここから下に向けてデータ送受信などの依頼が出ます。なお、Webブラウザに限らずどのアプリケーションもネットワークでデータを送受信する動作はよく似ています。アプリケーションによって、送受信するデータの内容は違いますが、データを送受信するという動作自体は、データを一塊のものとして荷造りして小包で送る、というイメージに近いので、アプリケーションによる違いがほとんどないからです。ですから、ここから先の説明はWebブラウザに限らず、どのアプリケーションにも共通すると思ってください。

アプリケーションの下にはSocketライブラリがあり、その中にはDNSサーバーに問い合わせを行うリゾルバが埋め込まれています[注1]。この部分は、「リンカ」というソフトウエアで実行形式のファイル[注2]を作るときに、その中に組み込まれます。第1章で説明したのは、ここまででした。

その下がOSの内部を表しており、ここにTCP/IPソフトがあります。TCP/IPソフトには、TCPというプロトコルを使ってデータ送受信をコントロールする部分、UDPというプロトコルを使ってデータ送受信をコントロールする部分があります。TCPとUDPの詳細は後で説明しますが、とりあえず、Webブラウザやメールなどの通常のアプリケーションはTCPを使ってデータを送受信し、DNSサーバーへの問い合わせなどで短い制御用のデータを送受信する場合はUDPを使う、と思ってください。両者はSocketライブラリの呼び出し方が違うので、その違いで両者を使い分けます。

その下にはIPプロトコルを使ってパケット送受信動作をコントロールする部分があります。インターネットでデータを運ぶときは、データを小分けにしてパケットという形で運びますが、そのパケットの送受信をコントロール

注1）OSの種類によっては、リゾルバがOS内部にある場合もあります。
注2）Windowsでは、実行形式のファイルは.exeという拡張子を持ちます。

するのがIPの主な役割です。そして、IPの中にはICMPとARPが含まれます。ICMPは、パケットを運ぶ際にエラーが起こった場合などに、それを通知する役割を持っており、ARPはイーサネットのMACアドレス*を調べるときに使います。

IPの下にあるLANドライバはLANアダプタのハードウエアをコントロールするもので、その下にあるLANアダプタが実際の送受信動作、つまり、ケーブルに対して信号を送受信します。

■ソケットの実体はTCP/IPソフト内部のメモリー

TCP/IPソフトの内部構成がわかったら、早速TCP/IPソフトの内部の動きを追いかけていきましょう、と言いたいところですが、もう一つ準備があります。それはデータ送受信の要となるソケットの実体を理解しておくことです。第1章では概念的な説明しかしなかったので、ここで具体的にソケットの実体を説明しておきます。

ソケットの実体は、TCP/IPソフトの内部にあるメモリー領域です。そこに、TCPを使うかUDPを使うか、通信動作がどのような進行状態にあるのか、といったことを表す制御情報が格納されています。TCP/IPソフトの内部にあるTCP、UDP、IPといったプログラムは、それを参照しながら動作します。

ネットワークでデータを送受信する動作は、その進行状態と密接な関係を持ちます。その関係を示す一つの例は通信エラーを検出するところです。インターネットでデータを送る相手は離れた場所にいます。地球の裏側かもしれません。そんな遠くまでデータを送ると、エラーが起こって途中でデータが化けてしまったり、消えてしまうことがあります。

そこで送信側は、送ったデータが相手に届いたかどうか確認しながらデータを送ることになっています。具体的には、受信側が「正常にデータを受け取りました」という受信確認応答を返送し、送信側がそれを受け取ってか

ら次に進むことになっています。そして、もしこの応答が返ってこない場合は、途中でエラーが起こったものと判断して、再度データを送り直すことになっています。

このような動作を正確に実行するためには、どこまでデータを送ったのか、データを送った後どのくらい時間が経過したか、受信確認応答が返ってきたかどうか、といった状態を記録しておかなければいけません。また、応答が返ってこないために再送した場合も、その回数や経過時間などを記録しておく必要があります。何回か再送してもデータが届かないようだったら、どこかで見切りをつけ、通信不能という判断を下さなければならないからです。

一方、データを受信する側でも、通信状態の記録は必要です。たとえば、サーバー・マシンに何らかのデータが届いたとしましょう。そのとき、受信側のTCP/IPソフトはそれをアプリケーションに渡しますが、サーバー内には多数のアプリケーションが動いているので、そのどれに渡すべきか判断する材料が必要です。届いたデータの中には宛先のポート番号が含まれているし、ポート番号はプログラム毎にユニークな値を使うことになっているんだから、それを基にデータを渡すアプリケーションを判断すればよい、と考えるかもしれません。しかし、そうした判断を下すためには、そもそも、どのアプリケーションがどのポート番号を使っているのか、TCP/IPソフトが把握しておかなければいけません。通信し始める前に、アプリケーションから「このポート番号を使って通信するからよろしく」とTCP/IPソフトに通知し、TCP/IPソフトは、その通知内容、つまり、どのアプリケーションがどのポート番号を使って通信しているのか、その状態を記録する必要があるわけです。それによって、ポート番号によってデータを渡すアプリケーションを判断できるわけです。

これが全部ではありませんが、通信の状態を記録しておくことの意味はわかると思います。この記録を残すためのメモリー領域がソケットなのです。

netstatがソケットの内容を一覧表示するコマンド。-anoというオプションは次のような意味がある
 a 通信中のものだけでなく、通信開始前のものも含めて全部表示する
 n IPアドレスやポート番号を番号で表示する
 o ソケットを使っているプログラムのPIDを表示する

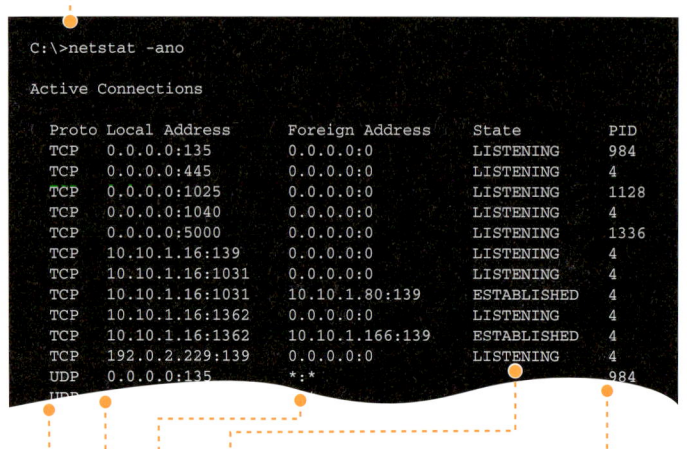

```
C:\>netstat -ano

Active Connections

  Proto Local Address      Foreign Address     State          PID
  TCP   0.0.0.0:135        0.0.0.0:0           LISTENING      984
  TCP   0.0.0.0:445        0.0.0.0:0           LISTENING      4
  TCP   0.0.0.0:1025       0.0.0.0:0           LISTENING      1128
  TCP   0.0.0.0:1040       0.0.0.0:0           LISTENING      4
  TCP   0.0.0.0:5000       0.0.0.0:0           LISTENING      1336
  TCP   10.10.1.16:139     0.0.0.0:0           LISTENING      4
  TCP   10.10.1.16:1031    0.0.0.0:0           LISTENING      4
  TCP   10.10.1.16:1031    10.10.1.80:139      ESTABLISHED    4
  TCP   10.10.1.16:1362    0.0.0.0:0           LISTENING      4
  TCP   10.10.1.16:1362    10.10.1.166:139     ESTABLISHED    4
  TCP   192.0.2.229:139    0.0.0.0:0           LISTENING      4
  UDP   0.0.0.0:135        *:*                                984
```

このソケットを使っているプログラムのPID（識別番号）。PIDがどのプログラムを指すのかはタスク・マネージャで調べることができる。ただし、タスク・マネージャはデフォルト設定ではPIDを表示しないので、[表示]→[列の選択]でPID表示する設定変更が必要

通信の状態を表す
　LISTENING　　相手からの接続を待っている状態
　ESTABLISHED　接続動作が終わりデータ通信中であることを表す

通信相手側（リモート側）のIPアドレスとポート番号。「0.0.0.0」はまだ通信が始まっておらず、特定のIPアドレスやポートと結び付けられていないことを表す。また、UDPプロトコルはソケットを相手側のアドレスやポートと結び付けないので、相手側は*:*となる

netstatコマンドを実行したマシン自身側（ローカル側）のIPアドレスとポート番号。この例はLANアダプタを複数装着してあるマシンで実行したので、複数のIPアドレスが表示されている。なお「0.0.0.0」は、特定のIPアドレスと結び付けられていないことを表す

プロトコルの種類。TCP/IPプロトコルを使ってデータを送受信する場合は、TCPとUDPのどちらか

図2.2　ソケットの内容を一覧表示

Windowsは、netstatというコマンドで、ソケットの中身を覗くことができます（**図2.2**）[注3]。この表示の1行分が一つのソケットに相当します。ソケットを作るという動作は、ここに新たに1行分の制御情報を追加することで、そこに「これから通信を始めるところ」というように状態を記録したり、送受信データを一時的に格納するバッファ・メモリーを用意するといった通信の準備作業を行うことです。

　折角、ソケットの中身を表示したのですから、この表示内容の意味も説明しておきましょう。たとえば、8行目は、PID（Process ID）[*]が4番のプログラムが、10.10.1.16というIPアドレスを持つLANアダプタを使って、10.10.1.80のIPアドレスを持つコンピュータと通信しています。さらに、自分は1031、相手は139というポート番号を使っているということもわかります。ちなみに、139というポート番号はWindowsのファイル・サーバーが使うものなので、これはファイル・サーバーに接続しているものだということがわかります。1行目も見てみましょう。これは、PIDが984のプログラムが、135番のポートに、誰かが接続してくるのを待っている状態を表しています。この行はローカル側もリモート側もIPアドレスが0.0.0.0となっていますが、これは、まだ通信が始まっていないため、IPアドレスが定まっていないことを表します[注4]。

■宛先と送信元の組み合わせが同じソケットは一つだけ

　ソケットに関して一つ補足しておきます。データを受信する側は、どのアプリケーションがどのポート番号を使っているのかソケットに記録し、その記録に基づいて受信したパケットをアプリケーション・プログラムに振り分

注3） これはソケットの一部です。ソケットには多数の制御情報が格納されているので、それを全部表示することはできません。
注4） 接続を待ち受ける状態のときにIPアドレスを決めてしまうこともできます。その場合、そのIPアドレス以外のものが接続動作を行ってもエラーになってしまいます。つまり、そのIPアドレスだけに接続を許可することになります。

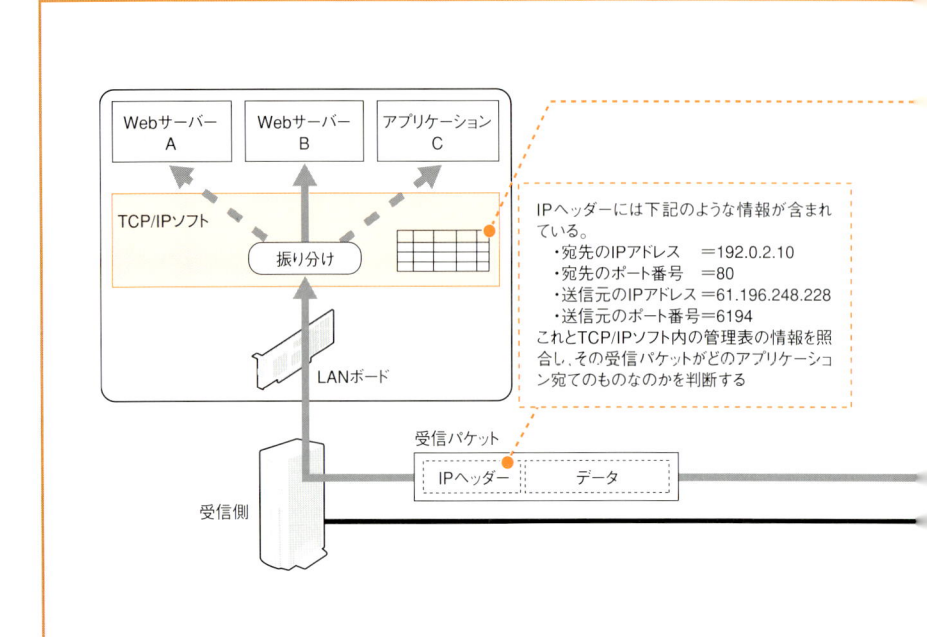

図2.3　受信したパケットの振り分け

けますが、アプリケーションとポート番号の対応関係だけで、受信したデータを渡すアプリケーションを判断することはできません。多数のクライアントと同時に通信するサーバー・マシンは、複数のサーバー・プログラムを同時に動かすことがあるからです。

たとえば、Webサーバー・マシンでWebサーバー・プログラムを複数動かす、ということです。この場合、サーバー・プログラムのポート番号は固定された値を使うルールになっていますから、複数のサーバー・プログラムが皆同じポート番号を使って通信することになります。すると、宛先のポート番号だけではデータを渡すサーバー・プログラムを判別できなくなります。このような場合のために、どのサーバー・プログラムがどのクライアントと通信しているのかを記録しておき、その記録に基づいてデータをどのサーバ

第2章 TCP/IPのデータを電気信号にして送る

ソケットには、その時点で、どのプログラムがどの相手と通信しているのかが記録されている

自分の IPアドレス	自分の ポート	相手の IPアドレス	相手の ポート	プログラム
192.0.2.10	80	210.160.91.230	5230	A
192.0.2.10	80	61.196.248.228	6194	B
192.0.2.10	21	218.45.17.135	2057	C

ネットワーク　　送信側

ー・プログラムに渡すべきか判断します。

　例を挙げて説明しましょう。**図2.3**のように受信側のコンピュータ内部で三つのプログラムが動作しており、ここに図中の説明にあるようなパケットが届いたとしましょう。このパケットの宛先ポート番号は80ですが、WebサーバーA、WebサーバーBと二つのサーバー・プログラム[注5]が、そのポート番号を使っています。このような状況だと、宛先ポート番号だけではWebサーバーAとWebサーバーBのどちらにデータを渡すべきか判断できません。

　そこで、ソケットに記録された送信元のIPアドレスとポート番号も調べま

注5) Webサーバーでは、複数のサーバー・プログラムを同時に立ち上げて、複数のクライアントからのリクエストをそれぞれのサーバー・プログラムで並行処理することがよくあります。たとえば、Apacheなどのサーバー・プログラムでは、自分のプログラムのコピー（httpd）を生成し、それにリクエストを処理させることができます。

す。すると、その送信元はWebサーバーBと通信中のクライアントだとわかります。これで、受信データはWebサーバーBに渡すべきだと判断できます。

　TCP/IPソフトは、こうして受信したデータをどのサーバー・プログラムに渡すべきかを判断します。そのため、宛先のIPアドレスとポート番号、送信元のIPアドレスとポート番号の四つがすべて同じ値を持つソケットが、二つ以上あると、データを渡すサーバー・プログラムを判断できなくなります。ですから、そうした状況が起こりそうになったら、その時点で通信エラーになります。

■TCP/IPソフトはまずはソケットを作成

　ソケットの具体的な姿が見えてきたところで、探検ツアーに戻りましょう。第1章は、Webブラウザがメッセージを作り、Socketライブラリを介して

```
<アプリケーション・プログラムの名前>(<パラメータ>)
{
 …
 <メモリ領域> = gethostbyname("www.lab.glasscom.com");
 …
 <ディスクリプタ> = socket(<IPv4を使う>, <TCPを使う>, …);
 …
 connect(<ディスクリプタ>, <通信相手のアドレスとポート番号>, …);
 …
 write(<ディスクリプタ>, <送信データ>, <送信データ長>);
 …
 <受信データ長> = read(<ディスクリプタ>, <受信バッファ>, <受信バッファ長>);
 …
 close(<ディスクリプタ>);
}
```

クライアント

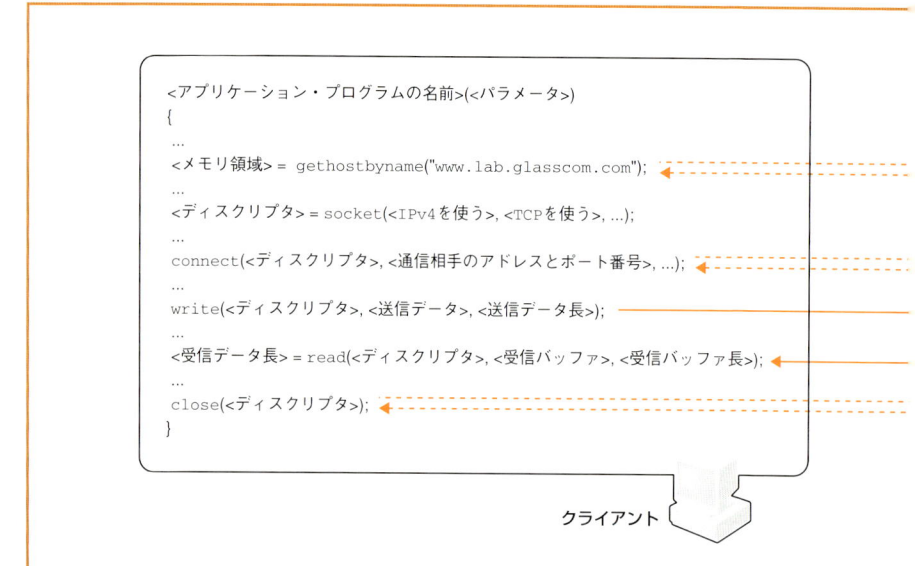

図2.4　クライアント側のメッセージ送受信動作

第2章　TCP/IPのデータを電気信号にして送る

TCP/IPソフトにメッセージ送信を依頼するところまででした。そのメッセージ送信依頼を受け取ったTCP/IPソフトが内部でどう動くのか。ツアーはここからです。

　TCP/IPソフト内部の動きはTCPとUDPで異なるので、とりあえず、Webブラウザがデータを送受信するときに使うTCPを前提にして説明しましょう。Socketライブラリを呼び出す手順は**図2.4**のようなものでした。この順番に従うと、最初はDNSサーバーに問い合わせる動作から、ということになりますが、ここは第1章で説明したので省略して、その次にあるSocketライブラリ中のsocket[*]を呼び出してソケットを作るところから始めます。

　ソケットの実体はTCP/IPソフトの内部にあるメモリー領域ですが、最初からメモリー領域があるわけではありません。ソケットを作るときに、まず、OSに依頼してソケット一つ分のメモリー領域を確保します。これがソケッ

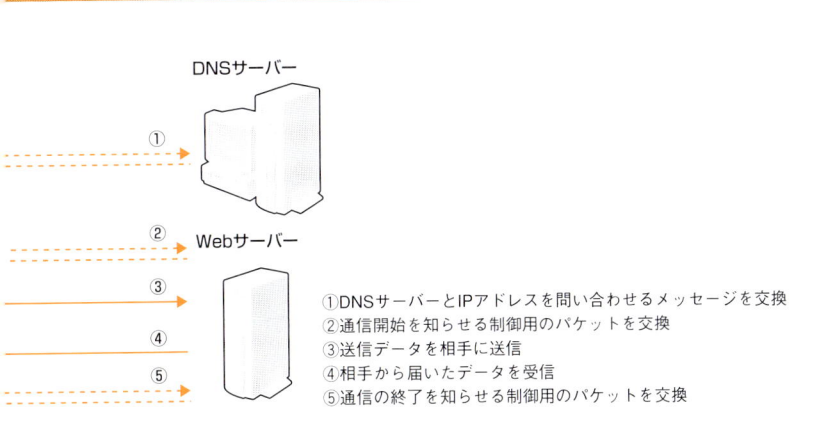

①DNSサーバーとIPアドレスを問い合わせるメッセージを交換
②通信開始を知らせる制御用のパケットを交換
③送信データを相手に送信
④相手から届いたデータを受信
⑤通信の終了を知らせる制御用のパケットを交換

ト生成で一番重要な仕事です。これが終わったら、次は、確保したメモリー領域に制御情報を記録していきます。

ソケットに記録する制御情報は、プロトコルの種類によって違います。図2.4の例で、socketを呼び出すときに、<IPv4*を使う>、<TCPを使う>と指定してあるので、TCP/IPソフトは、それに相当するソケットを作ります。ソケットを作って通信の準備が終わったら、socketは呼び出し元のアプリケーションにディスクリプタを返します。ディスクリプタというのは、TCP/IPソフトの内部にある多数のソケットの中のどれを指すかを表す情報です。図2.2の何行目を指しているのか、を表すものと思えばよいでしょう。

ディスクリプタを受け取ったアプリケーションは、それ以後、TCP/IPソフトにデータ送受信動作を依頼するときに、通信相手の情報などを通知する代わりに、ディスクリプタを通知します。ソケットには、誰と誰が通信しているのか、そして、それがどのような状態にあるのか全部記録されていますから、ディスクリプタによってどのソケットを使って通信しているのか、ということを知らせるだけで、必要な情報は全部TCP/IPソフトの方でわかります。いちいち通信相手の情報を知らせる必要はありません。

■ソケットを生成したら、TCPで"パイプ"をつなぐ

ソケット生成の次はSocketライブラリに含まれているconnectというプログラムを呼び出します。これは、アプリケーションがTCPを使ってデータを送受信するときに使うもので、通信相手との接続動作にあたります。といっても実際にケーブルをつないだり外したりするわけではありません。100年以上前の初期の電話は、実際にケーブルをつないだり、外すことで接続や切断の動作を行いましたが、今はそんなことはしません。イーサネットや通信回線などのケーブルはすでに接続されているので、通信開始を知らせる制御情報をやり取りするだけです。

connectでは通信相手のアドレスとアプリケーションのポート番号が渡さ

れ、クライアント側プログラムとサーバー側プログラムのポートを論理的に接続します。**図2.5**のように、ポートの間がパイプのようなものでつながって、その中をデータが流れると考えればよいでしょう。これは、1本のケーブルでコネクタの間を結ぶのと似ています。ポートがコネクタに相当し、パイプがケーブルに相当するわけです。

　このパイプに相当するデータの通り道を「コネクション」[*]と呼びます。コネクションは、必ず、両端にある二つのポートの間を結びます。途中で分岐したり、合流することはありません。先ほど説明したソケットは、このコネクションの一つひとつに対応して作られ、その状態を記録しておくもの、と

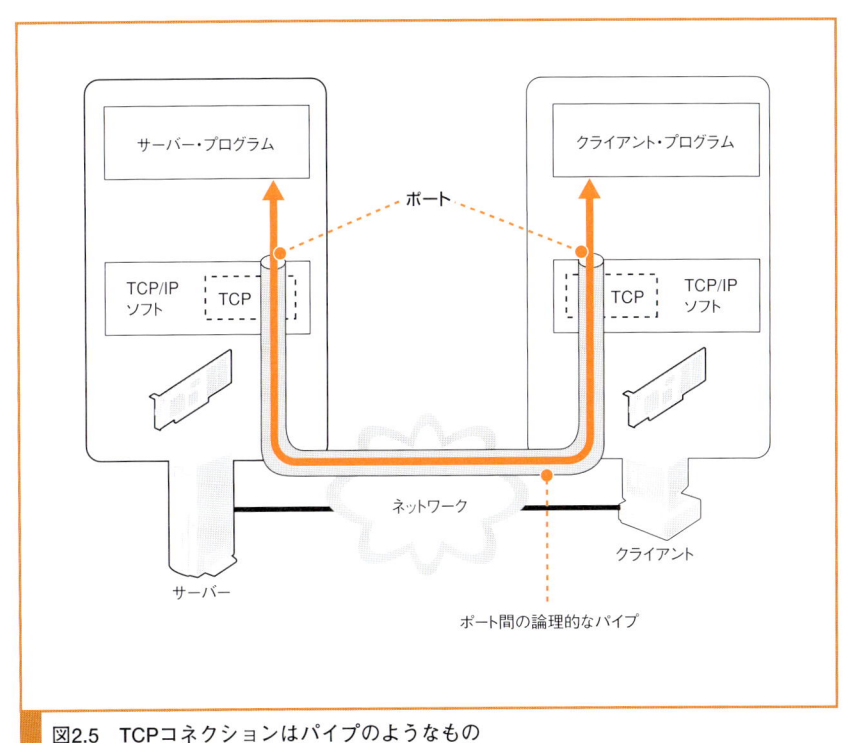

図2.5　TCPコネクションはパイプのようなもの
　クライアントとサーバーのプログラムは、論理的なパイプのようなものでつながり、その中にデータを流すようになっている。ポートはコネクタのような役割を果たす。

いうことになります。

　コネクションは、データ送受信動作を継続している間ずっと存在し続けます。データの送受信を終わり、closeを呼び出したときに、通信終了を知らせる制御情報が流れてコネクションが消滅し、ソケットも削除されます。それが切断動作です。TCP/IPソフト内部のメモリー領域からソケットが消されるわけです。

■接続、データ送受信、切断の3フェーズで管理

　このコネクションを使ってデータを運ぶのがTCPの役割であり、TCPがコネクションに関する動作を制御します。その動作はTCPプロトコルの仕様で決められています。まず、その概要から説明しましょう。

　TCPの動作は、**図2.6**のように三つのフェーズから成り立っています。connectが呼び出されることによって、最初の接続フェーズの動作が実行され、writeやreadでデータを運ぶ動作が実行され、closeで切断フェーズの動作が実行されるというわけです。これはちょうど図2.4の②～④に対応しています。

　最初の接続フェーズは次のように動きます。まず、接続する側（通常、クライアント側が接続する側になります）から接続を待ち受ける側（通常、サーバー側が接続を待ち受けます）に「これからデータを送ります」という意味の制御情報を格納したパケット[*]を送ります。すると、接続を待ち受ける側は「了解しました」とこれに応えます。それと同時に、接続を待つ側からも「これからデータを送ります」という制御情報を送ります。一つのパケットに通信開始と了解の二つの情報を格納して送り返すわけです。そして、接続する側が「了解しました」と応えます。TCPのデータ送受信動作はいわゆる全2重[*]型で、両方向に自由にデータを送り合うことができます。これは、両方向のデータ送信動作が独立しており、もう一方の影響を受けずに、別々に動作するともいえます。ですから、それぞれの方向に別々に制御情報

を通知するわけです。そして、制御情報を通知したら、必ず、「了解しました」というように応答を返します。通信にエラーはつきものですから、こう

```
                    ┌ 接続フェーズ ┐
       ─── これからデータを送ります ───▶
       ◀── 了解しました。こちらからもデータを送ります ──
       ─── 了解しました ───▶

                ┌ データ送受信フェーズ ┐
       ─── データ送信 ───▶
       ◀── 受信確認応答の返信 ──
                    ⋮
       ─── データ送信 ───▶
       ◀── 受信確認応答の返信 ──

    クライアント                         サーバー

                    ┌ 切断フェーズ ┐
       ◀── これでデータは終わりです ──
       ─── 了解しました ───▶
       ◀── こちらも送るデータはありません ──
       ─── 了解しました ───▶
```

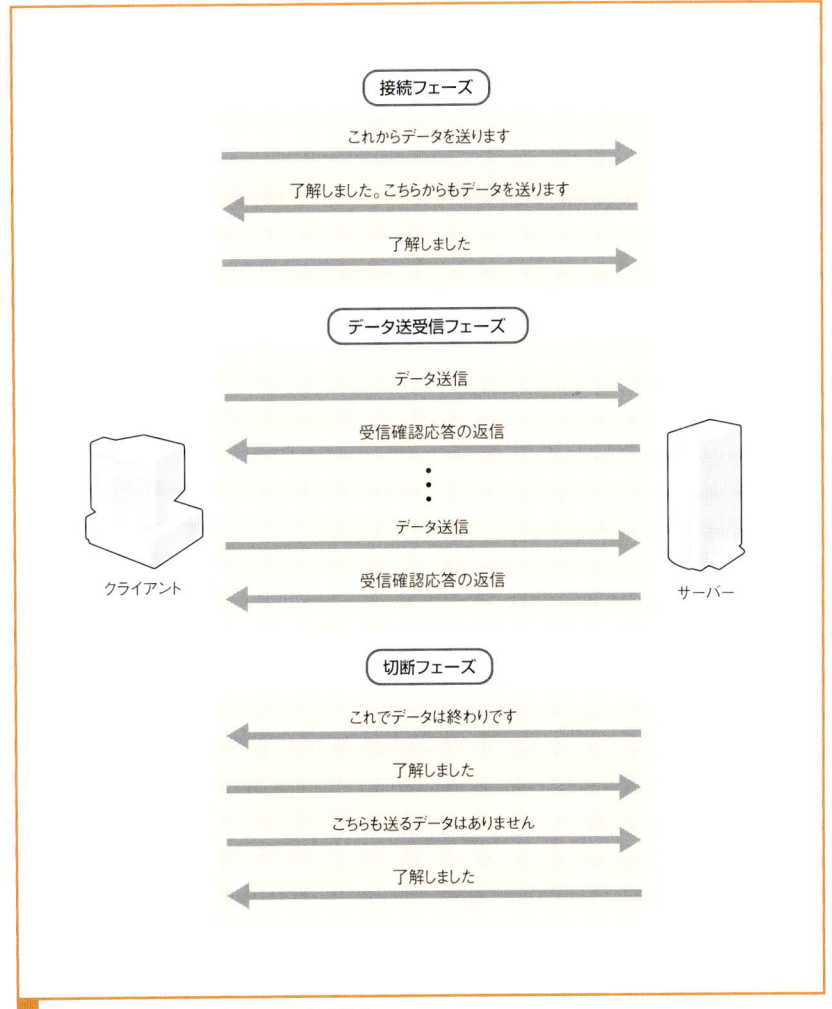

図2.6　TCPは三つのフェーズで動く
　　TCPは、接続、データの送受信、切断の三つのフェーズで動作する。まず、接続フェーズでコネクションを確立し、データ送受信のフェーズでデータをやりとりする。そして、切断フェーズでコネクションを切る。

した制御情報のやり取りでエラーが起こることだってあります。それで正常にパケットが届いたことを知らせるために、必ず受信確認応答を返すわけです。

　接続フェーズが終わったら、次はデータ送受信です。TCPのデータ送受信動作は全2重型ですから、送信データを持っている側がいつでもデータを送ることができます。データを送ったら、受信した側は正しく届いたことを表す受信確認応答を返します。この動作を繰り返し、データを全部送り終わったらデータ送受信は終わりです。

　この説明には一つ注意点があります。実際のデータ送受信動作はアプリケーション側でコントロールします。たとえばWebアクセスなら、クライアントからリクエスト・メッセージを送って、サーバーがレスポンス・メッセージを送り返し、それでデータ送受信は終わり、といった具合です。ですから、TCPはいつでも自由にデータを送受信できる環境をアプリケーションに提供しますが、データ送受信の手順にはそれなりのルールがあって、それを守らなければいけないということです。ただ、そのルールはアプリケーションによって異なりますから、アプリケーションがどんなルールを設けても困らないように、TCPはいつでも自由にデータを送受信できるように作られている、ということです。

　データ送受信が終わったら、切断フェーズに移ります。切断フェーズを始めるのは、どちらでもかまいません。もう、送るデータがなくなった、という方から「これでデータは終わりです」と知らせ、「了解しました」と応えます。TCPは一方が切断フェーズに入ったら、もう一方も速やかに切断フェーズに入ることになっていますから、もう一方からも「これでデータは終わりです」と通知し、「了解しました」と応えます。これで、TCPの動作はすべて終わりです。

■制御情報を納めたTCPヘッダーを作る

　概要がわかったら、動作を順番に追いかけてみましょう。

　TCPはまず、接続フェーズの最初にある「これからデータを送ります」という意味の制御情報を作ります。TCPは何らかの送信動作を行うときに、「TCPヘッダー」という制御情報をデータに付加します。そこには（1）どのフェーズのどんな動作を実行しているのかを表す情報、（2）通信動作を行うプログラムを識別するポート番号、（3）データが正しく届いたかどうかを確認するための情報、（4）データ送信のペースを調整するための情報、などがあります。その詳細な内容は**表2.1**にまとめておきますが、接続フェーズの制御情報もこのTCPヘッダーの中に記載します。

　このときに重要な働きをするのは、「コントロール・ビット」という部分です。ここにある「SYN」というビットの値を1にすることが「これからデータを送ります」という意味になります。ちなみに、「ACK」というビットを1にすることが「了解しました」という意味になります。

　宛先と送信元のポート番号もセットします。宛先のポート番号は、アプリケーションがconnectで指定した<通信相手のIPアドレスとポート番号>から取り出したものを宛先ポート番号フィールドにセットします。送信元ポート番号の方は、未使用のポート番号から無作為に選んで割り当てます。接続を待ち受ける側のポート番号は接続する側が知らないといけませんから、固定的な値を割り当てるよう、ルールで決められています。しかし、接続する側のポート番号にはそういった制約はないので、単純に空いている番号を使うということです[注6]。これで、相手側とこちら側のポート番号が決まり、その間にデータを運ぶパイプができるわけです。

　もう一つ、「シーケンス番号」というフィールドにも値をセットしますが、これはデータを送信する動作と関係するので、そこで説明します。この他の

注6) 何らかの理由で、特定のポート番号を使いたい場合は、Socketライブラリのbindというプログラムを呼び出して、ポート番号を割り当てます。

表2.1 TCPヘッダーに記載する制御情報

	フィールドの名称	長さ (ビット)	説明
TCPヘッダー（20バイト〜）	送信元ポート番号	16	このパケットを送信した側プログラムのポート番号
	宛先ポート番号	16	このパケットを届ける相手プログラムのポート番号
	シーケンス番号（送信データの連番）	32	このパケットの先頭位置のデータが送信データの何バイト目にあたるのか送信側から受信側に伝えるためのもの
	ACK番号（受信データの連番）	32	データが何バイト目まで受信側に届いたのかを受信側から送信側に伝えるためのもの
	データオフセット	4	データ部分がどこから始まるかを表す。ヘッダーの長さを表すと考えてもよい
	未使用	6	このフィールドは現在使っていない
	コントロール・ビット	6	このフィールド内の各ビットがそれぞれ通信制御上の意味を持つ URG： 緊急ポインタのフィールドが有効であることを表す ACK： 受信データの連番フィールドが有効であることを表す。普通、データが正しく受信側に届いたことを意味する PSH： flush動作によって送信されたデータであることを表す RST： 接続を強制的に終了する。異常終了時に使われる SYN： 送信側と受信側で連番を確認しあう。これで接続動作を表す FIN： 切断を表す
	ウインドウ	16	受信側から送信側にウインドウ・サイズ（受信確認を待たずにまとめて送信可能なデータ量）を通知するために使う
	チェックサム	16	誤りの有無を検査するためのもの
	緊急ポインタ	16	緊急に処理すべきデータの位置を表す
	オプション	可変長	上のヘッダー・フィールド以外の制御情報を記載するときには、ヘッダーにオプション・フィールドを追加する。しかし、オプション・フィールドを使うことは滅多にない

IPアドレスを納めたIPヘッダーを作る

 こうしてTCPヘッダーを作ったら、それをIPに渡します。すると、IPは「IPヘッダー」を作って、TCPヘッダーの頭にくっつけます（**表2.2**）。IPヘッダーの中で一番重要なのは、それをどこに届けるべきかを表す「宛先IPアドレス」です。ここには、connectで指定されたIPアドレスをセットします。IPは自分で宛先を判断するわけではなく、アプリケーションの依頼に基づいてパケット送信動作を実行するだけなので、もし、アプリケーションが誤ったIPアドレスを指定したとしても、そのIPアドレスをそのままセットします。当然、それでは正しく動かないのですが、その責任はアプリケーション側にあるものとみなすわけです。

 送信元IPアドレスもセットします。ここには、そのコンピュータに割り当てられたIPアドレスをセットするのですが、実は、「そのコンピュータに割り当てられた」という部分が曲者です。LANアダプタなどの通信用インタフェースが一つしかなければ、そこに割り当てられているIPアドレスをセットすればよいのですが、通信用インタフェースは一つとは限りません。LANアダプタを複数装着したコンピュータだってありますし、シリアルポートにモデムを装着すれば、それも通信用インタフェースになりますから、通信用インタフェースを複数持つコンピュータというのは別に珍しくありません。このような場合には、どのIPアドレスをセットすべきか判断しなければなりません。それを判断することは、どのインタフェースを使ってパケットを送信すべきか判断することと同じことです。送信するインタフェースに割り当てたIPアドレスをセットすることになっているからです。

 その判断を下すときは「経路表」、あるいは、「ルーティング・テーブル」という表のようなものを使います（**図2.7**）。その方法はルーター[*]がパケット

表2.2 IPヘッダーに記載する制御情報

フィールドの名称		長さ（ビット）	説明
IPヘッダー（20バイト〜）	バージョン	4	IPプロトコルのバージョン。現在使われているものはバージョン4
	ヘッダー長（IHL）	4	IPヘッダーの長さ。プロトコルオプションの有無によってヘッダー長が変わるので、ヘッダーの長さがわかるようにするためのもの
	サービスのタイプ（ToS）	8	パケットを運ぶときの優先度などを表す。当初の仕様に曖昧さがあったため、最近、DiffServという仕様でこのフィールドの使い方が再定義された
	全長	16	IPメッセージ全体の長さを表す
	ID情報（Identification）	16	個々のパケットを識別する番号。通常、パケットの通し番号がここに記載される。ただし、IPフラグメントによって分割されたパケットは、すべて同じ値を持つ
	フラグ	3	このフィールドは3ビット分あるが有効なのは2ビット分。そのうちの一つでフラグメンテーションの可否を表し、もう一つで、このパケットがフラグメントしたものかどうかを表す
	フラグメントオフセット	13	このパケットに格納されている部分が、IPメッセージの先頭から何バイト目に位置するか記載する
	生存期間（TTL）	8	ネットワークにループができたときに、永久にパケットが回りつづけないように生存期間を指定するもの。ルーターを経由する毎に、この値が1ずつ減らされ、0になったらパケットは棄てられる
	プロトコル番号	8	プロトコルの番号が記載される TCP ：16進（06） UDP ：16進（11） ICMP：16進（01）
	ヘッダーチェックサム	16	誤り検査用データ。今は使われていない
	送信元IPアドレス	32	このパケットの発信した側のIPアドレス
	宛先IPアドレス	32	このパケットを届ける相手のIPアドレス
	オプション	可変長	上のヘッダーフィールド以外の制御情報を記載するときには、ヘッダーにオプション・フィールドを追加する。しかし、オプション・フィールドを使うことは滅多にない

の中継先を判断するときの方法と同じなので、詳しくは第4章でルーターを探検するときに説明することにして、ここでは簡単に概要だけ説明しましょう。

　まず、connectで指示された宛先IPアドレスが、経路表の左端の欄のどこに該当するか探します。たとえば、connectの宛先IPアドレスが192.168.1.21だったとすると、それは192.168.1.0というネットワーク番号のIPネットワークに所属することになりますから、図2.7の一番下にある行が該当することになります。あるいは、connectの宛先が、10.10.1.166だったら、図2.7の3行目に該当するといった具合です。こうやって該当する行を探し出したら、次は、右から3番目と2番目の欄を調べます。右から2番目のインタフェース欄は、そのインタフェースからパケットを送信することを表し、右から3番目のゲートウエイ欄は、そのIPアドレスを持つルーターにパケットを渡せば、そのルーターが目的地にパケットを中継してくれることを表します。もし、ルーターを表すゲートウエイ欄とインタフェース欄のIPアドレスが同じだったら、ルーターで中継せずに、直接パケットを届けられることになります。その場合は、connectの宛先IPアドレスに直接パケットを渡します。なお、経路表の一番上の行には、目的地とネットマスク*が0.0.0.0で登録されています。これはいわゆるデフォルト・ゲートウエイ*を表し、他に該当するものがない場合に、この行が該当するものとみなします[注7]。

　これで、どのインタフェースからパケットを送信すべきかわかりますから、そのインタフェースのIPアドレスをIPヘッダーの送信元IPアドレスにセットします。

　「プロトコル」というフィールドにも値をセットします。ここには、TCPでデータを運ぶのか、UDPでデータを運ぶのか、あるいは、ICMP*でエラーを通知するのか、運ぶデータの内容を表す値を入れます。今は、ブラウザの

注7) デフォルト・ゲートウエイの意味も第4章のルーターのところで説明します。

```
C:\>route print
===========================================================================
Interface List
0x1 ........................... MS TCP Loopback interface
0x2 ...00 60 97 a5 4a e9 ...... 3Com 3C905TX-based Ethernet Adapter
パケット スケジューラ ミニポート
0x3 ...00 02 b3 5f 9f ea ...... Intel(R) PRO/100 S Desktop Adapter - 
ケジューラ ミニポート
===========================================================================
===========================================================================
Active Routes:
Network Destination        Netmask          Gateway       Interface  Metric
          0.0.0.0          0.0.0.0      192.0.2.225     192.0.2.229       1
         10.10.1.0    255.255.255.0       10.10.1.16      10.10.1.16      1
        10.10.1.16  255.255.255.255        127.0.0.1       127.0.0.1      1
         127.0.0.0        255.0.0.0        127.0.0.1       127.0.0.1      1
         192.0.2.0    255.255.255.0      192.0.2.229     192.0.2.229      1
       192.0.2.229  255.255.255.255        127.0.0.1       127.0.0.1      1
       192.168.1.0    255.255.255.0       10.10.1.80      10.10.1.16      2
Default Gateway:       192.0.2.225
===========================================================================
Persistent Routes:
  None
```

経路表を表示するコマンド / これが経路表の内容

パケットの最終目的地を表す

中継先のルーターのIPアドレス。これが右のInterface欄と同じ場合は、ルーターに中継せずに、宛先IPアドレスのマシンに直接送信できる

パケットを出力するインタフェースを表す。この行の経路を採用するとき、この欄に記載したIPアドレスを割り当てたインタフェースから左のルーター欄に記載したルーターにパケットを送る

この経路を使ってパケットを運んだ場合のコストを表す。この値が小さいほうが近回りだということ

この行は「192.168.1.0」というIPネットワークに所属する機器にパケットを送るには、「10.10.1.80」のルーターにパケットを送ってそこから中継してもらえばよいことを表している

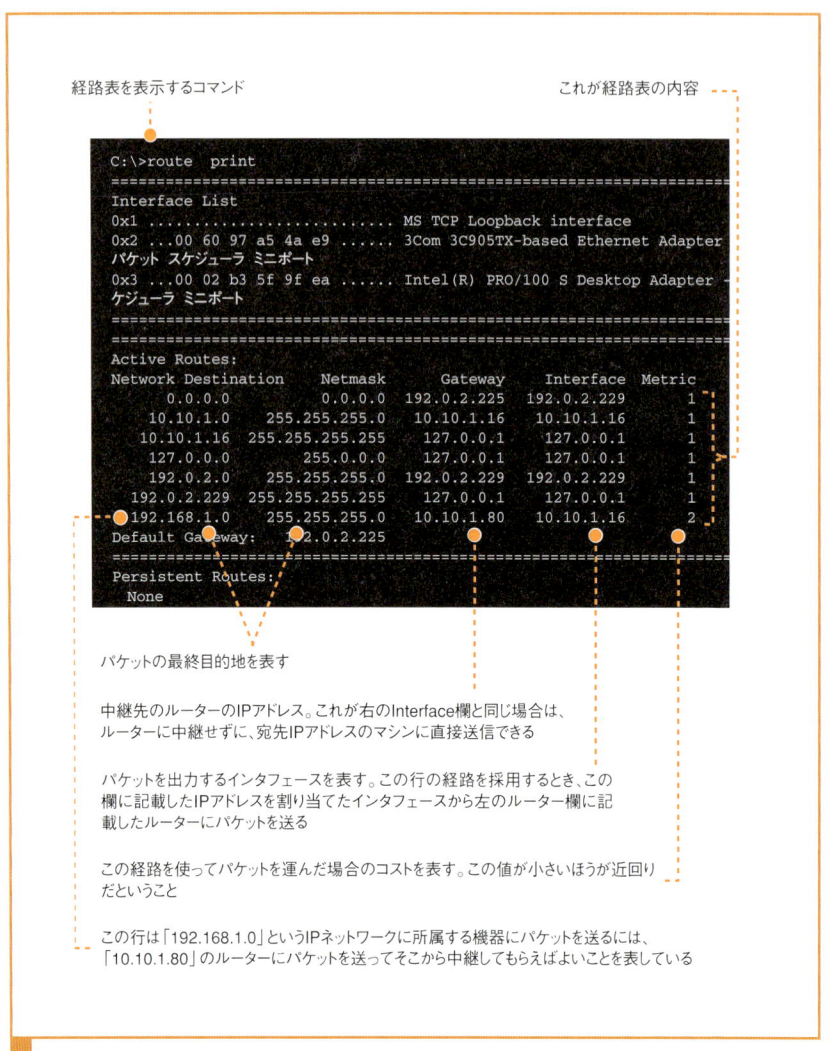

図2.7　経路表の例

　HTTPリクエスト・メッセージをTCPで運ぼうとしているので、ここにはTCPを表す06（16進表記）という値をセットします。

　その他のフィールドにも値を記入しますが、細かな話題なのでそこは省略

します。

■イーサネット用にMACヘッダーを作る

　こうしてIPヘッダーを作ったら、次はMACヘッダーです。IPヘッダーには、IPアドレスでパケットの宛先が書いてあるので、それを見ればパケットをどこに運ぶべきか判断できるのですが、イーサネットにはこのTCP/IPの考え方が通用しません。イーサネットは、TCP/IPとは違う仕組みでパケットの宛先を判断することになっており、その仕組みに従わないと、イーサネットでパケットを運ぶことができないからです。そのイーサネットの宛先判断の仕組みで使うのがMACヘッダーです。

　イーサネットの詳しい仕組みは、第3章でハブやスイッチを探検するときに説明しますので、ここでは概要だけ説明しておきましょう。イーサネットにはいろいろな性質がありますが、一番重要なのは、送信した信号がLAN全体に届くということです。これは、全員が大きな一つの部屋にいるようなものです。そこで声を出せば全員に聞こえるのと同じで、イーサネットも1台が信号を送ると全員が受信します。ただ、これだけだと届いた信号が誰宛のものか判断できませんから、信号の先頭部分に受信者のアドレス、つまり宛先アドレスを書いておきます。これで、誰宛なのか判断できますから、該当する機器はパケットを受信し、その他の機器はパケットを棄てます。これで、目的の相手にだけパケットが届きます。MACヘッダーは、この仕組みを実現するためのものです（**表2.3**）。

　MACヘッダーを作るときは、ここに値をセットするだけです。説明の都合上、下から順に説明します。まず、タイプ・フィールドですが、ここにはIPプロトコルを表す0800（16進表記）という値をセットします。次は送信元MACアドレスですが、ここには自分のLANアダプタのMACアドレスをセットします。MACアドレスはLANアダプタを製造するときに、その中にあるROMに書き込まれていますから、LANドライバに依頼してそのアドレスを読

表2.3　MACヘッダーに記載する項目

フィールドの名称		長さ（ビット）	説明
MACヘッダー（14バイト）	宛先MACアドレス	48	このパケットを届ける相手のMACアドレス。LANでのパケット配送はこのアドレスに基づいて行われる
	送信元MACアドレス	48	このパケットを送信した側のMACアドレス。パケットを受け取ったとき、この値によって誰が送ったのか判断する
	イーサ・タイプ	16	使用するプロトコルの種類を表す。下記が代表的なものだが、通常のTCP/IPの通信で使うのは、0800と0806の二つだけ 0000-05DC　　IEEE 802.3 0800　　　　　IPプロトコル 0806　　　　　ARPプロトコル 86DD　　　　　IPv6

み込んで、MACヘッダーにセットするわけです[注8]。LANアダプタが複数装着されている場合は、送信元IPアドレスをセットするときと同じように、どのLANアダプタから送信するのかを判断して、そこに割り当てられたMACアドレスをセットします。

　ここまでは簡単なのですが、宛先MACアドレスは少し複雑です。まず、パケットを誰に渡すべきか判断しなくてはいけません。経路表で探し当てた行のゲートウエイ欄にルーターのアドレスが書いてあった場合は、そのルーターにパケットを渡しますし、インタフェース欄と同じアドレスが書いてある場合は、IPヘッダーの宛先IPアドレスの相手にパケットを渡します。

　パケットを渡す相手がわかったら、そのMACアドレスを宛先MACアドレスのフィールドにセットすればよいのですが、相手のMACアドレスはここま

注8）　実際にMACアドレスを読み込むのは、OSを起動してLANアダプタを初期化するとき、1回だけです。そこで読み込んだMACアドレスをメモリーに保管しておき、送信動作のときはメモリーに保管しておいた値をMACヘッダーにセットします。

での説明のどこにも出てきません。この時点では、相手のMACアドレスはわからないのです。そこでIPアドレスからMACアドレスを調べる動作を実行します。

ARPで送信先ルーターのMACアドレスを調べる

　ここで使うのがARP（Address Resolution Protocol）※です。ARPの考え方は簡単です。イーサネットは、送った信号が全員に届きますから、その性質を利用して「xx.xx.xx.xxというIPアドレスを持っている人はいませんか？いたらMACアドレスを教えてください」と全員に問いかければ、該当者から「それは私です。私のMACアドレスはxx:xx:xx:xx:xx:xxです」というように応答が返ってくるはずです。該当しない機器は問いかけを無視し、何も応答を返しません。

　相手が自分と同じイーサネット上に存在すればこれでMACアドレスがわかります。具体的には、経路表でパケットを渡す相手を判断し、そのIPアドレスを指定してARPの問い合わせを送ります。そうしたら、応答があるはずですから、そのMACアドレスをMACヘッダーにセットすればMACヘッダーはできあがります。

　ただ、パケットを送る都度これをやるとARPのパケットが増えてしまいますから、一度調べた結果をARPキャッシュというところに保存して再利用します。つまり、パケット送信時に、まず、ARPキャッシュを調べ、そこに相手のMACアドレスが保存されていたら、ARPの問い合わせを送らずにARPキャッシュに保存されている値を使い、ARPキャッシュに保存されていない場合だけARPの問い合わせを行います。参考のためにARPキャッシュの内容を画面に表示する方法を**図2.8**に載せておきます。これで、ARPキャッシュがどんなものかわかるでしょう。

　ARPキャッシュを使うことで、ARPのパケットを減らすことができますが、ARPキャッシュに保存したMACアドレスをいつまでも使い続けると問題が起

ARPキャッシュの中身を表示するコマンド。「ARP -d 10.10.1.43」というように dオプションをつけるとARPキャッシュに保存したものを削除できる

```
C:\>arp -a

Interface: 10.10.1.16 --- 0x2
  Internet Address      Physical Address      Type
  10.10.1.43            00-80-c8-2d-82-ea     dynamic
  10.10.1.80            00-10-5a-77-ff-91     dynamic

Interface: 192.0.2.229 --- 0x3
  Internet Address      Physical Address      Type
  192.0.2.225           00-00-5f-56-4c-d6     dynamic
  192.0.2.226           00-00-c0-16-ae-fd     dynamic
  192.0.2.232           00-00-c0-16-ae-ec     dynamic
```

IPアドレス　　　左のIPアドレスに対応するMACアドレス

図2.8　ARPキャッシュの中身

こることがあります。IPアドレスを設定し直した場合など、ARPキャッシュの内容と現実とに食い違いが起こることがあるからです。それを防ぐために、ARPキャッシュに保存した値は時間が経ったら削除することになっています。OSの種類によってその時間は異なりますが、通常、数分程度です。

　ARPキャッシュからMACアドレスが削除されたら、再びARPの問い合わせを送ってMACアドレスを調べればよいので、これはそれほど問題になりませんが、IPアドレスを設定し直した場合が問題です。設定し直した直後は、ARPキャッシュに古い値が残っているために、うまく通信できなくなることがあります[注9]。

■IPパケットを電気や光の信号に変換して送信

　MACヘッダーをIPヘッダーの前につけたらパケットは完成です。こうしてパケットを作るところまでがIPの担当です[注10]。

第2章　TCP/IPのデータを電気信号にして送る

　パケットができあがったら、次は、それをネットワークに送り出します。IPが作ったパケットはメモリーに記憶されたデジタル・データなので、これをそのまま相手には送ることはできません。そこで、デジタル・データを電気や光の信号に変換して、ネットワークのケーブルに送り出すわけです。これが本当の送信動作といえます。

　この作業を行うのがLANアダプタです。ただ、LANアダプタは単独では動作しません。ハードウエアをコントロールするにはドライバ・ソフトが必要だからです。これはLANアダプタに限ったことではありません。キーボード、マウス、ディスプレイ・アダプタ、サウンド・カードなど、どんなハードウエアにも共通することです。LANアダプタ用のドライバ・ソフト（通称、LANドライバ）を使ってコントロールしないとLANアダプタは動かないのです。なお、LANアダプタの構造はメーカーや機種によって異なりますから、LANドライバはLANアダプタ・メーカーが用意した専用のものを使います[注11]。

　LANアダプタの内部構造は**図2.9**のようになっています。これはLANアダプタの主要な構成要素を概念的に書いたもので、実際の製品の構造を表すものではありませんが、これで考え方はわかるでしょう[注12]。この内部構造を頭に入れて、パケットを送信する動作を追いかけますが、その前に、LANアダプタを初期化する動作を説明しましょう。

　LANアダプタは電源を入れたらすぐに使えるわけではありません。これも他のハードウエアと同様に、初期化作業が必要です。つまり、電源を入れてOSを起動するときにLANドライバが初期化作業を行い、その後、使用可能な状態になるのです。そこで行う作業は、ハードウエア異常の検査、バッファ・メモリーの設定、IRQ（割り込み番号）＊やI/Oアドレスの設定とい

注9）　その場合は、ARPキャッシュの内容を確認して、古いものは手動で削除するとよいでしょう。
注10）　MACヘッダーを扱う作業は、LANドライバやLANアダプタの役割だと誤解している人も見受けますが、そうではありません。
注11）　主要なメーカーのLANドライバはOSに標準添付されています。
注12）　実際の内部構造はメーカーや機種によってことなります。

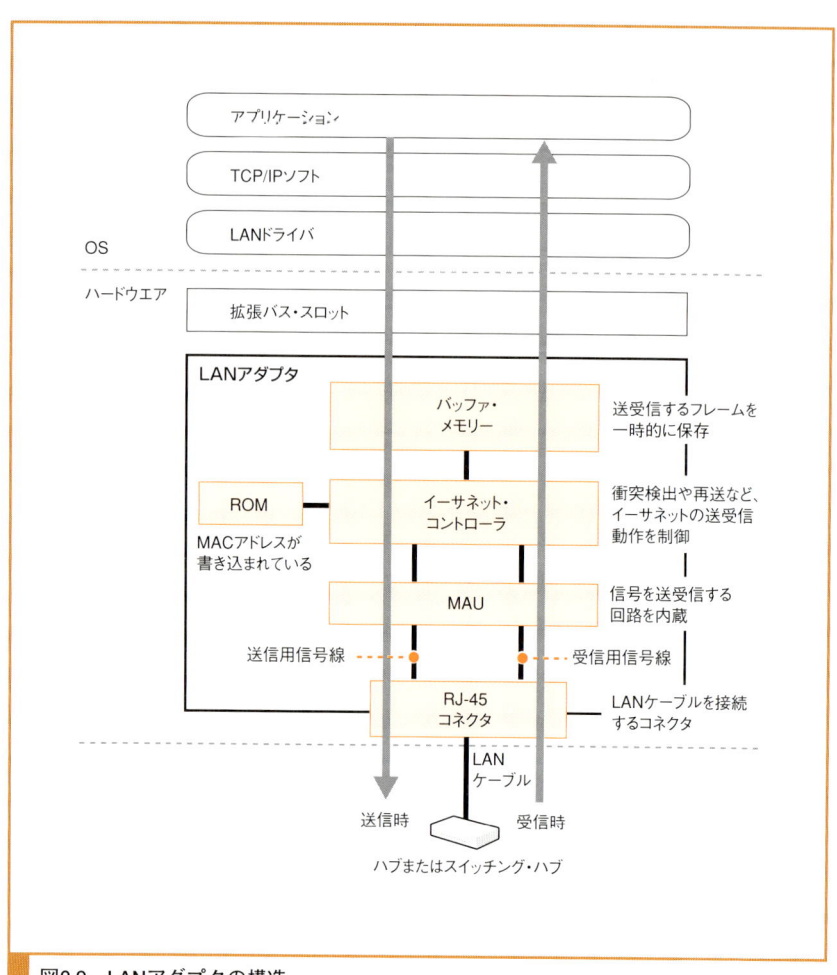

図2.9 LANアダプタの構造

った、LANアダプタ以外のハードウエアにも共通する初期化作業が多いのですが、イーサネット特有の作業もあります。それは、MACアドレスをイーサネット・コントローラにセットすることです。

　LANアダプタのROMには、全世界で重複しないよう一元管理されたMACアドレスが製造時に書き込まれており、それを読み出してイーサネット・コ

ントローラにセットするのです。これで、イーサネット・コントローラは自分に割り当てられたMACアドレスが何かを知ることになります。特殊な使い方ですが、コマンドや設定ファイルからMACアドレスを受け取り、それをセットする場合もあります[注13]。その場合は、LANアダプタのROMに書き込んだものを無視します。電源を入れたときに、ROMに書き込まれたMACアドレスが自動的に有効になるような話を聞くことがありますが、そうではなく、LANドライバが初期化作業の一環としてイーサネット・コントローラにセットしたMACアドレスが有効になるわけです[注14]。OSを起動したときに、この初期化作業を済ませておき、それ以後、IPから依頼が来るのを待ちます。

では、パケットを電気信号に変換して実際にケーブルへ送り出す場面に話を移しましょう。LANドライバはIPからパケットを受け取ったら、それをLANアダプタ内のバッファ・メモリーにコピーします。コピーし終わったら、そのパケットを送信するようイーサネット・コントローラにコマンドを送ります。この後はイーサネット・コントローラの作業になります。

■さらにパケットに三つの制御用データを付ける

イーサネット・コントローラは、まず、送信パケットをバッファ・メモリーから取り出し、その先頭に「プリアンブル」と「スタート・フレーム・デリミタ」という二つのデータを付け加え、末尾には「フレーム・チェック・シーケンス*」というエラー検出用のデータを付け加えます。

プリアンブルというのは、「10101010……」というように1と0が交互に現れるビット列が56ビット分続くものです。この1010というビット・パターン

注13) LANドライバの中には、コマンドや設定ファイルでMACアドレスを設定する機能を持っていないものもあります。
注14) 設定ファイルやコマンドでMACアドレスを設定する場合は、MACアドレスが他と重複しないよう注意しなければいけません。他と重複するとネットワークは正常に動きません。

を信号に直すと、**図2.10**のように波形が一定の形になります。受信側は信号を受信するときに、この波形からタイミングを判断します。その辺の事情は信号からデータを読み取るときの動作を説明しないとわかりにくいかもしれません。

　デジタル・データを電気信号で表すときは、0と1のビット値を電圧や電流の値に対応付けます。すると、**図2.11**（a）のような電気信号でデジタル・データを表現することができますから、それを相手に送ればデータを伝えることができるはずです。しかし、このままだと、図2.11（a）の右側部分にあるように、1や0が続くと信号が一定の値になってしまい、切れ目を判別できなくなる、という問題があります。

```
      プリアンブル        スタート・フレーム・デリミタ（8ビット分）
      （56ビット分）                        MACフレーム
   ┌──────────────┐ ┌──────────┐ ┌────────────────────
   │10101010……1010101010101011│ │宛先  │送信元│ ………
   │                          │ │アドレス│アドレス│
   └──────────────┘ └──────────┘ └────────────────────
```

101010…というデータを送ると、信号は上のように一定の間隔で変化する形になる（この信号は10BASE-Tのもの）。この波形のタイミングを計って、1ビット分の信号の中央の位置を判断する

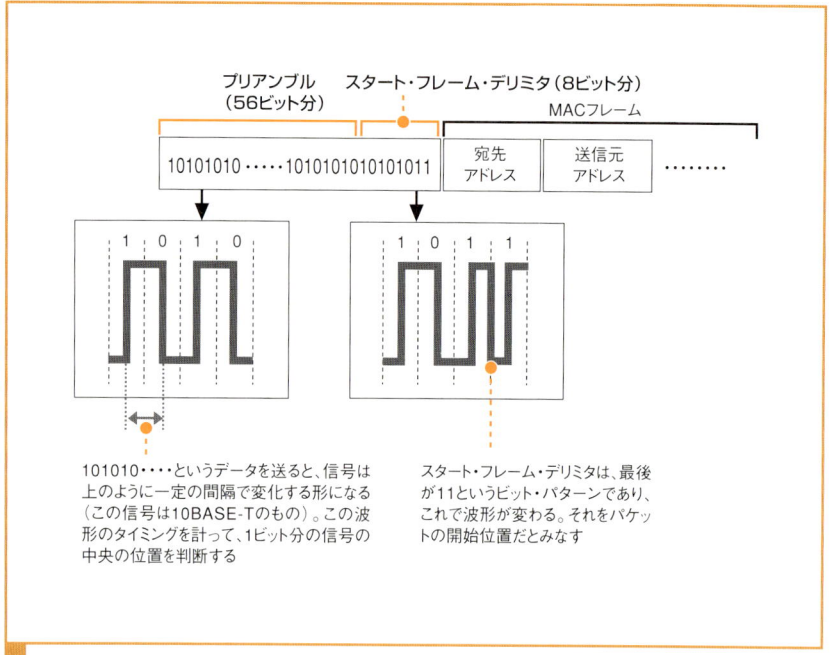

スタート・フレーム・デリミタは、最後が11というビット・パターンであり、これで波形が変わる。それをパケットの開始位置だとみなす

図2.10　プリアンブルとスタート・フレーム・デリミタ
　パケットの先には、プリアンブルとスタート・フレーム・デリミタ（SFD）が付いている。プリアンブルでタイミングを計り、SFDでフレームの開始位置を見つける。

第2章　TCP/IPのデータを電気信号にして送る

　そこで、データを表す信号とは別にデータの切れ目を表す「クロック」という信号を送ります。これで問題は解決します。図2.11（b）にあるように、クロックの信号が下から上に変化するときに、データ信号の電圧や電流の値を読み取って、それを0と1に対応付ければいいわけです。しかし、この方法にも問題があります。距離が離れると、データ信号とクロック信号が伝わる時間に差ができてしまい、クロックがずれてしまうのです。

　そこでデータ信号とクロック信号を合わせた信号を作り、それを送ります。それが図2.11（c）です。クロック信号は図2.11（b）のように一定周期で決まった形に変化する信号ですから、変化のタイミングさえわかれば、図2.11（c）からクロック信号を取り出すことはできるはずです。クロック

(a)	(b)	(c)
高	高	低
高	低	高
低	高	高
低	低	低

(a)と(b)から右の表に基づいて(c)の電圧を決める。こうすると受信側で(c)からクロック信号とデータ信号の両方が得られる

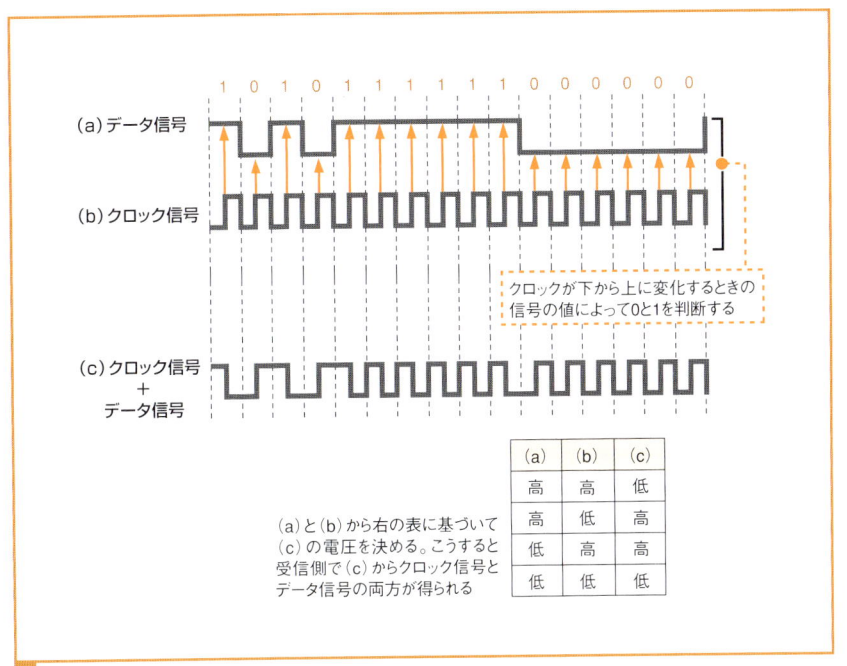

図2.11　クロックによってタイミングを計る
　1が連続したり、0が連続したりすると、ビットの切れ目がわからなくなる。そこで、クロック情報を加えて送ることで、切れ目を判断できるようにしている。

を取り出したら、クロック信号と受信信号の二つからデータ信号を取り出せますから、図2.11（a）と（b）を再現できるわけです。

このときの重要なポイントは、クロック信号のタイミングを判断することです。その判断は、エスカレータに乗るときと似ています。10メガビット／秒とか、100メガビット／秒とか、クロックが変化する周期は決まっているわけですから、しばらく信号の変化を眺めていればそのタイミングがつかめます。しかし、そういった準備なしにいきなりデータ信号を受け取ると、クロックのタイミングを計れないため、先頭部分のデータを正しく読み取れません。

イーサネットはデータが流れていないときは、クロックのタイミングを計れるような信号が流れていないので[注15]、こうした準備作業が必要なのです。それが、プリアンブルの役割です。

実際の信号は、この例のように、単純に0と1を電圧や電流で表すわけではなく、通信方式によっていろいろです。ですから、1010101……というデジタル値を電気信号に直したプリアンブルの波形は、方式によって違ったものになります。しかし、プリアンブルの役割と基本的な考え方は変わりません。

プリアンブルに続くスタート・フレーム・デリミタも図2.10にありますが、こちらは、最後のビット・パターンが少し違います。受信側はこれを目印にして、信号からデータを抽出し始めます。つまり、スタート・フレーム・デリミタがフレーム（パケット）の始まりを示す目印となっているわけです。

末尾に付加するFCSは、パケットを運ぶ途中、雑音などの影響で波形が乱れ、データが化けてしまった場合に、それを検出するために使います。これは、32ビットのビット列で、パケットの先頭部分から最後尾までの内容をある計算式に基づいて値を計算したものです。具体的な計算式は省略しま

注15）パルス型の信号が定期的に流れますが、それではクロックを判断できません。

すが、CRC（cyclic redundancy check）という、ディスクやテープ装置のエラー・チェック・コードと同じ種類のもので、計算の基になったデータの値が1ビットでも変化すると、計算した結果も異なる値をとるように工夫されています。パケットを運ぶ途中、雑音などの影響で中身が化けるようなことがあると、受信側で計算したFCSが送信時に計算したものと違う値になります。その食い違いでデータが化けてしまったことを検出するわけです。

ハブに向けて接続を知らせるパケットを送信

　プリアンブル、スタート・フレーム・デリミタ、FCSの三つを付け加えたら、ケーブルに送り出すパケットは完成です（**図2.12**）。次はいよいよ送信動作です。イーサネットの送信動作には、リピータ・ハブを使ったときの半2重動作と、スイッチング・ハブを使った全2重動作の二つがあるので、半2重から説明します。

　半2重の動作は、他に送信中の機器があれば終わるまで待ち、誰も送信していなければ送信するという簡単なルールに基づいて動きます。ですから、イーサネット・コントローラは最初にケーブルに信号が流れていないかどう

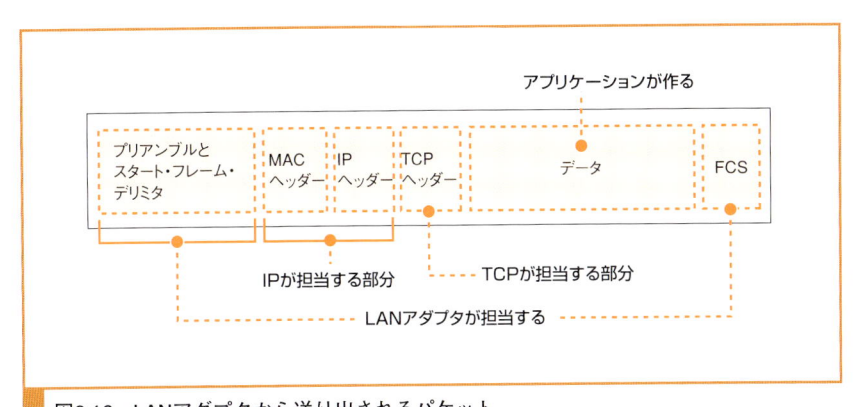

図2.12　LANアダプタから送り出されるパケット
　TCP/IPソフト、LANアダプタでの処理で作られたパケットの内容を示した。MACヘッダーは、LANアダプタで処理すると思われがちだが、実際はTCP/IPソフトが処理する。

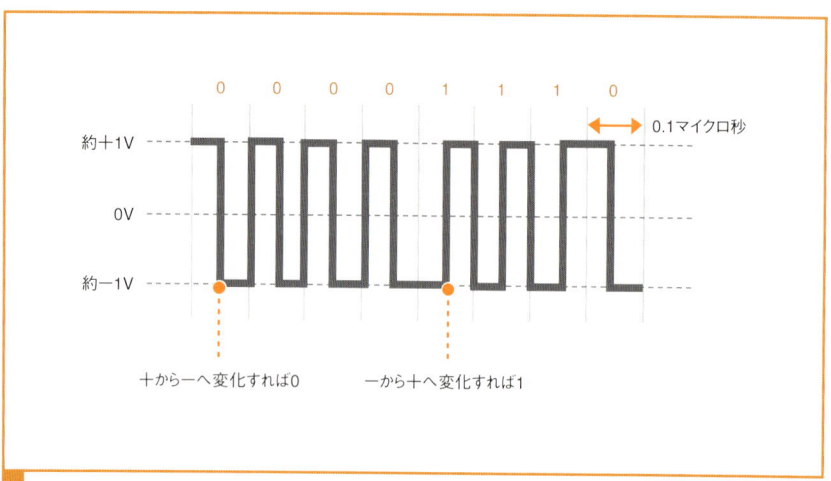

図2.13　イーサネット・ケーブルに送り出す電気信号（10BASE-Tの場合）

かを調べ、信号が流れていたら、それが終わるまで待ち、信号が流れていなければ送信動作に入ります。具体的には、イーサネット・コントローラがプリアンブルの頭から順番に1ビットずつデジタル・データを電気信号に変換し、それをMAU（Medium Attachment Unit）に送ります。この信号に変換する速度が伝送速度です。1秒間に10メガビット分のデジタル・データを信号に変換して送るのが10メガビット／秒ということになります。

　イーサネット・コントローラからMAUに信号が送られてきたら、MAUはその信号をケーブルに送り出す形式に変換して、ケーブルに送信します。イーサネットはケーブルの種類や伝送速度によって信号の形式がいくつか規定されていますが、イーサネット・コントローラはその形式の違いは気にせず、どの形式にも変換できる共通の形式でMAUに信号を送り、MAUが実際にケーブルに送り出す形式に変換して送信するというわけです。なお、ケーブルに送り出す信号の形式は**図2.13**のようなものです。

■LANアダプタのMAUが衝突を検出

　MAUはイーサネット・コントローラから受け取った信号をケーブルに送信するとき、ただ送信動作を行うだけでなく、受信信号線から信号が流れ込んでこないかどうか監視します。送信開始前に信号が流れていないことを確認してから送信動作に入りましたから、送信しはじめたときには、受信信号は流れてこないはずです。そして、信号を送り終わるまでの間、受信信号が入ってこなければ、それで送信動作は終わりです。イーサネットという通信方式は、送信した信号が相手にきちんと届いたかどうか確認しないことになっています。イーサネットの仕様は、機器と機器の間を結ぶケーブルの長さは100メートル以内と定めています[注16]。たかだか100メートルのケーブルに信号を流すだけですから、エラーはめったに起こりません。もし、エラーが起きてもTCP/IPソフトのTCPが検出してくれることになっています。ですから、パケット送信動作でエラーを確認する必要はないのです。

　信号を送信している間、受信信号が流れてこなければよいのですが、それが流れ込んでくることもあります。わずかな確率ですが、同時に複数の機器が送信動作に入る可能性があるからです。もし、そういう機器があると、その機器からの信号が受信信号線に流れてきます。

　リピータ・ハブ*を使った半2重動作の場合、こうした事態になると、互いの信号が交じり合ってしまい、見分けがつかない状態になってしまいます。これがいわゆる「衝突」という現象です。こうなったら、それ以上送信を続けても意味はないので、信号を送信する動作を中止します。そして、衝突が起こったことを他の機器に知らせるために、ジャミングという特殊な信号をしばらくの間流し、その後送信動作を止めます。

　そして、しばらく待ってから、もう一度送信動作を試みます。このとき、衝突を起こした機器の待ち時間が同じだと、再び衝突してしまうので、待

注16）これはツイストペア・ケーブルの場合で、光ファイバの場合はケーブル長はずっと長くなります。しかし、それでエラー率が上がるわけではありません。

ち時間が揃わないよう工夫してあります。具体的には、MACアドレスを基にして乱数を生成し、そこから待ち時間を計算します。

　イーサネットが混雑してくると衝突の可能性が増えますから、送り直したときに別の機器と送信動作が重なり、再び衝突することもあります。そうなったら、今度は待ち時間を2倍に増やして送り直します。そうやって、衝突が起こるたびに2倍ずつ待ち時間を増やしていき10回までやり直し、それでもだめなときは送信エラーにします。

　もう一方の全2重動作は第3章でスイッチング・ハブを探検するときに説明しますが、要するに、全2重は送信と受信を同時に実行できるので、衝突は起こりません。ですから、半2重のときのような面倒なことは考えず、単純にパケットを信号に直して送るだけです。

■通信開始に対する応答パケットを受け取る

　以上で、クライアント側からサーバー側に「これからデータを送ります」という制御用のパケットを電気信号に変えて送り出す動作は終わりです。そうしたらサーバー側から「了解しました。こちらからもデータを送ります」というパケットが返ってきます。次はそれを受信する動作です。

　イーサネットは、1台が送信した信号が全員に届きます。ということは、自分宛てのものに限らず、イーサネットを流れる信号が全部、受信信号線から流れてくることになります。ですから、受信動作は、その信号をとにかく全部取り込むことから始まります。

　信号の先頭にはプリアンブルがあるので、その波形でタイミングを計って、スタート・フレーム・デリミタが出てきたら、その次のビットから受信しはじめ、送信したときとは逆の順に信号をデジタル・データに変換していきます。そして、最後まで信号を読み込み、全部デジタル・データに変換したら、末尾のFCSを検査します。具体的には、パケットの先頭から計算式に当てはめてFCSの値を計算し、それとパケット末尾のFCSの値と比較しま

す。正常なら両者は一致するはずですが、途中、雑音などの影響を受けて波形が乱れると両者の値に食い違いが起こります。食い違いがある場合は、エラー・パケットと見なして棄ててしまいます。

　FCSに問題がなければ、次は、MACヘッダーの宛先MACアドレスを調べ、LANアダプタを初期化するときにセットした自分のMACアドレスと見比べます。そして、それが自分宛てのものかどうか判断します。他人宛てのパケットは受信する必要がないので棄ててしまい、宛先MACアドレスが自分宛ての場合だけパケットを取り込んでバッファ・メモリーに保存します。そして、パケットを受信したことをコンピュータ本体に通知します。

　その通知は割り込みという仕組みを使います。LANアダプタがデータ送受信動作を実行している間、コンピュータ本体はLANアダプタの動きを監視しているわけではなく、他の仕事を実行しています。LANアダプタ側から知らせなければ、コンピュータ本体はパケットの到着に気づきません。LANドライバもコンピュータ本体側で動くプログラムですから、それもパケットの到着に気づきません。こういう状態のときに、コンピュータ本体が実行している仕事に割り込んで、LANアダプタの方に注意を向けさせるのが割り込みです。

　具体的には、次のように動きます。まず、LANアダプタが拡張バス・スロットの信号線に信号を送ります。その信号線は、コンピュータ本体側の割り込みコントローラを通じてCPUにつながっており、信号が流れてくると、CPUはそのとき実行していた仕事を一時的に棚上げして、OS内部の割り込み処理用のプログラムの方に切り替えます[注17]。そこからLANドライバが呼び出されて、LANアダプタから到着したパケットを受け取り、TCP/IPに渡す、というように処理が流れていきます。

　この割り込みには番号が割り当てられており、LANアダプタを初期設定

注17）割り込み処理プログラムの処理が終わったら、CPUは元の仕事に戻ります。

するときにその番号をハードウエアに設定しておきます。一方、割り込み処理用プログラムの方は、割り込み番号毎に違うプログラムを登録することになっており、LANアダプタに割り当てた番号には、LANアダプタ用の割り込み処理プログラムを登録することになっています。今は、PnP*仕様に従ってその番号を自動的に割り当てるので、割り込み番号を気にかける必要はありませんが、昔、手動で設定していた時代には、間違って割り込み番号を割り当てたためにLANアダプタが正常に動かない、というトラブルをよく見かけました。

　この割り込みによってLANドライバが動き、LANアダプタのバッファ・メモリーから受信したパケットを取り出します。そうしたら、LANドライバはMACヘッダーのタイプ・フィールドの値からプロトコルを判別します[注18]。今は、TCP/IP以外のプロトコルを使う例が少なくなりましたが、プロトコルはTCP/IP以外にもいろいろとあります。NetWareで使われていたIPX/SPX、Macintoshで使われているAppleTalk、昔のWindowsネットワークで使われていたNetBEUI、汎用コンピュータのSNAなどがその例です。このプロトコルをタイプ・フィールドの値で判別するわけです。たとえば、タイプの値が0800（16進表記）だったら、パケットの中身はTCP/IPプロトコルのデータなので、TCP/IPソフトにパケットを渡し、809BだったらAppleTalkなのでAppleTalkのプロトコル処理ソフトに渡す[注19]、といった具合です。

　今は、Webアクセスの探検ツアーの途中なので、ここで受信したパケットは先ほど送信したパケットに応答する2番目のパケットだと仮定しますが、実際はそうなるとは限りません。コンピュータ内部では複数のプログラムが動き、複数の通信動作が同時進行しますから、受信パケットは他の通信動作

注18）タイプ・フィールドの値を判別するプログラムは、LANアダプタのハードウエアを制御するドライバ・ソフトとは別のものです。実際のドライバは、ハードウエアを制御するものだけでなく、こうした補助的な役割を持ったプログラムなど、複数のプログラムで構成されています。
注19）OS内部で、AppleTalkのプロトコル処理ソフトが動いていることが前提となります。もし、タイプ・フィールドに相当するプロトコル処理ソフトが動いていない場合は、エラーになり、パケットを棄ててしまいます。

のものかもしれません。しかし、それはそれでかまいません。LANドライバはそんなことは気にかけずにタイプ・フィールドの値に対応するプロトコル処理ソフトにパケットを渡します。すると、プロトコル処理ソフトがどの通信動作のものなのか判断して、適切な処置をしてくれます。

■サーバーからの応答パケットをIPからTCPに渡す

　では、送信したパケットの応答が返ってきたものとして、ツアーを先に進めましょう。サーバーから返信されてきた受信パケットのタイプは0800のはずですから、LANドライバはIPにパケットを渡します。すると、IPは次のように動きます。まず、IPヘッダー部分を調べ、フォーマットに誤りがないかどうか確認します。そこに問題がなければ、宛先IPアドレスを調べます。パケットを受信した機器がクライアント・パソコンの場合、サーバーから返信されてきたパケットの宛先IPアドレスは受信したLANアダプタに割り当てたアドレスと一致するはずですが、そうならない場合もあります。サーバー用のOSは、ルーターと同じパケット中継機能を持っていますから、それが有効になっていると、他に中継するパケットを受信することもあるからです。そのような場合は、受信したパケットを中継します。その辺の動作は第3章でルーターを探検するときに説明しましょう。

　クライアント・パソコンの場合はパケットを中継することがないので、宛先IPアドレスが自分とは違うアドレスだったら何かの誤りということになります。ここで「ICMP」＊が登場します（図2.1）。ICMPはこうしたエラーが起こったときに、それを送信元に通知する役割を持っています。このケースでは**表2.4**にあるDestination unreachableというエラーを通知します。ICMPはこの他にもいろいろなエラーを通知するメッセージが定義されています。この内容をみると、パケットを受信したり中継するときに起こりうるエラーにどういうものがあるのかがわかります。その意味でこの表に目を通しておくとよいでしょう。

表2.4 主要なICMPメッセージ

メッセージの種類	タイプ	説明
Echo reply	0	Echoメッセージの応答
Destination unreachable	3	宛先IPアドレスが経路表に存在しない場合、あるいは、宛先ポート番号を使用してるプログラムが存在しないといった理由で、パケットを目的地に届けられない場合は廃棄することになっている。そのとき、廃棄したことを知らせるために、発信元にこのメッセージが送られる。
Source quench	4	ルーターの中継能力を超えてパケットが送られてきた場合、能力を超えた分のパケットは廃棄せざるをえない。そうした廃棄が起こったことを送信側に知らせるときにこのメッセージを使う。ただし、必ずいつもこのメッセージが送信されるわけではない。能力不足で、このメッセージの送信もできずにパケットを廃棄することもある。なお、このメッセージを受け取った場合は、パケット送信ペースを落とさなければいけない。
Redirect	5	経路表によって中継先を調べた結果、パケットの出力先ポートが、そのパケットを受信したポートと同じだった場合、このルーターを中継せずに、次のルーターに直接パケットを送信できることになる。その場合、次のルーターのIPアドレスを示し、そこに直接パケットを送るよう通知する。
Echo	8	pingコマンドで使うメッセージ。このメッセージを受け取った相手は、Echo replyというメッセージを返す。それで、相手が動作しているかどうか確認できる。
Time exceeded	11	IPヘッダーのTTLフィールドで表すパケット生存期間の値が期限切れになると、ルーターはパケットを廃棄する。そのとき、廃棄したことを知らせるために、発信元にこのメッセージが送られる。
Parameter problem	12	IPヘッダー・フィールドの値などに誤りがあった場合にパケットを廃棄する。そのとき、廃棄したことを知らせるために、発信元にこのメッセージが送られる。

　宛先IPアドレスが正しければ、それを受信しますが、そのときもう一つの仕事があります。IPプロトコルには「フラグメンテーション」という機能があります。詳しくは第3章のルーターの探検で説明しますが、パケットを運ぶ途中にある通信回線やLANの中には短いパケットしか扱えないものがあ

り、そこで一つのパケットを複数に分割することがあるのです。もし、受信したパケットが分割されたものなら、IPはそれを元のパケットに戻します。分割されたパケットは、フラグというフィールドを見ればわかりますから、受信パケットが分割されたものだったら、IP内部に一時的に保管します。そして、ID情報フィールドに同じ値を持つパケットが到着するのを待ちます。分割されたパケットはID情報フィールドの値が皆同じ値になるので、それを目印にするわけです。また、フラグメントオフセットというフィールドには、そのパケットが元のパケットのどの位置にあったものかを表す情報が入ってきます。そういった情報を基に、分割されたパケットが全部到着するのを待って、パケットを元の姿に戻すわけです。この動作を「リアセンブリング」と呼びます。

　これでIPの役割は終わりますから、そうしたらパケットをTCPに渡します。TCPは受信パケットの宛先IPアドレス、宛先ポート番号、送信元IPアドレス、送信元ポート番号の四つを調べ、該当するソケットを探します。該当するソケットを探し出したら、そこには、接続動作の最初のパケットを送ってその応答を待っているところ、という記録が残っているはずです。これで、次に接続動作でサーバーが応答する二つ目のパケットが届くはずだと判断します。そして、届いたパケットのTCPヘッダーに「データ送信開始了解しました。こちらからもデータを送信開始します」という意味の情報が書いてあれば、具体的には、コントロール・ビットのSYNが1、ACKが1になっていれば、接続動作が正常に進行していることになります。それを確認したら、三つ目のパケットを送り返します。つまり、SYNに0、ACKに1をセットしたTCPヘッダーを作り、それをIPに依頼して相手に送り返すわけです。

　これで、接続動作は終わりです。Socketのconnectの実行もここで終わりですから、そうしたら、アプリケーションに制御を戻します。

■HTTPリクエスト・メッセージのパケットを作成

　connectで接続動作を行ったら、次はwriteを呼び出してデータを送信する場面（図2.4の③、図2.6のデータ送受信フェーズ）です。ここで、URLを解読して作ったHTTPのリクエスト・メッセージを送るわけです。

　その動作はアプリケーションがwriteを呼び出して、HTTPリクエスト・メッセージをTCPに渡すところから始まります。すると、TCPはそれを受け取ります。このとき、TCPは受け取ったデータの中身に何が書いてあるのか関知しません。writeを呼び出すときに送信データの長さを指定しますが、TCPはその長さの分だけバイナリ・データが1バイトずつ順番に並んでいると認識するだけです。

　TCPはこのデータを受け取ったら、とりあえず、自分の内部にあるバッファに保存し、アプリケーションが次のデータを渡すのを待ちます。TCPは受け取ったらすぐに送信するわけではありません。受け取ったデータが短い場合、受け取る都度、送信動作を行うと、細切れの小さなパケットをたくさん送ることになってしまいます。それだと、ネットワークの利用効率が低下するので、ある程度データをためてから送信動作を行うのです。どの程度ためてから送信動作を行うかは、OSの種類やバージョンによって異なるので一概にいえませんが、次のような要素を基に判断します。

　判断要素の一つは、一つのパケットに格納できるデータのサイズです。TCPは「MTU」（Maximum Transmission Unit）というパラメータを基にそれを判断します。MTUというのは、一つのパケットで運ぶことができるデータ・サイズの上限のことで、イーサネットでは、通常、1500バイトとなります（**図2.14**）[注20]。MTUはIPヘッダーの先頭からデータの末尾までの最大長を表すので、ここからIPヘッダーとTCPヘッダーの長さを差し引いたものが、

注20）なお、PPPoEを使ったADSLサービスなどで、余分なヘッダーが付加されると、MTUは1500バイトより小さくなります。

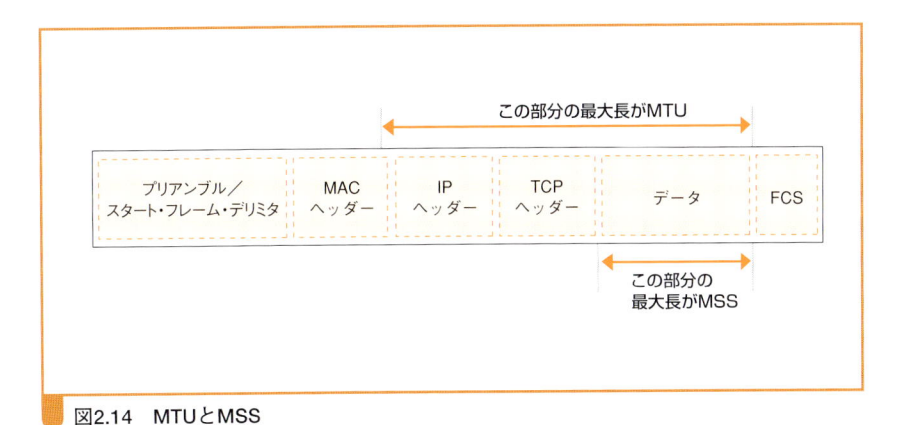

第2章 TCP/IPのデータを電気信号にして送る

```
┌─────────────────────────────────────────────────────────────┐
│                                                             │
│              ←――――この部分の最大長がMTU――――→                 │
│  ┌──────────┬──────┬──────┬──────┬──────┬─────┐             │
│  │プリアンブル/│ MAC  │ IP   │ TCP  │      │     │             │
│  │スタート・フ│ヘッダー│ヘッダー│ヘッダー│ データ│ FCS │             │
│  │レーム・デリミタ│    │      │      │      │     │             │
│  └──────────┴──────┴──────┴──────┴──────┴─────┘             │
│                                    ←―――→                    │
│                                   この部分の                  │
│                                   最大長がMSS                 │
│                                                             │
└─────────────────────────────────────────────────────────────┘
```

図2.14 　MTUとMSS

　一つのパケットで運べるデータの最大長となり、これを「MSS」（Maximum Segment Size）と呼びます。アプリケーションから受け取ったデータが、MSSを超えるか、あるいは、それに近い長さに達するまでデータをためておいて送信動作を行えばパケットが細切れになる恐れはありません。

　もう一つの判断要素はタイミングです。アプリケーションの送信ペースが遅い場合は、パケットが細切れになるからといって、MSSに近づくまでデータをためると、そこで時間がかかってしまいます。それだと速度低下を招きますから、バッファにデータがたまらなくても適当なところで送信動作を行うべきです。

　判断要素はこの二つですが、この二つは相反することもあります。前者を重視すればパケット長が長くなってネットワークの利用効率は高くなりますが、バッファにためる時間だけ送信動作が遅れる恐れがあり、逆に、後者を重視すると遅れは少なくなりますが、利用効率が低下します。したがって、両者の兼ね合いを適当に見計らって送信動作を実行しなければいけません。しかし、TCPの仕様にはその兼ね合いに関する規定はなく、実際にどう判断すべきかはOS内部のTCPを作る開発者に任されています。実際に、OSの種類やバージョンによってその辺の動作は異なります。

このようにお任せだと不都合が起こることもあるので、アプリケーション側で送信のタイミングをコントロールする余地も残されています。ソケットはオプションを指定することができ、そこで「バッファにためずにすぐに送信すること」と指定すれば、TCPはバッファにためずに送信動作を実行します。ブラウザのように会話型のアプリケーションがサーバーにメッセージを送るときは、バッファにためると応答時間が余計にかかってしまうので、このオプションを使うことが多いでしょう。

■データが大きいときは分割して送る

　HTTPリクエスト・メッセージは、普通、それほど長くないので一つのパケットに収まりますが、フォームを使って長いデータを送る場合など、一つのパケットに収まらないほど長くなることもあります。掲示板やゲストブックで長い文章を投稿するのがその例でしょう。

　送信データが長くて一つのパケットに収まらない場合は、データの先頭から順に、MSSのサイズに合わせてデータを分割し、その分割した断片を一つずつパケットに収めて送信します（**図2.15**）。たとえば、MTUが1500バイトでプロトコル・オプションがないとすると、MSSは、1500バイトからIPヘッダーとTCPヘッダーを合計した40バイトを差し引いた長さ、つまり1460バイトになりますから、その長さに合わせてデータを先頭から分割するわけです。そして、その断片にTCPヘッダーを付加し、IPに依頼して送信するわけです。

　こうして断片に分けて送ったデータは、受信側のTCPで断片をくっつけて元のデータに復元してから、アプリケーションに渡されます。

　なお、この断片に分ける方法は、IPのフラグメンテーションとは違います。IPフラグメンテーションは、元々一つだったパケットを分割するものですが、TCPの分割は、分割したデータの断片が一つのパケットになります。そのパケットは最初から一つのものですから、IPフラグメンテーションの観点でみ

```
         アプリケーションのデータ
    ┌─────────┬──────────────────────┐
    │ HTTPヘッダー │   メッセージ・ボディ   │
    └─────────┴──────────────────────┘
```

TCPが断片に分割し、ヘッダーを付加

```
 ┌───┬──────┐          ┌───┬──────┐
 │TCP│ 断片1 │          │TCP│ 断片2 │  ……
 └───┴──────┘          └───┴──────┘
```

IPがヘッダーを付加

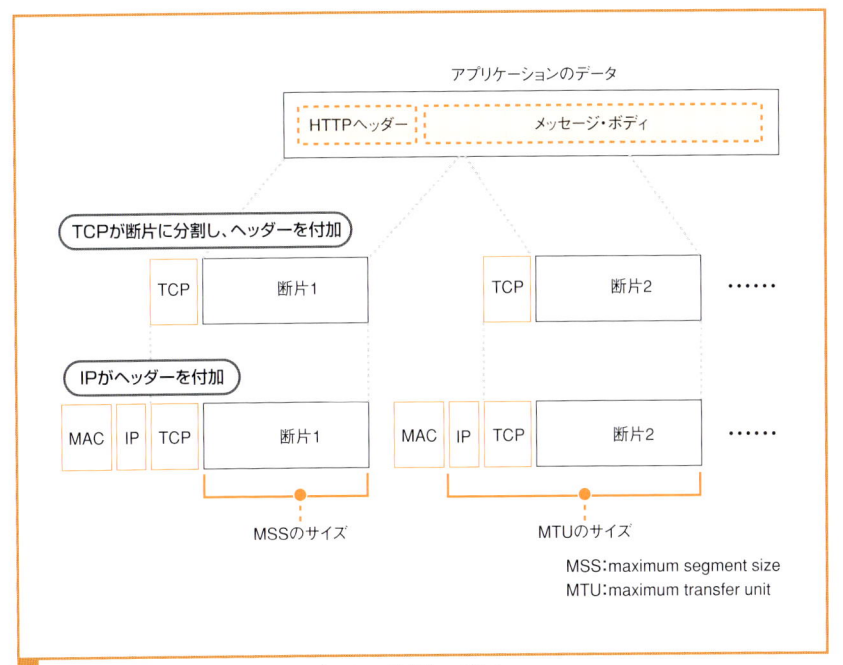

```
┌───┬──┬───┬──────┐  ┌───┬──┬───┬──────┐
│MAC│IP│TCP│ 断片1 │  │MAC│IP│TCP│ 断片2 │ ……
└───┴──┴───┴──────┘  └───┴──┴───┴──────┘
       └── MSSのサイズ ──┘      └── MTUのサイズ ──┘
```

MSS：maximum segment size
MTU：maximum transfer unit

図2.15　アプリケーションのデータは分割して送る
　アプリケーションのデータはたいてい大きすぎるので、TCPがIPパケットに収まるサイズに分割する。

ると、分割されていないことになります[注21]。

パケットが届いたことをACK番号を使って確認

　これがTCPの送信動作ですが、この動作には続きがあります。TCPは、送信したパケットが相手に正しく届いたかどうか確認し、もし届いていなければ送り直す機能を持っています。パケットを送信した後は、その確認動作に移ります。

　まず、確認方法の概要から説明しましょう。TCPはパケットを送るとき

注21）このパケットをフラグメンテーションで分割することもできます。

に、そのパケットに格納したデータが通信開始から数えて何バイト目に相当するか、という情報をTCPヘッダーに記載します。TCPヘッダーのシーケンス番号というフィールドがそれです。それと同時に、送るデータのサイズも知らせます。実際には、サイズを知らせるわけではなく、IPヘッダーの全長フィールドからヘッダーの長さを差し引くと、データのサイズを計算できますから、受信側はその方法でサイズを割り出します。この二つで、送信したデータが、何バイト目から始まる何バイト分かがわかります。この情報から、受信側はデータを何バイト目まで受信したのか計算し、TCPヘッダーのACK番号[*]を使って送信側に知らせます。要するに、送信側から「xxバイト目以後のデータをxxバイト分送りますよ」と知らせ、受信側が「xxバイト目まで受信しました」と応えるわけです。これで、相手がどこまで受信したのかを把握します。

　例を使って説明しましょう（**図2.16**）。ただ、この例は実際とは少し違います。実際には、シーケンス番号は1から始まるわけではなく、乱数を基に算出した値で始めます。シーケンス番号を常に1から始めると動きを予測できるので、そこに付け入って攻撃される恐れがあるからです。しかし、そうすると受信側でACK番号を何番から始めればよいのかわからなくなってしまいますから、その乱数で計算した番号を接続動作の「これからデータを送ります」というパケットのシーケンス番号フィールドで通知します。これで送信側と受信側で番号を合わせ、足並みを揃えることができるわけです[注22]。

　TCPの送信動作は全2重型で、両方向にデータを送り合いますから、シーケンス番号は両方が別々の値を持ち、接続動作でのシーケンス番号通知も両方向に行います。つまり、接続時の1個目のパケットで接続する側のシーケンス番号を通知したら、2番目のパケットで接続を待ち受ける側のシーケンス番号を通知するわけです。そして、データを送る場合に、それぞれの出

注22）このように足並みを揃えることを英語でsynchronizeといいます。コントロール・ビットのSYNという呼び名はここから出てきました。

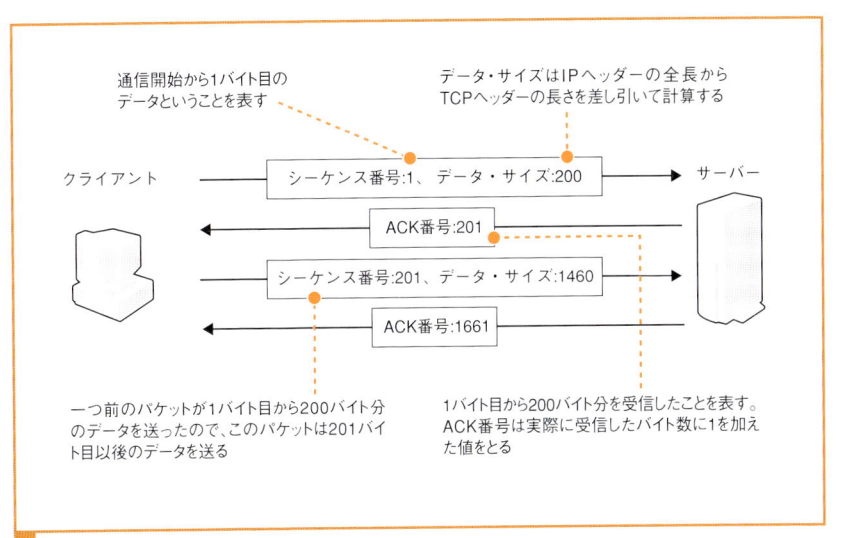

第2章 TCP/IPのデータを電気信号にして送る

```
                通信開始から1バイト目の            データ・サイズはIPヘッダーの全長から
                データということを表す             TCPヘッダーの長さを差し引いて計算する

クライアント                                                                    サーバー
            ─────────→ シーケンス番号:1、データ・サイズ:200 ─────────→
            ←───────── ACK番号:201 ←─────────
            ─────────→ シーケンス番号:201、データ・サイズ:1460 ─────────→
            ←───────── ACK番号:1661 ←─────────

   一つ前のパケットが1バイト目から200バイト分     1バイト目から200バイト分を受信したことを表す。
   のデータを送ったので、このパケットは201バイ    ACK番号は実際に受信したバイト数に1を加え
   ト目以後のデータを送る                        た値をとる
```

図2.16　シーケンス番号とACK番号の使い方

発点となった番号を基にシーケンス番号とACK番号を進めていきます。

　TCPは、この方法で相手がデータを受け取ったことを確認するまで、パケットを保管しておきます。そして、もし、送信データに相当するACK番号が相手から返ってこなかったら、パケットを送り直します。

　この仕組みは強力です。受信側にパケットが正しく届いたことを確認し、届いていなかったら送り直すわけですから、ネットワークのどこでエラーが起こったとしても、それを全部検出して、回復処置（パケットを送り直すこと）を取ることができます。逆に言えば、TCPの仕組みがあるから、その他はエラーの回復処置をする必要がないともいえます。

　そのため、LANアダプタも、スイッチも、ルーターも、どのコンポーネントも回復処置をとりません。エラーを検出したら、そのパケットを棄てるだけです。アプリケーションも同様です。TCPに任せておけば多少エラーが起こっても問題なくデータは相手に届きますから、アプリケーションの送信動作は送りっぱなしで終わりです。ただし、途中で線が切れたとか、サーバー

がダウンしたとか、TCPがいくら送り直してもデータが届かない場合もあります。そんなときはいくら送り直してもだめなので、TCPは数回送り直してだめなら、回復の見込みがないものとみなして、通信を強制的に終了し、アプリケーションにエラーを通知します。

■パケット平均往復時間でACK番号の待ち時間を調整

　これが考え方の基本ですが、実際のエラー検出と回復の仕組みは結構複雑です。そこで、ポイントとなる部分だけ説明しましょう。最初は、ACK番号が返るのを待つ時間です（この待ち時間を「タイムアウト値」と呼びます）。

　ネットワークが混雑して渋滞が起こるとACK番号が返ってくるのが遅れますから、それを見越して待ち時間をある程度長く設定しないといけません。そうしないと、ACK番号が返ってくる前に送り直しを行う事態になります。これは、無駄だというだけで、障害に結びつくことはありません。同じパケットを重複して送っても、受信側でシーケンス番号を調べれば、重複を検出できるからです。ただ、ACK番号の返送が遅れるような事態は混雑が原因となることが多いので、そこに無駄なパケットを送れば、混雑に拍車をかける結果になります。では待ち時間は長い方がよいのかというと、そうでもありません。待ち時間を長くとり過ぎると、パケットを送り直す動作が遅れてしまい、速度低下の原因となります。

　待ち時間は、短過ぎず、かつ、長過ぎない適切な値に設定しないといけないのですが、これが簡単にはいきません。サーバーが近いか遠いかによって、ACK番号が返ってくる時間には大きな開きがありますし、さらに、渋滞での遅れも加味して考えなくてはいけないからです。たとえば、社内のLANなら数ミリ秒以内でACK番号が返ってくることが多いはずですが、インターネットの場合は、混雑していると数100ミリ秒を超えることも珍しくありません。

こんなに差が大きいと、待ち時間を一定の値に設定する方法だとうまくいきません。そこで、TCPは、待ち時間を動的に変更する方法をとっています。ACK番号が返ってくる時間を基準にして待ち時間を判断するのです。具体的には、データ送信を行っているときに常にACK番号が返ってくる時間を計測しておきます。そして、ACK番号が返ってくるのが遅くなったら、それに応じて待ち時間も長くします。ACK番号がすぐに返ってくるようなら、待ち時間も短く設定します[注23]。

ウインドウ制御方式でACK番号を効率よく管理

図2.17（a）のように、パケットを一つ送ってそのACK番号を待つという方法は単純でわかりやすいのですが、ACK番号が返ってくるまでの間、何もせずに待つのは時間の無駄です。この無駄を省くために、TCPは「ウインドウ制御」という方式に則って送信とACK番号通知の動作を実行します。ウインドウ制御というのは、パケットを一つ送った後、ACK番号を待たずに、次々と連続して複数のパケットを送る方法です。そうすれば、ACK番号が返ってくるまでの時間が無駄になりません。図2.17のような絵を描けば、一つひとつ送る方式（仮にピンポン方式と呼びます）とウインドウ制御方式の違いがわかるでしょう。

これでACK番号を待つ時間の無駄がなくなりますが、注意点があります。ピンポン方式だと、受信側は受信処理が終わってからACK番号を返しますから、受信側の能力を超えてパケットを送ることはありません。しかし、ACK番号を待たずに次々とパケットを送ると、受信側の能力を超えてパケットを送ってしまう事態が起こるかもしれないのです。

具体的に説明しましょう。受信側のTCPはパケットを受信したら、とり

注23）コンピュータの時間計測は精度が低いので、あまり短時間でACK番号が返ってくると正確に計測できません。そこで、待ち時間の最短値が決まっています。OSの種類によって違いますが、最短値は0.5秒から1秒程度に設定されています。

```
(a) ピンポン方式
```

クライアント　　　　　　　　サーバー

ACK番号を待つ時間が無駄になる

データ送信
受信確認応答
時間の経過

```
(b) ウインドウ制御方式
```

クライアント　　　　　　　　サーバー

ACK番号を待つ間に次の送信を行うので無駄がない

データ送信
受信確認応答
時間の経過

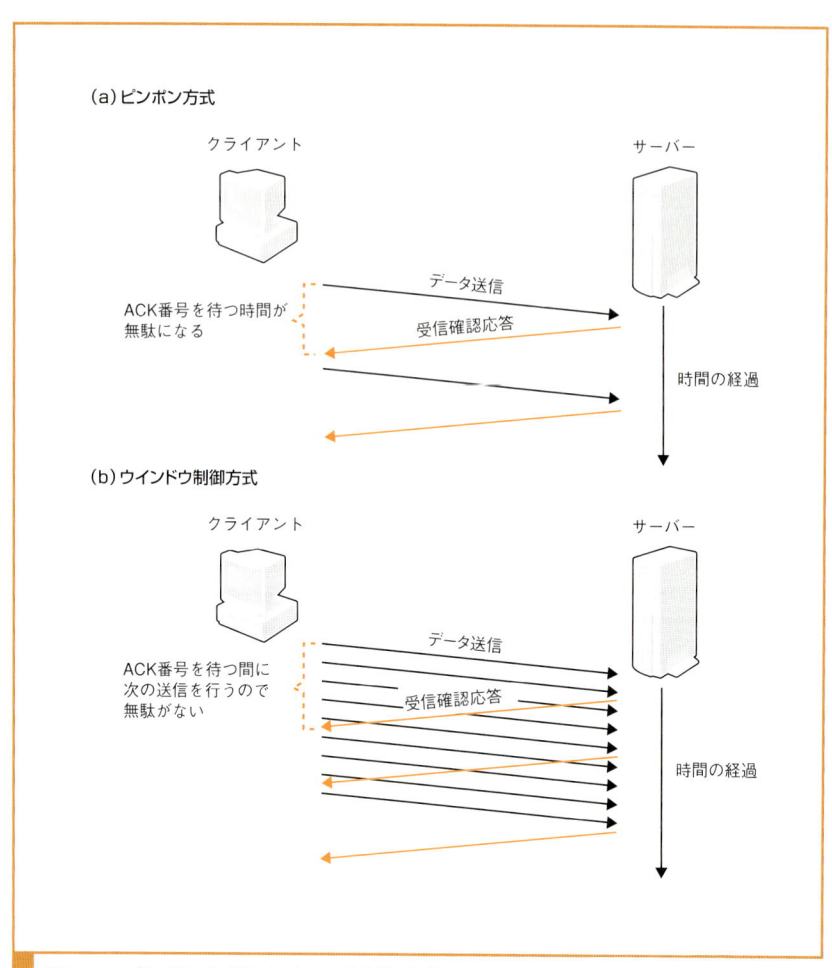

図2.17　ピンポン方式とウインドウ制御方式

あえず受信バッファにデータを仮置きします。受信側ではACK番号を計算したり、断片をつなぎ合わせて元のデータを復元しなくてはならないのですが、その処理が終わらないうちに次のパケットが到着しても困らないように、受信バッファを設け、そこに受信したパケットを仮置きするわけです。ところが、送信ペースが速すぎると、受信バッファにパケットがどんどんたまっ

第2章 TCP/IPのデータを電気信号にして送る

送信側　　　　　　　　　　　　　　　　受信側

← ウィンドウ:8000

ウィンドウが8000なので、
その分データを送る

→ データ・サイズ:1460
→ データ・サイズ:1460
→ データ・サイズ:1460
→ データ・サイズ:1460

とりあえずデータを受信。バッファ
に仮置きしてACK番号を返す

← ウィンドウ:2160

ウィンドウが2160なので、
それ以上データを送れない

→ データ・サイズ:1460
→ データ・サイズ:700

とりあえずデータを受信。バッファ
に仮置きしてACK番号を返す

← ウィンドウ:0

ウィンドウが0なので、もう
パケットを送れない

受信バッファに仮置きしたパケ
ットを処理する。それが終わっ
たら、受信バッファに空きがで
きるので、それをウィンドウ・
フィールドで通知

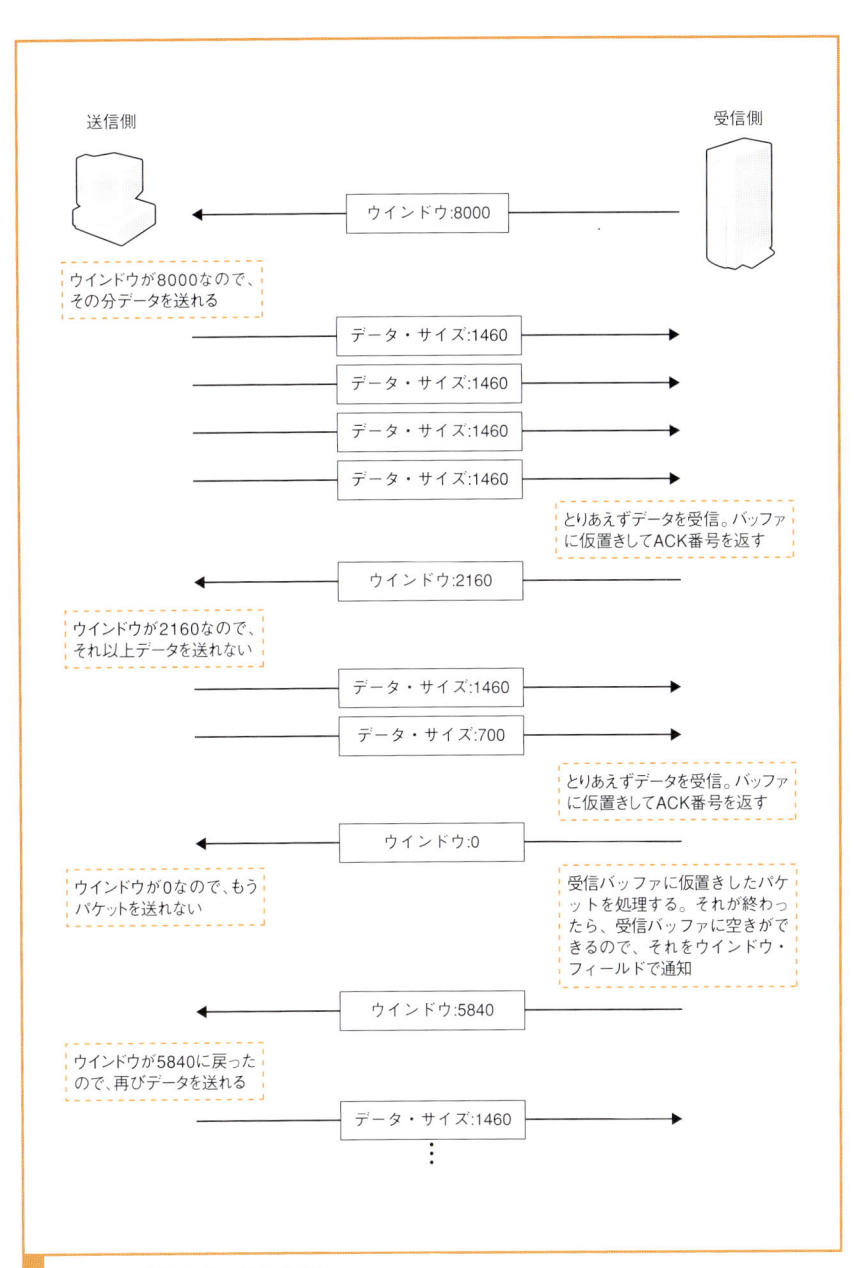

← ウィンドウ:5840

ウィンドウが5840に戻った
ので、再びデータを送る

→ データ・サイズ:1460
　　　　⋮

図2.18　受信ウィンドウの通知

てしまい、そのうち溢れてしまいます。溢れたらパケットは消えてしまいますから、パケットが届いてもエラーが起こったのと同じことになってしまいます。これが受信側の能力を超えるという意味です。そうならないよう、ウインドウ制御方式は、受信側から送信側に、受信可能なデータ量を通知します。そして、送信側はその量の範囲内だけパケットを送ります。

具体的な説明は文章よりも図の方がわかりやすいでしょう（**図2.18**）。この図のように、受信側は受信バッファにパケットを仮置きして、パケット受信処理を進めます。そして、受信処理が終わって、受信バッファに空きができたら、その分だけ受信できるデータ量が増えるので、TCPヘッダーのウインドウ・フィールドでそれを送信側に知らせるわけです。これで、受信側の能力を超えてデータを送ってしまうことはなくなります。

また、この図では、受信バッファがいっぱいになるまで受信処理をしないようにも見えますが、説明の都合上そう書いてあるだけで、実際はそうではありません。受信側は、パケットを受信すると、即座に受信処理を始めます。受信側の能力が高く、パケットが到着するペースよりも速く受信処理できれば、バッファはすぐに空くのでウインドウ・フィールドでそれを通知するでしょう。ACK番号と一緒に通知できるかもしれません。この図は、受信側が遅く、受信バッファに空きがなくなるほどパケットが到着しても、まだ、最初の受信処理が終わっていない場合を表しています。

なお、この受信可能なデータ量の最大値を「ウインドウ・サイズ」と呼び（通常、受信側のバッファのサイズと同じサイズ）、TCPをチューニングするパラメータの一つとして知られています。

■データ送受信フェーズの動作は接続フェーズと同じ

このTCPのデータ送信動作も、接続動作と同じように、IP、LANドライバ、LANアダプタを経由してパケット送受信動作を行います。

そのパケット送受信動作は接続動作のものとほとんど同じです。IP以下

のコンポーネントは、一連のパケットの関連性を考慮しません。送受信するパケットが接続動作のものなのか、データ送受信のものなのか、あるいは、受信確認応答パケットなのか関知しません。TCPヘッダーやデータ部分にどんな内容が書いてあるのか、それも関知しません。IPアドレスやMACアドレスなどの宛先に従ってパケットをそのまま運ぶだけなので、接続時のパケット送受信動作と変わらないわけです。

■HTTPレスポンス・メッセージを待つ

　WebブラウザからのTCP/IPソフトがHTTPリクエスト・メッセージを送る一連の動作はこれで終わりです。こうしてHTTPリクエスト・メッセージを送ったら、次は、Webサーバーからレスポンス・メッセージが返ってくるのを待ちます。

　レスポンス・メッセージが届けば、割り込みでパケット受信の通知があるでしょう。それまでの間、クライアント側はお休みです。

■送り直しの必要がないデータの送信はUDPが効率的

　これでこの章の探検ツアーは終わりですが、最後に少し寄り道しましょう。大半のアプリケーションは、ここまで説明したように、TCPプロトコルを使ってデータ送受信を行いますが、すべてがそうではありません。TCPプロトコルではなく、UDPプロトコルを使ってデータを送受信するものがあるからです。DNSサーバーへIPアドレスを問い合わせるときもUDPプロトコルを使いました。このUDPプロトコルについて少し説明します。

　UDPを理解するポイントは、TCPの中にあります。TCPの動作は結構複雑ですが、なぜそんな複雑なことをする必要があるのか、それがわかるとUDPが見えてきます。では、その複雑な仕組みを使う理由ですが、それは、データを確実に、しかも効率的に届けるところにあります。データを確実に届けるために必要なことは、届いたことを見届け、もし届かなかったら送り

直すことです。

　これを一番簡単に実現する方法は、データを"全部"送り終わった後で、受信側から受信確認応答をもらう方法です。これなら、もし届かなかったらもう一度全部送り直すだけのことですから、TCPがやるように、どこまで届いたかとか、どこから送り直さなければいけないのか、といった複雑なことを考える必要はありません。しかし、全部送り直す方法だと、パケットが一つ抜けただけでも全部送り直すことになりますから、効率的とはいえません。効率的に送り直すには、届いたパケットは送り直さず、エラーが起こったパケットだけを送り直す仕組みが必要です。TCPが複雑なのは、それをやるからです。

　しかし、ある状況では、TCPのような複雑な仕組みを使わなくても、効率的にデータを送り直すことができます。それは、データが一つのパケットに収まる程度の長さしかない場合です。パケットが一つしかなければ、どれが抜けたか考える必要もなく、送ったパケットをもう一度送り直せば済んでしまいます。TCPのような複雑な仕組みは必要ありません。しかも、その方が効率がよくなります。TCPのように接続時や切断時に制御用のパケットを送る必要がないからです。何かデータを送れば、普通は、その返事が返ってきますから、その返事が受信確認応答の代わりになるので、TCPのような受信確認応答のパケットも不要です。

　UDPを使うのは、このようなケースです。DNSサーバーへの問い合わせなど、ネットワークが制御用に行う情報交換は、一つのパケットで済んでしまうことが多いので、そのような場合は、TCPではなくUDPを使うわけです。UDPは、TCPのような複雑な仕組みは一切ありません。アプリケーションから送信データを受け取ったら、そこにUDPヘッダーを付加し、それをIPに依頼して送信するだけです（**表2.5**）。受信も簡単です。宛先のIPアドレスとポート番号、送信元のIPアドレスとポート番号の四つで、データを渡す先のアプリケーションを判断し、そこにデータを渡すだけです。それ以上のことは

表2.5 UDPヘッダーに記載する制御情報

フィールドの名称		長さ（ビット）	説明
UDPヘッダー（8バイト）	送信元ポート番号	16	このパケットを送信した側のポート番号
	宛先ポート番号	16	このパケットを届ける相手のポート番号
	データ長	16	UDPヘッダー以後の長さ
	チェックサム	16	誤りの有無を検査するためのもの

何もやりません。もし、エラーが起こってパケットが消えてしまっても知らん顔です。そもそも、パケットは送りっぱなしで、TCPのように送ったパケットの状態を監視するようなことをしませんから、エラーが起こってもそれに気づきません。それでも、問題はありません。エラーが起これば返事が返ってこないので、アプリケーションが気づきます。そして、アプリケーションがもう一度データを送り直せば済んでしまいます。その程度なら複雑な動作は不要ですから、アプリケーションの負担を増やすこともありません。

もう一つ、UDPを使うケースがあります。それは、音声や映像のデータを送る場合です。音声や映像のデータは、決められた時間内にデータを届けなければいけません。つまり、データの到着が遅れると、それを再生するタイミングに間に合わなくなってしまうからです。再生のタイミングに間に合わないと、データが届いたとしても役に立ちません。タイミングが間に合わないと音声が途切れたり、映像が止まってしまうわけですが、遅れてデータが届いても、途切れた音や映像を元に戻すことはできないからです。TCPのように受信確認応答によってエラーを検出して送り直す方法だと、どうしても送り直すときに時間がかかってしまいます。すると、せっかく送り直しても再生のタイミングに間に合わないことがあるのです。

再生のタイミングに遅れないように送り直しを行おうとすると、本来必要なものより何倍も高速な回線が必要になってしまいます。また、音声や映像

は、データが多少抜けても致命的な問題になりません。音声だったら抜けた瞬間、プツ、と音が途切れるだけですし、映像の場合でも一瞬映像が止まるだけなら許容できるでしょう（もちろん、エラーの頻度が高くなれば話は別です）。このように、送り直しが必要ない、あるいは、送り直しても役に立たないのであれば、単純にUDPでデータを送った方が効率が良いといえます。

＊　　　　＊　　　　＊

　データを送受信するときのOS内部の動きを追いかけてみました。これで、パケットがケーブルに出て行くところまでの探検は終わりです。次の章は、ケーブルに出て行ったパケットがリピータ・ハブ、スイッチング・ハブ、ルーターといった機器を経由して、インターネットに出て行くところまでを探検します。

第2章 TCP/IPのデータを電気信号にして送る

用語解説

■ MACアドレス
IEEEで標準化されたLAN方式の機器は皆同じ形式のアドレスを使うことになっており、このLAN機器に割り当てられたアドレスをMACアドレスと呼びます。長さは全部で48ビット。上位24ビットがメーカーに割り当てられ、その値でメーカーを識別できます。下位24ビットが個々のインタフェースを識別する値となっています。ほとんどの製品は、工場出荷時にROMなどにアドレスが記録されるので、ユーザーがMACアドレスを設定することはほとんどありません。

■ socket
「Socket」と大文字で始まるものはSocketライブラリを指し、「socket」と小文字で始まるものはSocketライブラリ中にあるsocketというプログラムを指します。「ソケット」とカタカナで書く場合は、TCP/IPソフト内部で通信制御情報を保存管理するソケットを指します。

■ PID
Process IDの略。個々のプログラムを識別するためにOSが割り振る番号です。タスク・マネージャでプログラム名を確認できます。

■ IPv4
IPv4は、現在使われているIPプロトコルのことです。IPプロトコルには、次世代IPプロトコルといわれているIPv6もあります。

■ コネクション
これを日本語で「接続」と呼ぶ場合もありますが、接続動作の接続と混同しやすいので、ここではコネクションと呼ぶことにします。コネクションと呼ばずに「セッション」と呼ぶ人もいますが、意味はだいたい同じです。また、接続することを「コネクションを確立する」、あるいは「コネクションを張る」という人もいます。

■ パケット
ネットワークの中でデータは、数十～数千バイト程度の小さな塊に分割されて運ばれていきます。その分割されたデータの塊を「パケット」または「フレーム」と呼びます。

■ 全2重
送信と受信を同時に並行して行う通信のことをいいます。

■ ルーター
ネットワーク上でパケットを中継する中継装置の一種です。TCP/IPの場合は、IPプロトコルの仕組みに従って中継処

理を行います。英語ではラウタと発音します。

ネットマスク

IPアドレスのネットワーク番号とホスト番号（個々のコンピュータの番号）の境界を決める値。

デフォルト・ゲートウエイ

TCP/IPネットワークでパケットを運ぶとき、経路表には全経路が登録されているとは限らないので、経路表を探しても適切な経路が見つからないことがあります。この「経路が見つからない場合」を想定して登録されている経路を「デフォルト経路」と呼び、デフォルト経路に記載してある中継先ルーターをデフォルト・ゲートウエイと呼びます。

ICMP

Internet Control Message Protocolの略。TCP/IPプロトコル群の一つ。パケットを配送するときのエラーを通知したり制御用のメッセージを送るときに用います。

ARP

Address Resolution Protocolの略。宛先IPアドレスに対応するMACアドレスを見つけるためのプロトコルです。

IRQ

CPUやシステムバスにある信号線の一つ。LANアダプタ、SCSI、キーボード、マウスなどの周辺機器やインタフェースからCPUにイベントを通知するときに、この信号線を使います。また、IRQにはどの機器からのイベントかを表すために、番号が割り当てられます。キーボードのように固定した装置には固定した番号が割り振られ、拡張スロットに装着するインタフェースにはコンフィグレーションによって他の機器と調整して衝突しない番号が割り振られます。この番号によって、CPU内のあらかじめ割り当てられていたプログラム（割り込み処理ルーチン）が呼び出されます。INTと表記する場合もあります。

FCS

Frame Check Sequenceの略。通信エラーの有無を検出するためにパケットの末尾に付加する制御用データです。

リピータ・ハブ

イーサネット（10BASE-T/100BASE-T）のハブのこと。従来型の信号を増幅して中継するタイプのハブとスイッチング・ハブとを区別するときに、前者のことを指してリピータ・ハブといいます。シェアード・ハブ、共有ハブと呼ぶこともあります。

PnP

Plug and Playの略。拡張ボードや周辺機器などの自動設定機能のこと。言葉の通り、挿し込むだけで動くのが理想ですが、そうならない場合もあります。

ACK番号

TCPヘッダーの中にある制御情報の一つ。どこまでデータが受信側に届いたのかを送信側に知らせるために使います。

COLUMN
ほんとうは難しくない ネットワーク用語

ソケットにねじ込むのは電球かプログラムか

探検隊員：Socketライブラリとか、ソケットとかって、どこから来た名前ですか？

探検隊長：君は電球のソケットを知らないか？ 電灯の笠の中にあって、電球をねじ込むヤツだよ。

隊員：それなら知ってます。

隊長：ソケットっていうのは、そのソケットのことさ。

隊員：え、電球のソケットとSocketライブラリが同じなんですか？

隊長：そうだ。どうやら、また、辞書を引いた方がよさそうだね。

隊員：待ってください。ソケットっていうのは、窪んだ穴状の形で何かを差し込むもの、と書いてありますね。

隊長：何かを差し込む受け口にあたるものがソケットだと考えればいいかな。

隊員：はあ。

隊長：電球をソケットに差し込めば、電球がつくだろう。

隊員：そんなことは言われなくてもわかりますよ。

隊長：通信するときもそれと同じように考えるんだ。

隊員：というと？

隊長：頭の中にイメージを思い浮かべてごらん。ここにプログラムがあって、それをガチャンとソケットに差し込むんだ。そうすると、電球がつくのと同じように通信できるようになる、っていう感じかなぁ。

隊員：ちょっと無理ありません？

隊長：そんなことはないぞ。ソケットの裏側には、データを運ぶ転送路があって、それが相手につながっているんだ。電線に電気が流れるのと同じように、転送路をデータが流れていくんだよ。だから、そこにプログラムを差し込めば、相手と通信できるっていうイメージが広がらないかなあ。

隊員：その転送路っていうのは何ですか？

隊長：探検ツアーで居眠りでもしてたんじゃないか？ TCPで接続すると

パイプのようなものができるって話があっただろう。

隊員：ああ、そうでした。遠くの方で、そんな声が聞こえていたような気がします。

隊長：やっぱり寝てたんじゃないか。まあいいか。転送路っていうのはそのパイプのことだよ。

隊員：わかりました。そう思い込むことにしましょう。

隊長：そう思えないのは君だけじゃないか。

隊員：誰もそんなこじ付けみたいな話じゃイメージできませんよ。

隊長：そんなことはないぞ。ソケットっていう言葉を使うのは、TCP/IPだけじゃないからな。

隊員：え、そうなんですか。

隊長：そうだよ。イーサネットを開発したXerox社で、イーサネットと一緒に開発したXNSっていうプロトコルでもソケットっていう言葉を使っているぞ。

隊員：Xeroxってイーサネットを作っただけじゃなくって、そんなこともやってたんですか？

隊長：それだけじゃないぞ。今のパソコンの原型だって、Xeroxで生まれたんだ。

隊員：へえー。

隊長：要するに、未来のコンピュータの姿を研究していたんだ。その一環でパソコンやイーサネットが生まれたんだけど、今はそんな話じゃなくて…

隊員：そうそう、ソケットの話でしたね。そのXNSのソケットっていうのはTCP/IPのソケットと同じものですか？

隊長：いや、それはTCP/IPとは少し違っていて、TCP/IPのポート番号に当たるものをXNSではソケットと呼んでいたんだ。

隊員：それじゃ違うじゃないですか。

隊員：いや、違わないんだな、これが。TCP/IPでソケットを作るとき、ポート番号とソケットを対応付けるだろう。だから、ソケットとポート番号の背景にある考え方には共通点があるんだ。

隊員：はあ。

隊長：君はまだ通信の「心」がわかってないな。

隊員：「心」ですかあ…

第3章

ケーブルの先は LAN機器だった
～ハブとスイッチ、ルーターを探検～

ウォーミングアップ

本題に入る前に、ウォーミングアップとしてクイズを出題させていただきます。きちんと説明できるかどうか試してみてください。

問題

1. LANで使うツイストペア・ケーブル（より対線）で信号線がより合わされているのはなぜでしょうか？
2. 入力信号を全ポートに出力するのは、スイッチング・ハブとリピータ・ハブのどちらでしょう？
3. IPアドレスをネットワーク番号とホスト番号に分けているのは何でしょうか？
4. リピータ・ハブ同士を数珠つなぎする場合は接続台数に制限がありますが、スイッチング・ハブには制限があるでしょうか？
5. ルーターの経路表にはネットマスク欄が「0.0.0.0」という値の経路が存在する場合があります。これを何というでしょう。

いかがだったでしょうか。改めて聞かれると、簡潔に答えられない問題もあったことでしょう。答えと解説を以下に示しておきます。

答え

1. 雑音による影響を抑えるため
2. リピータ・ハブ
3. ネットマスク
4. ない
5. デフォルト経路

解説

1. 信号線をより合せると雑音を防ぐ効果が生じます。
2. スイッチング・ハブはMACアドレス・テーブルで検索し、該当する機器が存在するポートにだけ信号を出力します。
3. ネットマスクをビットで表現すると、左側に1が並び、右側に0が並びます。その1の部分がネットワーク番号で、0の部分がホスト番号となります。
4. スイッチング・ハブ同士は何台でも接続できます。
5. 他に該当する経路が見当たらないときに、ネットマスク欄を「0.0.0.0」とした経路を採用します。これをデフォルト経路と呼びます。

第3章 ケーブルの先はLAN機器だった

探検ツアーのポイント

前章では、クライアント側のTCP/IPプロトコル処理ソフトとLANアダプタを探検し、パケットを送信するところ、つまり、パケットを電気信号に変換してケーブルに送り出すところまで追いかけました。この章はその続きです。ケーブルに送り出したパケットがリピータ・ハブ、スイッチング・ハブ、ルーターなどのネットワーク機器を経由してインターネットに出て行くところまでを探検します。ネットワーク機器の内部構造、基本的な仕組み、機器の種類による動作の違い、といった部分が本章のテーマですが、ここに今日のネットワークを支える基本的な技術が集約されています。それを理解することで、今のネットワークの基本がわかるようになります。

■一つひとつのパケットが独立したものとして動く

　TCP/IPのデータ送信動作は、単純にデータをパケットに詰め込んで送るだけではありません。データを送る前に、接続動作を行い、そこで制御情報を格納したパケットをやり取りするフェーズがあります。それが終わってからデータ送信フェーズに入りますが、そこでも、単純にデータを送るだけではありません。受信側から送信側に受信確認応答パケットを送り返し、受信側に正しくデータが届いたことを送信側が確認しながらデータを送ります。データを送り終わった後も、切断動作によって制御用のパケットがいくつか流れます。このように、パケットにはいろいろな種類のものがあり、それぞれ違う役割を持っています。

　しかし、一旦ネットワークに出て行った後は、パケットの役割に違いがあっても、パケットを運ぶ動作に違いはなくなります。スイッチ[※]やルーターなどのネットワーク機器は、パケットの先頭部分に付加したMACヘッダーやIPヘッダーを見てパケットを運ぶだけであり、パケットの役割の違いは関知

注1）スイッチやルーターはIPヘッダーの後ろに詰め込んだ情報を見ずに無視するということです。

しないからです[注1]。パケットの役割の違いが意味を持つのは、受信側のコンピュータに届き、そこのTCPやアプリケーションに渡された後のことです。郵便局員が封書の中身を見ないのと同じことだと思えばいいでしょう。従って、ネットワークの中を流れていくときの動きはどのパケットも同じです。

また、パケットに詰め込んだ情報が、前後のパケットと関連性を持つ場合がありますが、パケットの中身を見ないのですから、そこに書いてある情報の関連性も無視されてしまいます。たとえば、受信確認応答パケットであれば、その前に送られたデータのパケットと関連しますし、データのパケットには順番がありますが、そうした関連性は何も考慮されないということです。つまり、すべてのパケットが別々に独立したものとして扱われます。ですから、パケットを運ぶときに、第2章で説明したいろいろなパケットのやり取りを考える必要はありません。とにかく、一つのパケットを運ぶことだけ考えればいいわけです。

この章は、それを頭に入れて、インターネットにパケットが出て行くところまでを探検してみます。なお、ここでは、クライアント・パソコンが**図3.1**

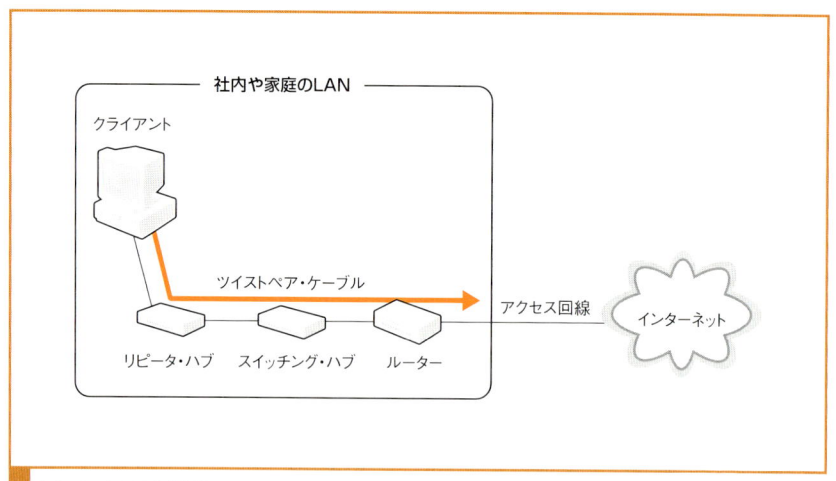

図3.1　LANの構成

のようなLANに接続されていることを想定します。つまり、クライアント・パソコンが送信したパケットが、リピータ・ハブ*、スイッチング・ハブ*、ルーターを経由してインターネットに出て行くことにします。今は、リピータ・ハブやスイッチング・ハブを内蔵したルーターがあり、それ1台で小規模なLANを構築できますから、この図のように、機器を並べることは少ないでしょう。しかし、複数の機能を内蔵した複合的な機器だと動作が複雑化して理解しにくいので、説明のために単機能の機器を並べて順番に探検することにします。

■LANケーブルは信号を劣化させないことがポイント

　この章の探検ツアーはLANアダプタからパケットが送信されてケーブルに出て行くところから始まります。LANアダプタで電気信号に姿を変えたパケットは、RJ-45コネクタを通ってLANケーブルであるツイストペア・ケーブル（より対線）に入っていきます。その部分を拡大したのが**図3.2**の左側です。イーサネットの信号の実体はプラスとマイナスの電圧なので、MAU*のプラスとマイナスの信号端子から信号が出てくると思えばよいでしょう。

　LANアダプタのMAUは図3.2の左側のようにRJ-45コネクタに真っ直ぐ結線されていますから、コネクタの1番ピンと2番ピンからケーブルの中に信号が流れ出ていきます。その後、ケーブルの中を流れ、リピータ・ハブのポートに到着します。この部分は、単純に電気信号がケーブルを伝わっていくだけです。

　ただ、送り出した信号は、そのままの形で受信側に届くわけではありません。ハブ側に到着したときには信号は弱くなっています（**図3.3**）。ケーブルを伝わる間に信号のエネルギーが少しずつ落ちていくので、ケーブルの長さが長くなれば長くなるほど信号は弱くなるわけです。

　さらに、信号はただ弱くなるだけでありません。イーサネットは第2章にある図2.13のように四角い形の角のある信号を使いますが、この角が取れて

丸くなってしまうのです。これは、電気信号は周波数が高いほどエネルギーの落ちる率が大きいという性質と関係しています。信号の角の部分は電圧が急激に変化しているのですが、急激に変化するということは、言い換える

プラスとマイナスの一組で信号を伝える

LANアダプタ
ROM
MAU
RJ-45 コネクタ
より対線 （ツイストペア・ケーブル）

バッファ・メモリー
イーサネット・コントローラ

送信（＋） 1
送信（－） 2
受信（＋） 3
4
5
受信（－） 6
7
8

MAUは、LANアダプタやハブのものと基本的に同じ

LANアダプタ側はストレートに結線（MDI）

信号線を2本一組にしてより合わせている

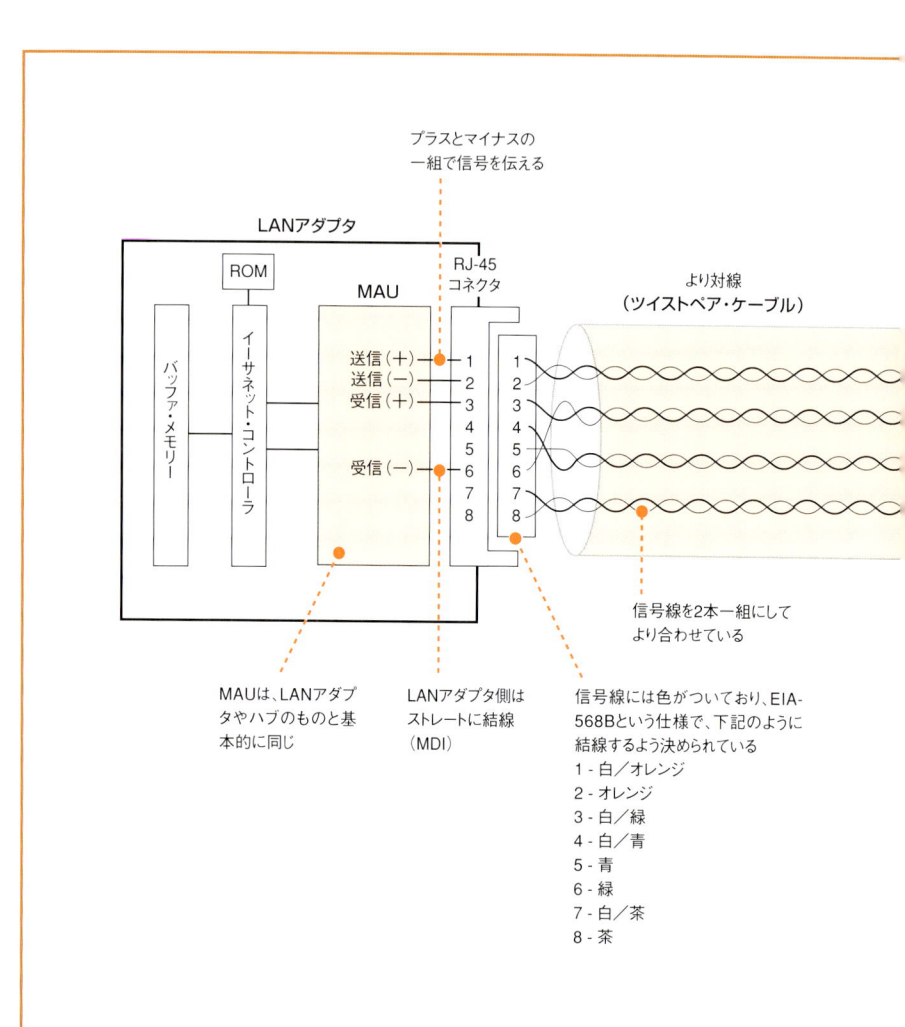

信号線には色がついており、EIA-568Bという仕様で、下記のように結線するよう決められている
1 - 白／オレンジ
2 - オレンジ
3 - 白／緑
4 - 白／青
5 - 青
6 - 緑
7 - 白／茶
8 - 茶

図3.2　LANアダプタとリピータ・ハブをツイストペア・ケーブルでつないだ様子

第3章　ケーブルの先はLAN機器だった

と、その部分の周波数が高いことになります。周波数の高い信号は弱くなってしまうので、急激な変化がなくなり、角がとれてしまうというわけです。

　雑音がなく条件が良い場合でも信号が届くときにはこのように変形する

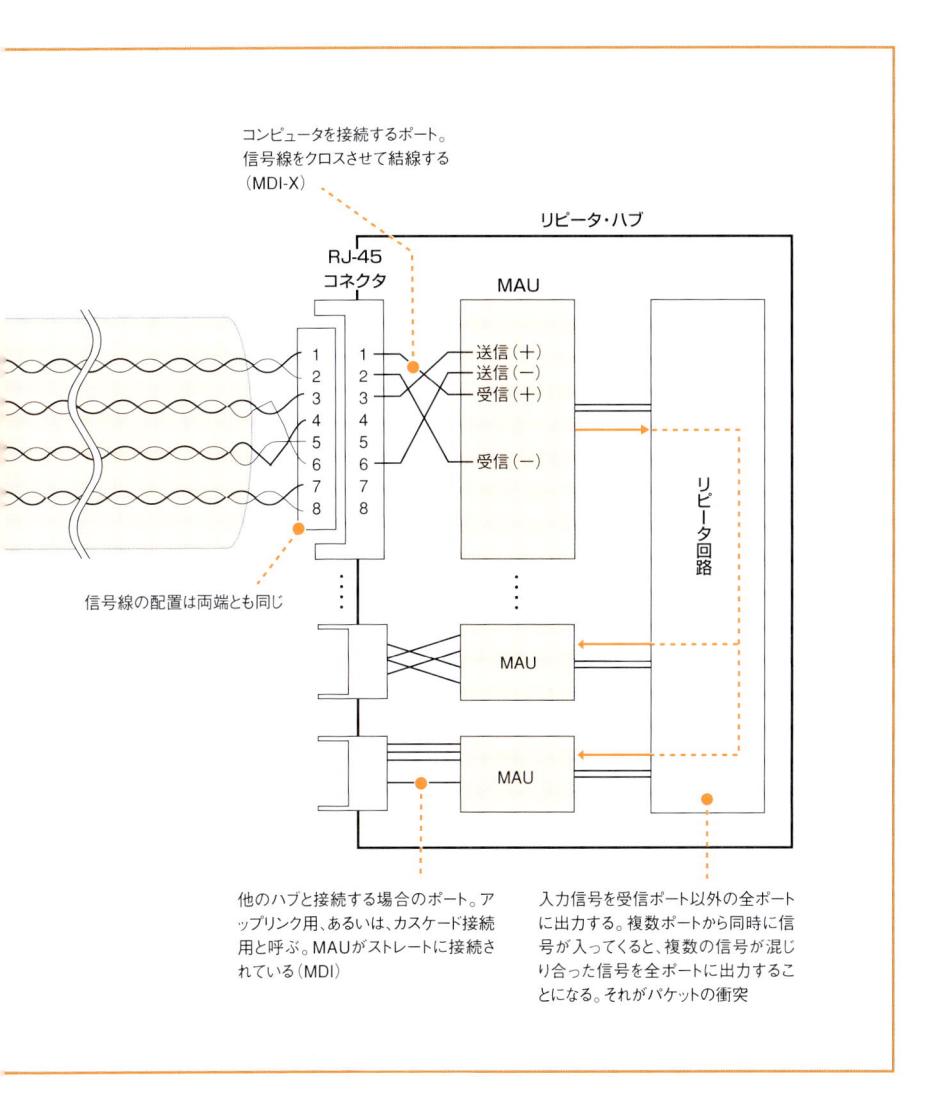

```
コンピュータを接続するポート。
信号線をクロスさせて結線する
（MDI-X）
```

リピータ・ハブ

RJ-45
コネクタ

MAU

送信（＋）
送信（－）
受信（＋）

受信（－）

リピータ回路

信号線の配置は両端とも同じ

MAU

MAU

他のハブと接続する場合のポート。アップリンク用、あるいは、カスケード接続用と呼ぶ。MAUがストレートに接続されている（MDI）

入力信号を受信ポート以外の全ポートに出力する。複数ポートから同時に信号が入ってくると、複数の信号が混じり合った信号を全ポートに出力することになる。それがパケットの衝突

125

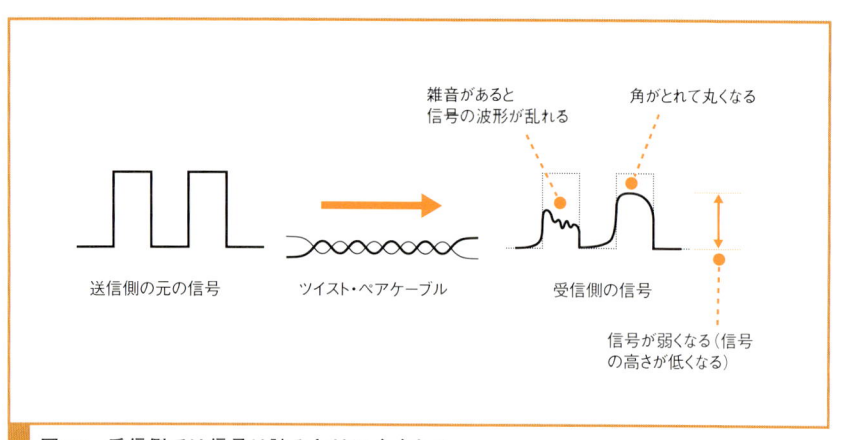

図3.3 受信側では信号は読みとりにくくなる
送信側ではきれいな長方形になっている信号波形は、伝送途中で弱くなったり波形がくずれたりして、受信側で読み取りにくくなる。

わけですから、これに雑音の影響が加われば、変形はさらに激しくなります。雑音の影響はその強さや種類によって異なるので一概にいえませんが、弱くなった信号がさらに変形するので、0と1を見誤る場合が出てきます。それが通信エラーの原因です。

"より"は雑音を防ぐための工夫

そこでLANケーブルとして使うツイストペア・ケーブル（より対線）には、こうした雑音の影響を抑える工夫が施されています。それが"より"です。"ツイストペア（より対）"という言葉は、2本の信号線を組にしてより合わせているところから付いた名前ですが、このように信号線をより合わせることで、雑音を防ぐことができるのです。

具体的に"より"による雑音対策を見てみましょう。それは雑音が生じる仕組みに関係があります。雑音の原因は、その周囲で発生する電磁波です。電磁波が金属などの導電体に当たるとその中で電流が発生するという性質があります。このため、ケーブルの周囲に電磁波があると、ケーブル中

に信号とは異なる電流が流れます。信号も電圧によって生じる一種の電流ですから、雑音によって生じる電流となんら変わりありません。その結果、信号と雑音の電流は交じり合ってしまい、信号の波形が崩れてしまうのです。これが雑音の正体です。

　ケーブルに影響する電磁波は2種類に分類できます。一つは、モーター、蛍光灯、CRTディスプレイといった機器から漏れる電磁波です。これは、ケーブルの外から来るもので、まさに"線をよる"ことで防いでいます。信号線は金属でできていますが、金属には電磁波が当たると電磁波の進行方向の右回りに電流が生じる、という性質があります。この電流が、波形を崩す要因となります。ところが、信号線をより合わせると、その形がらせん型に変形し、よりの隣同士で電流が流れる向きが逆になります。その結果、雑音で生じた電流は互いに打ち消しあうことになり、雑音による電流は弱くなります（**図3.4**（a））。当然、信号の電流の方は、らせん型に信号線が変形しても変わりなく流れます。つまり、雑音の電流だけが弱くなり、その影響が減るわけです。

　もう一つは、同じケーブル中の隣り合った信号線から漏れる電磁波です。信号線の中には信号という電流が流れますから、その電流によって周囲に電磁波が生じるわけです。すると、それが別の信号線に対する雑音となります。この雑音による影響を「クロストーク」と呼びます。

　この雑音は、元々それほど強いものではありませんが、距離が近いところが問題です。電磁波は発生源から離れれば拡散して弱くなるのですが、1本のケーブル内にある信号線は距離が近いので、電磁波が弱くなる前に隣の信号線に届いてしまいます。そのため、信号線から出るわずかな電磁波が周囲の信号線に当たり、そこで電流を生じるのです。

　これを防ぐ工夫も、信号線をより合わせるところにあります。1本のケーブルに収めた信号線の"より"の間隔は皆同じではなく、微妙に違いを持たせてあります。よる間隔を微妙に変えると、ある部分ではプラスの信号線

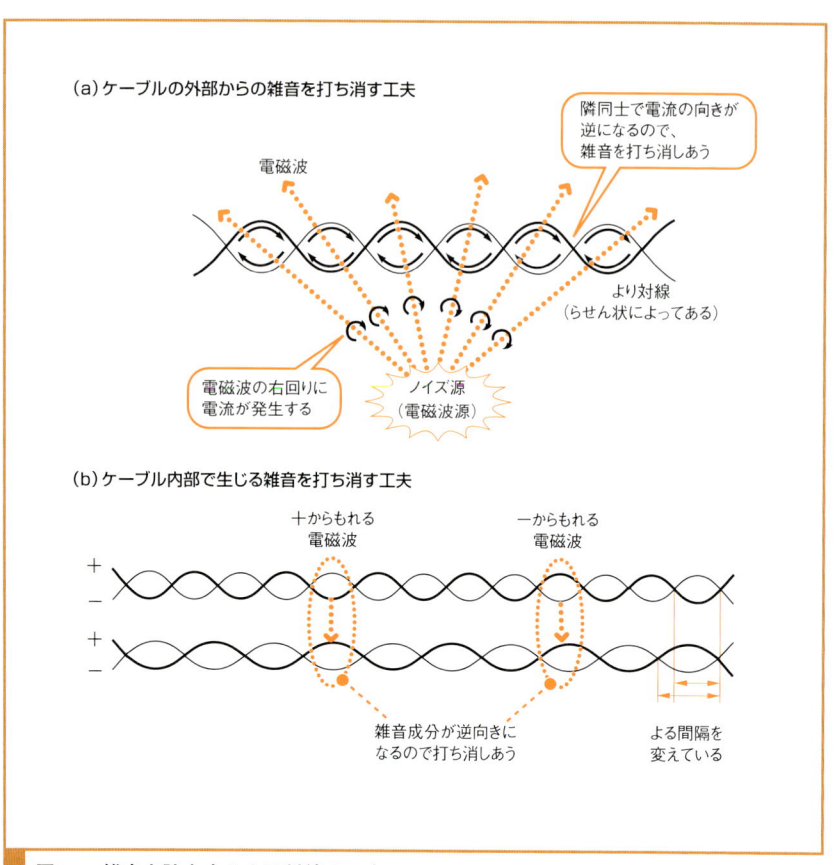

図3.4 雑音を防止するより対線の工夫
(a) のように2本の線をよることで外部からの雑音を打ち消し、(b) のようによる間隔を変えることで、ケーブル内での雑音を減らす。

が近くにあり、別の部分ではマイナスの信号線が近くにきます。すると、プラスとマイナスとでは雑音の影響が逆になるので、双方が打ち消し合うことになります（**図3.4**(b)）。ケーブル全体で見れば、プラスとマイナスのバランスが取れ、その結果クロストークが減るのです。

何気なくより合わせているように見えますが、信号線をより合わせることは非常に重要なこと、といえるでしょう。そして、そのより合わせる間隔な

表3.1 ツイストペア・ケーブルのカテゴリ

カテゴリ	説明
カテゴリ5	10メガのイーサネット（10BASE-T）と100メガのイーサネット（100BASE-T）で使うもの。125MHzまでの周波数の信号を100メートル伝えることができる
エンハンストカテゴリ5	ギガビット・イーサネット（1000BASE-T）用に作られたもの。カテゴリ5を改良し、クロストークの特性を改善したもの。10BASE-Tと100BASE-Tでも利用可能
カテゴリ6	250MHzまでの信号を流すことを目的に標準化されたツイストペア・ケーブル。このケーブルを使うLANはまだ実用化されていない

どによって、信号を伝える特性、つまり、ケーブルの品質に差が生じます。大雑把にいえば、より合わせる間隔を短く取れば、それだけ雑音を打ち消す効果が高くなり、ケーブルの品質が上がるわけです。

ツイストペア・ケーブルは品質によっていくつかに分類されており、その分類をカテゴリと呼びます。現在、市販されているツイストペア・ケーブルには**表3.1**のようなものがあります。

■ リピータ・ハブは全ポートから信号を送信

信号がリピータ・ハブに届いたら、そこからLAN全体に信号がばら撒かれます。次はその動きを説明しましょう。

リピータ・ハブの内部は図3.2の右側のようになっています。まず、各ポートには、LANアダプタ内部にあるMAUと同じ働きをする回路があります。これを、LANアダプタ側と同じようにRJ-45コネクタに真っ直ぐ接続すると、信号は正しく受信できません。正しく受信するには、"送信端子"から送られてきた信号を、"受信端子"で受けるようにしなければなりません。図3.2で、ハブの中でMAUとコネクタの間の信号線がクロスされて接続されているのはこのためです。これで、一方の送信が他方の受信につながり、信号を正しく送受信できるようになります。

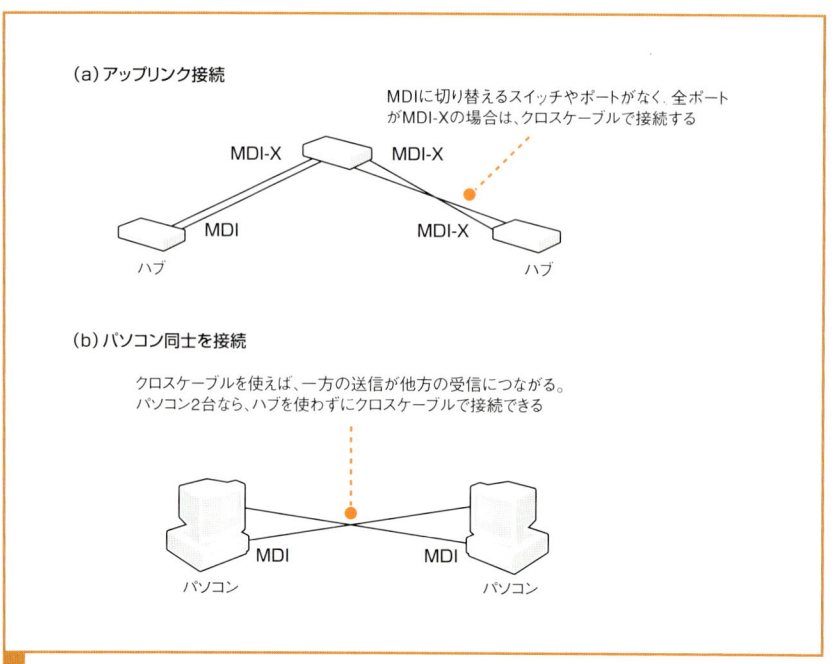

図3.5 クロスケーブルの利用

　リピータ・ハブの端のポートには、「MDI」（Media Dependent Interface）、あるいは、「MDI-X」（MDI-Crossover）と書かれていて、切り替えスイッチが付いていることがありますが、これでその意味がわかるでしょう[注2]。MDIというのはRJ-45コネクタとMAUをストレートに結線するもので、MDI-Xはクロスに結線するものを表します。ハブのポートは通常MDI-Xですから、ハブ同士を接続するときは一方をMDIにしなければならないわけです（**図3.5**(a)）。もし、MDIに切り替えるスイッチなどがなく、全ポートがMDI-Xの場合は、クロスケーブルでハブ同士を接続します。クロスケーブルというのは、

注2）切り替えスイッチではなく、MDIとMDI-Xで二つのポートを用意し、どちらか一方を使うようにしている製品もあります。
注3）FCS（Frame Check Sequence）については第2章、P88を参照。

送信と受信の端子が入れ替わるように信号線を接続したケーブルのことです（**図3.6**）。

　なお、クロスケーブルは図3.5（b）のように、パソコン同士を接続するときにも使います。LANアダプタはハブに接続するものとは限りません。LANアダプタのMAUもハブのMAUも同じものですから、パソコンのLANアダプタ同士でも、一方の送信ともう一方の受信をつなげば信号を送受信できるわけです。

　リピータ・ハブのMAUの受信部に届いた信号は、そこからリピータ回路に入っていきます。リピータ回路の基本は、入ってきた信号をリピータ・ハブのポート部分にばらまくことにあります。そこで、信号の波形を整え、エラーを抑えるよう工夫した製品もありますが、基本は入ってきた信号をそのままポート部分に送り出すことです。

　この後、信号は全ポートから出ていき、リピータ・ハブに接続した機器全部に届きます。そして、信号を受信した機器は先頭にあるMACヘッダーに書いてある宛先MACアドレスを調べ、自分が宛先に該当すればそれを受信しますし、該当しなければ受信した信号を無視します。これで宛先MACアドレスの相手にパケットが届きます。

　リピータ回路の基本は信号をそのままばらまくことにありますから、雑音の影響を受けて変形し、データが化けてしまったような信号でもそのまま流してしまいます。その場合は、信号が次の機器、つまり、スイッチ、ルーター、サーバーなどに届いたときにFCS[注3]が検査され、そこでデータが化けてしまったことが判明します。そうしたらデータ化けが判明したところでパケットは棄てられます。しかし、それでデータが抜けたりするわけではありません。パケットを棄ててしまえば受信確認応答が返らないので、TCPがパケットを送り直してくれるからです。

図3.6　クロスケーブル

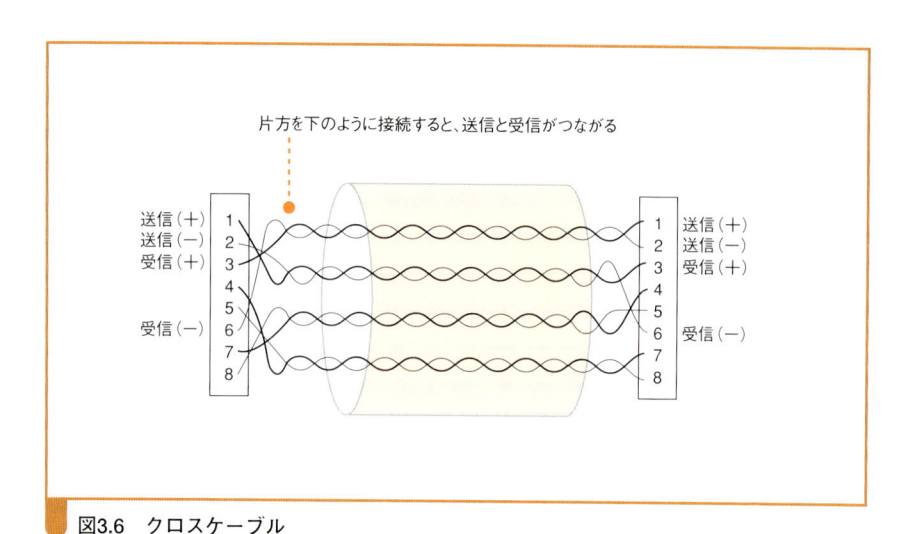

■スイッチング・ハブはアドレス・テーブルで中継

　パケットがスイッチング・ハブを経由して流れるときはどうなるでしょうか。次はそれを見てみましょう。

　図3.7の内部構成図を見ながら動きを追いかけてみましょう。まず、信号がポート部分に届き、MAUで受信するところまではリピータ・ハブと同じです。つまり、コネクタとMAUはMDI-Xで接続されており[注4]、ツイストペア・ケーブルから信号が入ってくると、それが、MAUの受信部分に入り、そこを経由してイーサネット・コントローラに入って行きます。

　その後、イーサネット・コントローラが信号を受信し、パケット末尾にあるFCSを照合してエラーの有無を検査し、問題なければそれをデジタル・データに変換してバッファ・メモリーに格納します[注5]。この辺はLANアダプタと似ていますが、LANアダプタと違うところが一つあります。LANアダプタはポート部分にMACアドレスが割り当てられており、受信したパケットの宛先MACアドレスが自分に該当しない場合にはパケットを棄ててしまいます

が、スイッチング・ハブの方は、宛先MACアドレスを検査せずに全パケットを受信してバッファ・メモリーに格納します。ポートにMACアドレスを割り当てることもありません。

パケットをバッファ・メモリーに格納したら、次に宛先MACアドレスと一致するものがMACアドレス・テーブルに登録されているかどうか調べます。MACアドレス・テーブルには、LANに接続した機器のMACアドレスと、その機器がどのポートの先に存在するか、といった情報が登録されています。図3.7のアドレス・テーブルのように、MACアドレスと出力ポートが対になっているわけです。そこで、アドレス・テーブルを調べて、受信したパケットをどのポートから送信すればよいのか判断します。

たとえば、受信したパケットの宛先MACアドレスが「00-02-B3-1C-9C-F9」だったら、図3.7のテーブルの3行目に一致するアドレスが登録されており、その機器が8番ポートの先に接続されていることがわかります。それがわかったら、スイッチ回路を経由してパケットを送信側のポートに送ります[注6]。この例の場合、8番ポートが送信側ポートになります。

スイッチ回路は、内部の電子回路によって、入力ポートと出力ポートを直接つなぐことができます。**図3.8**のような仕組みを電子回路で作ったものです。この回路は信号線が格子状に配置され、その交点にスイッチがあります。このスイッチは電子的に開閉をコントロールでき、その開閉で信号が流れる先を制御します。入力側が受信側ポート、出力側が送信側ポートにそれぞれ接続されています。ポート間でパケットを運ぶときは、この回路に

[注4] スイッチング・ハブが登場してしばらくの間は、図3.7の上部にあるように、リピータ・ハブを介してコンピュータを接続する例がほとんどでした。そのため、リピータ・ハブのMDI-Xポートとストレート・ケーブルで接続できるよう、MDIで結線するのが通例でした。しかし今は、コンピュータを直接接続することが多いので、リピータ・ハブと同様にMDI-Xで結線するようになりました。
[注5] エラーがあった場合はパケットを棄てます。
[注6] 製品によって、スイッチ回路とは違う方法でパケットを運ぶものもありますが、スイッチ回路でパケットを運ぶのがスイッチング・ハブの原型です。また、スイッチ回路を使うところからスイッチング・ハブという言葉が生まれました。

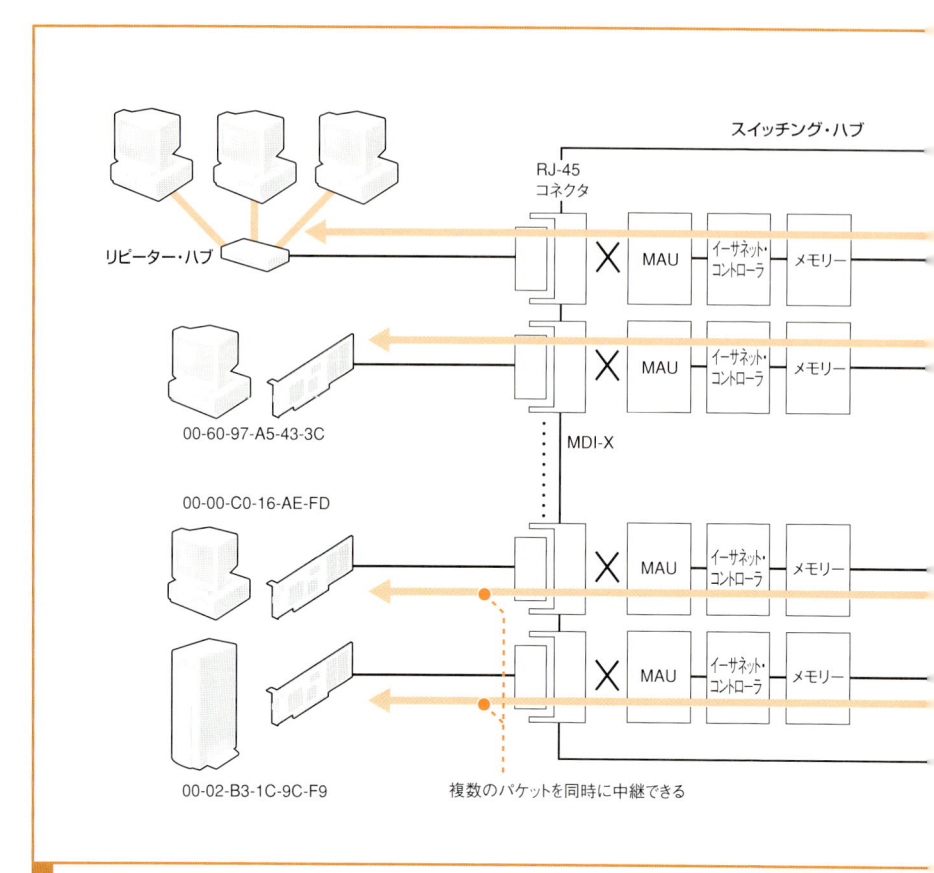

図3.7　スイッチング・ハブの仕組み

パケットを送ります。たとえば、2番ポートから7番ポートにパケットを運ぶものとすると、信号は、入力側の2番から入ってくるはずです。そのとき、この線の横に並ぶスイッチの左から6個までを横方向に、7個目のスイッチを縦方向に切り替えます。すると、図のように信号は出力側の7番に流れていき、その先の7番ポートにパケットが届きます。信号の交点にあるスイッチは、それぞれが独立して動きますから、信号が重ならなければ、複数の信号を同時に流すこともできます。

MACアドレス	ポート	制御情報
00-60-97-A5-43-3C	2	…
00-00-C0-16-AE-FD	7	…
00-02-B3-1C-9C-F9	8	…
……	…	…

パケットを中継する中核部分。構成は製品によって異なる

MACアドレス・テーブル

スイッチ回路

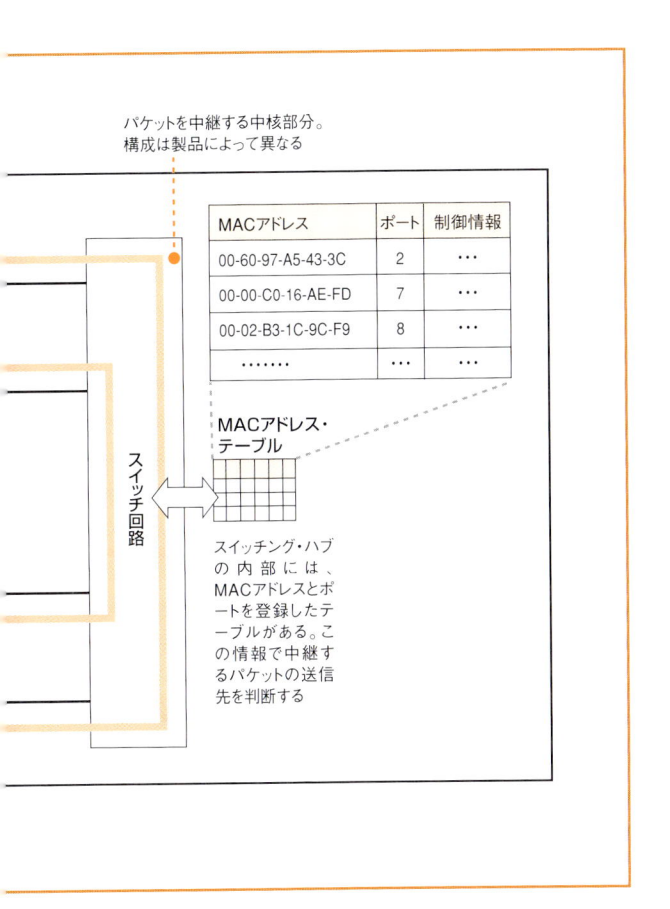

スイッチング・ハブの内部には、MACアドレスとポートを登録したテーブルがある。この情報で中継するパケットの送信先を判断する

　このスイッチ回路を経由して送信側のポートにパケットを運んだら、送信動作を実行します。その動作はLANアダプタの送信動作と似ています。イーサネットのルールに従って、まず、誰かが送信中でないことを確認します。つまり、MAUの受信部分に信号が流れ込んできていないかどうか確認します。誰も送信していなければパケットをデジタル・データから信号に変換して送信します。誰かが送信中ならそれが終わるのを待ってから送信します。送信動作を行っている間、受信信号を監視するところもLANアダプタと同

スイッチ回路

入力側 1〜8
出力側 1〜8

スイッチで信号が流れる先を切り替える。スイッチは電子回路で作られており、高速に開閉できる

複数の信号を同時に流すことができる

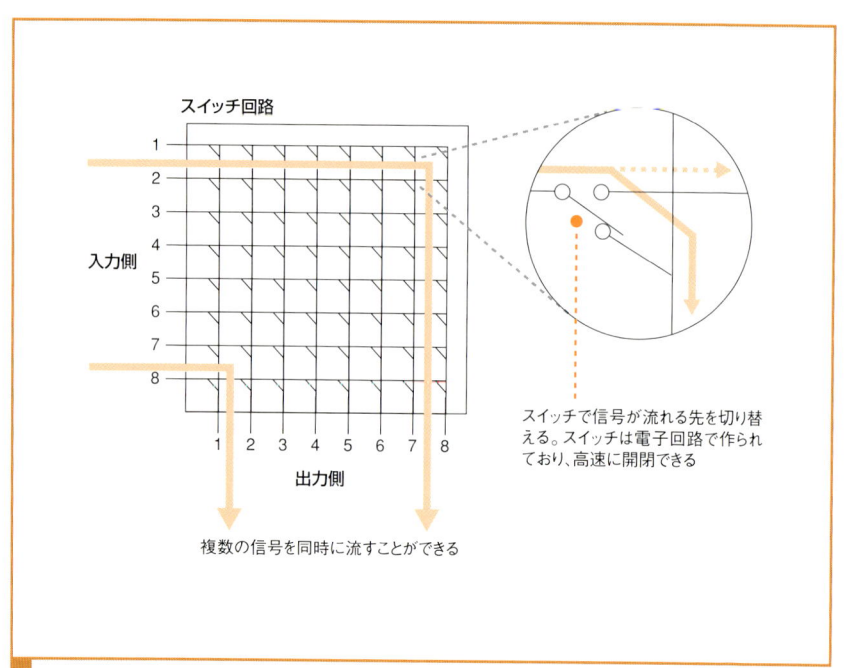

図3.8　スイッチ回路の考え方

じです。送信動作中に他の機器が送った信号が受信側に入ってきたら、パケットが衝突したことになりますから、そうしたらジャミング信号[*]を送ってから送信動作を中止し、しばらく待ってから送り直します。これもLANアダプタと同じです。

■MACアドレス・テーブルの登録・更新

　スイッチング・ハブは、パケットを中継する動作だけでなく、MACアドレス・テーブルの内容を更新する動作も実行します。更新動作は2種類あります。

　一つは、パケットを受信したときに、送信元MACアドレスを調べ、それを受信した入力ポート番号とセットにしてMACアドレス・テーブルに登録

することです。パケットを送信した機器は、そのパケットが入ってきたポートの先にあるはずですから、このように登録しておけば、そのMACアドレス宛てのパケットを受信したときに、正しいポートへ転送できます。スイッチング・ハブはパケットを受信する都度、送信元をMACアドレス・テーブルに登録しますから、時間が経過すれば、そこにネットワーク上の機器がどんどん登録されていきます。

　MACアドレス・テーブルの更新動作はもう一つあります。たとえば、自分のデスクで使っていたノート・パソコンを会議室に持ち込んで使うような場合がありますが、このように機器が移動するとどうなるでしょう。スイッチング・ハブから見れば、それまで接続されていたノート・パソコンがなくなってしまったことになります。この状態で、なくなったノート・パソコン宛のパケットを受信すると、もうノート・パソコンはそこにないにもかかわらず、ノート・パソコンがつながっていたポートからパケットを送ってしまいます。これでは正しく通信できませんから、古い情報は消さなければいけないのです。しかし、ノート・パソコンがなくなってしまったことをスイッチング・ハブに知らせる方法はないので、古い情報は残ったままになります。それでは困るので、MACアドレス・テーブルに登録したものは、そのままにするのではなく、使わずに一定時間経過したら削除することになっています。

　移動先の会議室のスイッチング・ハブの動きも見てみましょう。こちらの方は、ノート・パソコンを接続し、そこからパケットを送ったときに、MACアドレス・テーブルにMACアドレスが登録されます。移動した先では、特別な処置を講じなくても、正しく動くようになる、ということです。

　この二つを合わせて考えると、コンピュータが移動するようなケースでの不都合を防ぐには、使わずに一定時間経過したら古い情報をMACアドレス・テーブルから削除する、という対策をとるだけでよいことがわかります。

　MACアドレス・テーブルから消すまでの時間は、通常、数分程度ですから、古い情報が消える前に機器を移動してしまう場合もあるでしょう。する

と、パケットは古い場所に送られてしまい、正しく動きません。そのような場合は、スイッチング・ハブをリセットするとよいでしょう。そうすれば、MACアドレス・テーブルは全部消去され、新しい情報が登録されます。

　こうして、MACアドレス・テーブルの内容はスイッチング・ハブ自身が自分で登録したり削除しますから、手動で登録したり削除する必要はありません[注7]。MACアドレス・テーブルの内容がおかしくなってしまったような場合も、機器をリセットしてMACアドレス・テーブルの内容を全部消してしまえば、そこから新たにアドレスが登録されますから、その面でも手動での更新は必要ないといえるでしょう。

例外的な動作

　これがスイッチング・ハブの基本的な動作ですが、例外的な動作もあるのでそれも説明しましょう。たとえば、アドレス・テーブルで一致する行を探し出したとき、アドレス・テーブルに登録されている送信ポートがパケットを受信したポートと同じだったとしましょう。こういう状況は、**図3.9**のように、スイッチング・ハブにリピータ・ハブが接続されている場合に起こります。まず、パソコンAから送ったパケットはリピータ・ハブに届き、そこから全ポートにばらまかれて、スイッチング・ハブとパソコンBに届きます（図3.9①）。このとき、スイッチング・ハブが届いたパケットを中継すると、同じパケットをリピータ・ハブに送り返すことになります（②）。すると、リピータ・ハブでばらまかれて、パソコンAとパソコンBにパケットが届きます。その結果、パソコンBには同じパケットが二つ届き、パソコンAにも送信したパケットと同じパケットが届くことになります。これでは、ネットワークは正しく動きません。そのためスイッチング・ハブはパケットを受信したポ

注7） 管理機能を備えた上位機種は手動でアドレスを登録したり抹消する機能を持っていますが、安価な機種は手動でMACアドレス・テーブルを更新する機能を持たないので、手動で更新しようと思ってもできません。

ートと送信するポートが同じ場合は、パケットを中継せずに棄てることになっています。

　ほかにもMACアドレス・テーブルに宛先MACアドレスと一致するアドレスが登録されていないケースがあります。そのアドレスの機器からパケットが一度もスイッチング・ハブに届いていない場合や、ある程度時間が経過してMACアドレス・テーブルから削除されてしまったような場合です。そういう場合は、どのポートから送信すべきか判断できませんから、パケットを受信したポートを除く全ポートからパケットを送信します。宛先MACアドレスの機器はどこかに存在するはずですから、それでパケットは届きます。機器が存在しないポートへも送信してしまいますが、それでも問題は起こりません。イーサネットは、元々、ネットワーク全体にパケットを送り、該当者だけが受信するという仕組みで成り立っているので、機器が存在しないポート

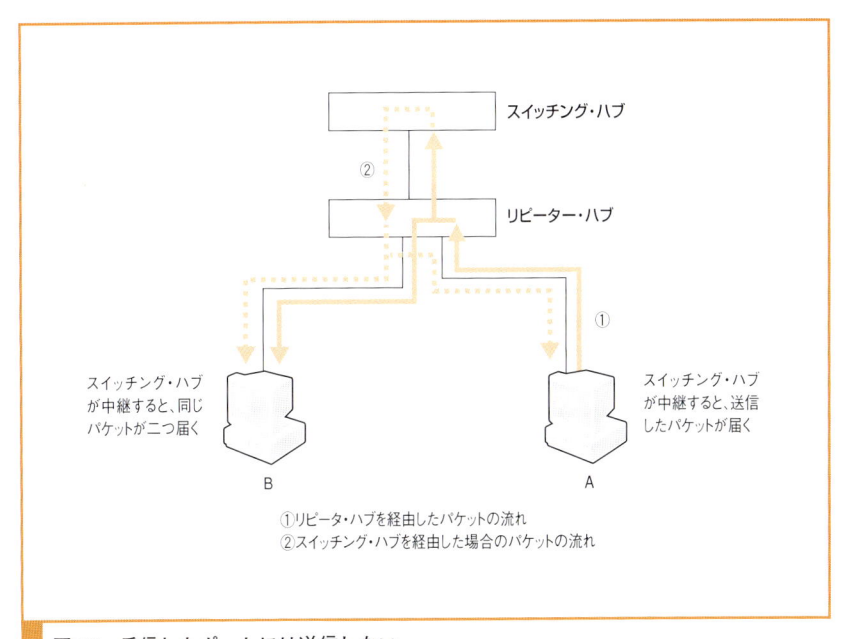

図3.9　受信したポートには送信しない

からパケットを送信しても、無視されるだけだからです。

　不要なパケットを送ることになるので、LANが混雑しているときは多少迷惑といえるかもしれませんが、神経質になる必要はありません。パケットを送ると何らかの応答が返り、そのときアドレスがテーブルに登録されますから、2回目以後はネットワーク全体にパケットを送ることはなくなります。LANには1秒間に数千個以上のパケットが流れるので、それが一つや二つ増えても大きな問題にはならないわけです。

　宛先MACアドレスがブロードキャスト・アドレス*だった場合にも、受信ポートを除く全ポートからパケットを送信します。

■衝突に関する振る舞いとハブ接続台数の制限

　イーサネットの基本動作は宛先MACアドレスで示す機器にパケットを届けることにあります。リピータ・ハブもスイッチング・ハブも、このイーサネットの基本動作を実現することに変わりはありませんから、その意味では、両方を同じものと考えてもよいかもしれませんし、実際、同じものとして使う場面も多いでしょう。しかし、そこには違いもあります。その違いで一番大きなものは衝突に関する振る舞いでしょう（**図3.10**）。

　リピータ・ハブは信号を中継するときに、出力側のポートに信号が流れていても、つまり、他の機器が送信動作を行っている場合でも、おかまいなしに信号を送ってしまいます。すると、パケットはそこで衝突を起こします。衝突を避けるためには、出力側ポートの送信動作が終わるまで待たなければならないのですが、そうするには、入ってきた信号を一時的に保管しておかなければいけません。具体的には、信号をデジタル・データに戻してバッファ・メモリーに保管しなければならないわけです。しかし、リピータ・ハブは、単に入ってきた信号を全体にばらまくだけの機能しかなく、デジタル・データに戻すための回路も、保管するメモリーもありません。ですから、信号を出力するときに衝突を避けることができないのです。

スイッチング・ハブの方は、アドレスを調べてパケットの中継先を判断するために、一度信号をデジタル・データに戻して、バッファ・メモリーに格納します。衝突を回避するための仕掛けは揃っているといえます。あとは、送信時に他の機器が送信中かどうか調べてから送信するという、イーサネットの基本的な送信動作を実行するだけで、衝突を回避できることになりますし、実際にそうします。それでも、送信する時に出力側で同時に送信を開始する機器が他にもあれば衝突を起こしますが、その場合はイーサネットのルールに従って出力側ポートが再送動作を行います。

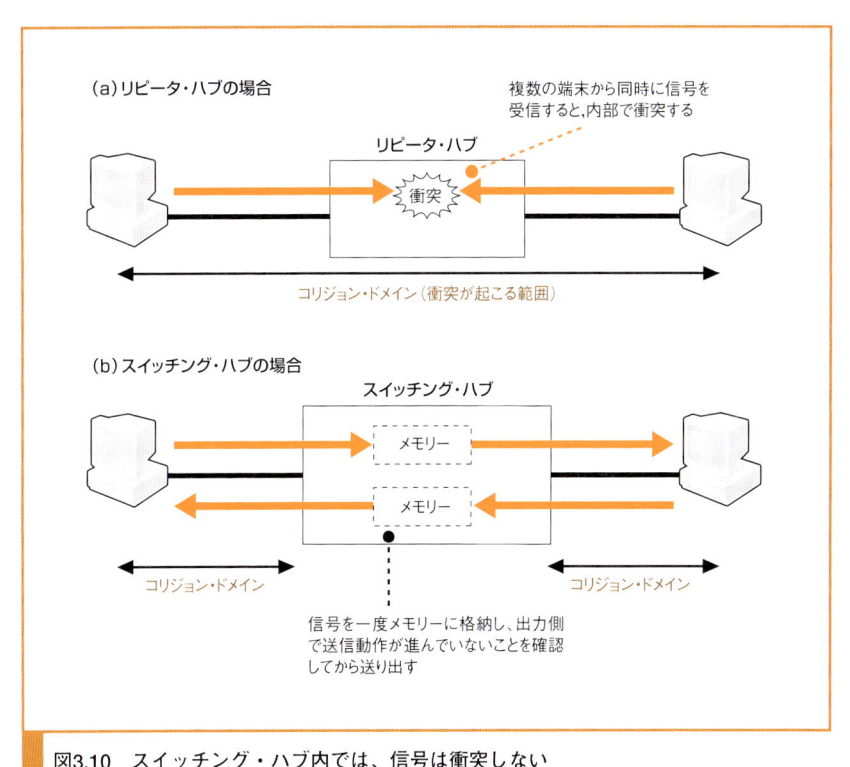

図3.10　スイッチング・ハブ内では、信号は衝突しない
スイッチング・ハブは、信号をいったんバッファ・メモリーに蓄え、出力側の端末が送信動作に入っていないことを確かめてから送り出すため、パケットの衝突は起こらない。

表3.2 イーサネットに設けられた制限

項目	制限内容
ケーブル長	ツイストペア・ケーブルは100メートル以内
リピータ・ハブの接続台数	10メガビット／秒のイーサネットの場合は、4台以内。100メガビット／秒のイーサネットの場合は、2台以内。ただし、100メガビット／秒の場合、ハブ同士を接続するケーブルは5メートル以内

　この動作の違いはLANを設計するところに影響します。イーサネットはケーブルの長さやリピータ・ハブの接続台数などに制限が設けられており（**表3.2**）、LANを設計するときはこの制限を守らないといけません。ところが、スイッチング・ハブは衝突の動作が違うので、この制限を受けません。つまり、スイッチング・ハブは何台でも接続できるということです[注8]。この制限がない分、自由にLANを設計できることになります。

スイッチング・ハブは全2重

　ツイストペア・ケーブルの信号線は送信用と受信用が分かれていますから[注9]、ツイストペア・ケーブルの途中で信号が衝突することはありません。MAUの内部も送信と受信が分かれており、両方が別々に動きます。イーサネット・コントローラの内部も送信と受信が分かれています。ですから、信号を送受信する動作の途中で信号が衝突することはありません。ではどこで信号が衝突するのでしょうか。それはリピータ・ハブのリピータ回路の部分です。複数のポートから信号が入ってくると、リピータ回路で信号が交じり合ってしまい、それが衝突になるわけです。

　では、スイッチング・ハブを見てみましょう。こちらには衝突の原因となるリピータ回路がありません。スイッチング・ハブのスイッチ回路で衝突することはありませんし、他にも信号が衝突する個所はありません。衝突が起こらなければ、送信と受信の両方を同時に行ってもかまわないことになります。それが全2重動作の発想です。そして、この全2重が登場した後、リピ

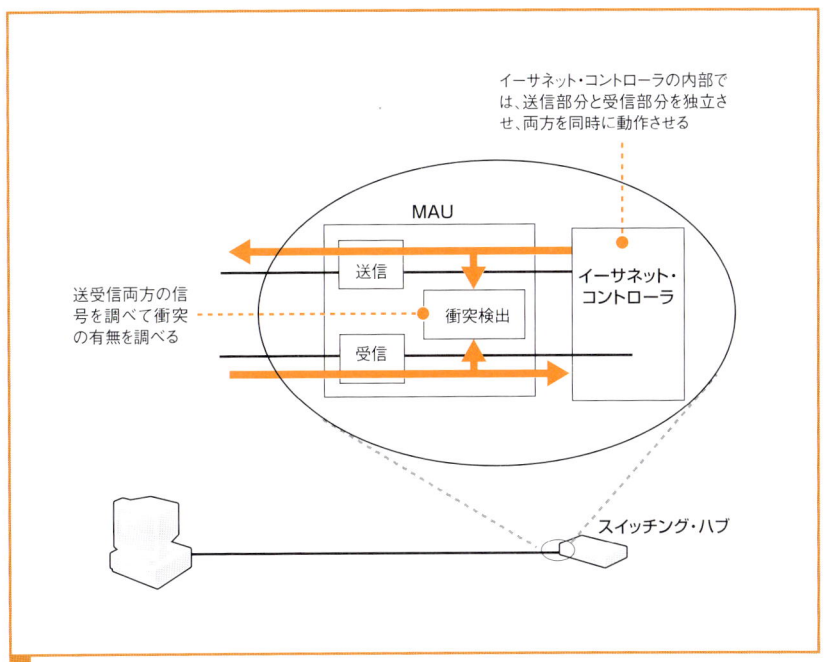

図3.11　全2重動作の考え方
MAUの送信部分と受信部分の間には、信号の衝突を調べる部分がある。送信と受信を同時に行う全2重動作の場合は、この働きを無効にする。

図中のラベル：
- イーサネット・コントローラの内部では、送信部分と受信部分を独立させ、両方を同時に動作させる
- MAU
- 送信
- 衝突検出
- 受信
- イーサネット・コントローラ
- 送受信両方の信号を調べて衝突の有無を調べる
- スイッチング・ハブ

ータ・ハブの衝突が起こる動作を半2重と呼ぶようになりました。

　全2重動作は、送信時に信号が流れていても、それが終わるのを待つ必要がないので、その分だけ半2重動作より速く動作します[注10]。両方向に同時に送信できるので、送信できるデータ量の上限も高く、性能が高いといえます。

　これが全2重動作の考え方ですが、実際の動作は若干違います。スイッチ

注8）ケーブルの長さはリピータ・ハブを使うときと同様に100メートルを超えることはできません。
注9）ギガビット・イーサネットは、送信用と受信用が分かれておらず、同じ線に送信と受信の信号を両方流しますが、MAUの直前に送信と受信の信号を分離する回路があるので、送信と受信の信号が衝突することはありません。
注10）データ量が少なく、送信時に待ちがなければ、半2重と全2重の速度は変わりません。

ング・ハブのMAUには衝突を検出する回路があり、リピータ・ハブを使う半2重動作の場合は、そこで衝突を検出します。そうしないと正しく動かないからです（**図3.11**）。しかし、それが有効だと全2重動作のときに衝突と勘違いしてしまいますから、全2重動作のときはその回路を無効にします。具体的には、スイッチング・ハブやLANアダプタには動作モードがあり、そのモードによってMAUの衝突検出回路を有効にしたり無効にしたり切り替えます。これが動作モードの切り替えです。

最適な伝送速度で送るオート・ネゴシエーション

　今の機器は、この動作モードの切り替えを自動で行います。接続した相手が全2重動作に対応しているか否かを検出して、動作モードを自動的に切り替えるのです。動作モードだけでなく、相手の伝送速度も検出して切り替えます。この自動切り替え機能を「オート・ネゴシエーション」と呼びます。この機能はイーサネットに後から追加されたもので、昔はこの機能が影響して障害を起こすことがありました。そのため、この機能を毛嫌いする人もいます。しかし、障害の本当の原因は、この機能自身が悪いのではなく、この機能の正しい知識を持たなかったところにありました。少し難しい話ですが、そういった過ちを犯さないために、この機能も探検してみましょう。

　イーサネットはデータが流れていないときには、リンクパルスというパルス型の信号を流すことになっています。データが流れていないときにこの信号を流すことで、常時何らかの信号が流れることになり、それで相手が正しく動いているか、あるいは、ケーブルが断線していないかどうか、といったことを確認するわけです。イーサネットの機器にはコネクタの周辺に緑色LEDのインジケータが付いており、それでパルス型の信号が流れているかどうかを表します。これが点灯していれば、MAUとケーブルには異常がないことになります[注11]。

　ツイストペア・ケーブルを使うイーサネットが最初に作られたとき、この

> 奇数番目のパルスは信号のタイミングを計るためのもので、一定間隔で送信することになっている。これには意味はない

> 偶数番目のパルスは送る場合と送らない場合があり、そのパターンに意味を持たせる。これで動作モードなどを相手に伝える

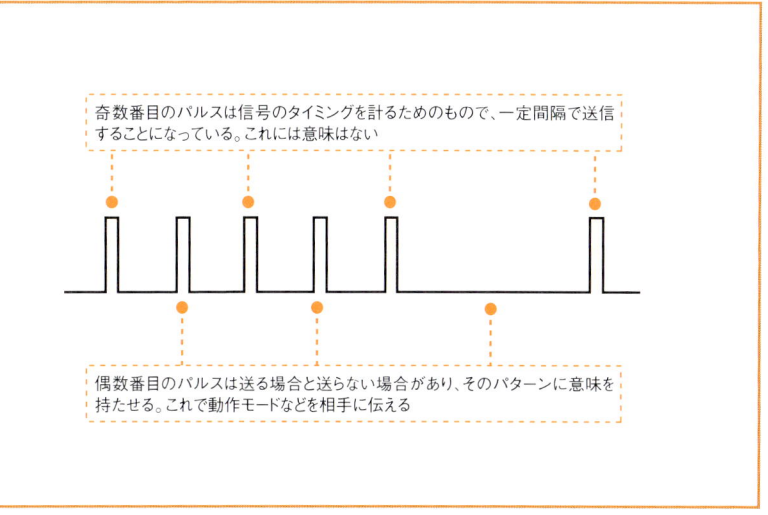

図3.12　データを送信しない時に流す信号

　パルス信号は一定間隔で送るという規定しかありませんでした。そのため、動作確認用にしか使えなかったのですが、後に、**図3.12**のように特定のパターンでパルス信号を送信することで、自分の状況を相手に伝える方法が考案されました。オート・ネゴシエーション機能は、これを利用します。つまり、このパターンによって対応可能な動作モードと伝送速度を互いに通知し合い、その中で最適な組み合わせを選んでそれぞれが自分自身を設定します[注12]。

　具体的な例を考えてみましょう。仮に、**表3.3**のように、LANアダプタはすべての速度と動作モードに対応し、スイッチング・ハブは100メガビット／

注11）イーサネット・コントローラ、バッファ・メモリ、バス信号線といった部分の異常はこのLEDでは判断できません。
注12）この機能に対応していない古い機器はパルスにパターンがないため、動作モード正しく伝えることができません。これをオート・ネゴシエーション機能を持つ機器に接続すると正しく動かないわけです。これが障害を起こす原因です。オート・ネゴシエーション機能に対応していない古い機器と接続するときは、オート・ネゴシエーション機能を無効にして手動で動作モードを設定しないといけなかったわけです。

表3.3 オート・ネゴシエーションの例

たとえば下の組み合わせのような場合は、100メガビット／秒の全2重モードとなる。

伝送速度、動作モード	LANアダプタ	スイッチング・ハブ
1ギガビット／秒の全2重	○	×
1ギガビット／秒の半2重	○	×
100メガビット／秒の全2重	○	○
100メガビット／秒の半2重	○	○
10メガビット／秒の全2重	○	○
10メガビット／秒の半2重	○	○

秒の全2重モードまでしか対応していないものとしましょう。両方の機器は電源を入れ、ハードウエアの初期化動作が終わったら、自分が対応する速度と動作モードをパルス信号で送り始めます。すると、その信号が相手に届きます。そこで、パルスのパターンを読み取って相手がどのモードに対応するか調べます。モードには優先順位が決まっており、その順位の高いものから順に調べ、自分と相手の両方が対応しているものを探します。表3.3はその優先順に従って書いてありますから、この表の上から順に調べることになります。すると、両方が対応しているのは表の3行目から下の部分だとわかります。上にあるものが優先順位が高いので、この例だと100メガビット／秒の全2重モードが最適な組み合わせということになり、両方はそのモードで動き始めます。

■スイッチング・ハブは複数の中継動作を同時に実行

リピータ・ハブは、入ってきた信号をLAN全体に伝えますから、同時に一つのパケットしか扱えません。二つ以上のパケットを同時に扱うと、パケットが衝突してしまうからです。

しかし、スイッチング・ハブは、宛先MACアドレスが存在するポート以

外には送信動作を行わないので、他のポートは空いた状態になります。図3.7の例であれば、一番上と下のポートにパケットが流れていたとき、その他のポートは空いた状態になります。空いているのですから、そこで別のパケットを流すことができます。そうすることで、同時に複数のパケットを中継でき、機器全体で中継できるパケットの数はリピータ・ハブより多くなります。

ルーターとスイッチング・ハブの違い

　リピータ・ハブやスイッチング・ハブを経由したパケットは、やがてルーターにたどり着き、そこからインターネットに出て行きます。そのルーターでの動きも探検してみましょう。ルーターにはパケットを中継するという基本機能に加えて、IPヘッダーの中にあるIPアドレスを書き換えたり、設定した条件に合致するパケットを意図的に棄てるといった付加機能があります。最初からそうした付加機能まで取り上げるとわかりにくくなるので、とりあえず基本機能だけに着目しましょう。

　ルーターの内部構造はスイッチング・ハブと似ています。絵にすると図3.7とほとんど変わりませんから、この図を見ながら動作を追いかけることにしましょう[注13]。

　最初はパケットを受信するところです。ポート周辺の構造はスイッチング・ハブとまったく同じなので、パケットを受信してバッファ・メモリーに格納するところまでの動作もほとんど変わりません。しかし、一つだけ違いがあります。ルーターのポートにはMACアドレスが割り当てられており、そのアドレスに該当するパケットだけ受信し、該当しないものは棄ててしまうのです。その意味では、コンピュータのLANアダプタと同じと考えた方がよ

注13）　なお、スイッチング・ハブは中央部分にスイッチ回路があり、ポート間で行き来するパケットがそこを通りますが、ルーターはバス信号線などでポート間を結ぶ構成が一般的です。

いかもしれません。

　この後、内部にあるテーブルに登録されている情報に従って出力先のポートを判断してパケットを送信するところもスイッチング・ハブに似ていますが、テーブルに登録されている情報が全然違いますし、出力先ポートを判断する方法も違います。ルーターのテーブルは「ルーティング・テーブル」あるいは「経路表」と呼び、そこにはMACアドレスではなくIPアドレスが登録されています。TCP/IPソフトの内部にある経路表と同じようなものです。パケットを送信する動作も、TCP/IPソフトのIPと基本的には同じです。

　IPの基本動作は、パケットのIPヘッダーにある宛先IPアドレスに該当するものを経路表の中から探し出し、そこに書いてあるポートからパケットを出力することです。パケットの宛先とテーブルの登録内容を照合し、テーブル中から該当するものを探すという動作はスイッチング・ハブに似ていますが、MACアドレスとIPアドレスでは該当するものを探す方法が違います。

　MACアドレスは48ビットの連続したビット列であり、テーブルにはその48ビットの値をそのまま登録します。そして、パケットの宛先MACアドレスとテーブルに登録したMACアドレスが完全に一致するかどうかを調べるだけです。一方、IPアドレスの方は、32ビットのビット列を「ネットワーク番号」と「ホスト番号」に分け、ネットワーク番号の部分だけ経路表に登録する場合と、ネットワーク番号とホスト番号を合わせたIPアドレス全体を登録する場合の二つがあります。しかも、ネットワーク番号とホスト番号のビット配分は固定されていませんから、ビット配分を調べながら該当するものを探さなければいけません。MACアドレスの時より数段複雑なのです。

■ネットワーク番号とホスト番号

　ここから先、探検ツアーはルーター内部の詳細な動作に入って行きますが、その部分を理解するにはIPアドレスの理解が不可欠です。少し横道にそれますが、探検を進める前にIPアドレスの概要を整理しておきましょう。

IPアドレスは「何丁目、何番地」という住所と同じように二つの部分から構成されています（**図3.13**）。その「丁目」に相当するものがネットワーク全体を構成する最小単位のネットワークとなります。TCP/IPは、丁目に相当する小さなネットワークをたくさん集めて、全体の大きなネットワークができていると考えるわけです。そして、その最小単位のネットワークに割り当てる番号が「ネットワーク番号」です。一方、「番地」に相当するものが1台1台の機器に割り当てる「ホスト番号」です。この二つを合わせたものがIPアドレスだということです。

アドレスを割り当てるルールも丁目や番地と同じです。まず、丁目に相当する個々のネットワークに他と重複しない固有の番号を割り当てます。そして、そこに所属する機器の個々には、そのネットワークの中で他と重複しないようにホスト番号を割り当てます。丁目が違えば同じホスト番号を割り当ててもかまいませんが、同じ丁目の中に同じホスト番号が二つあるとパケットを運ぶ動作で異常が起こり、同じ番号を割り当てたコンピュータ全部が

	10進数表記	左の10進数表記をビットに直したもの
IPアドレス	10. 1. 2.3	00001010.00000001.00000010.00000011
ネットマスク	255.255.255.0	11111111.11111111.11111111.00000000

　　　　　　　　　　　　　　　　ネットワーク番号　　　　　　　　　ホスト番号

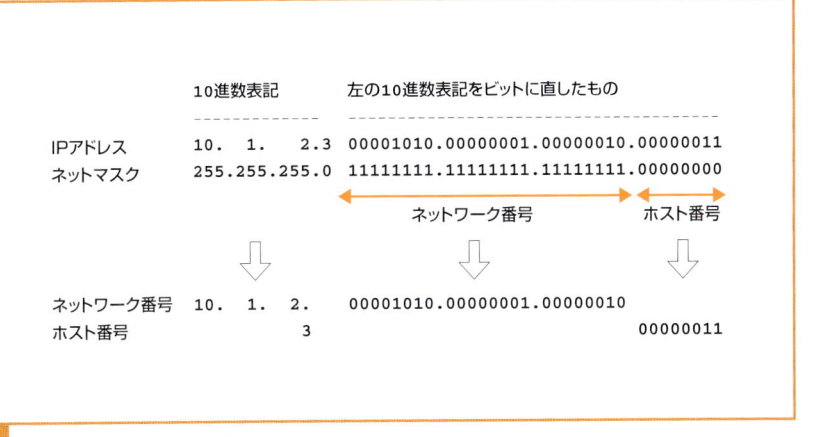

| ネットワーク番号 | 10. 1. 2. | 00001010.00000001.00000010 |
| ホスト番号 | 3 | 00000011 |

図3.13　IPアドレスの構造
　　　　ネットマスクでネットワーク番号とホスト番号の境界を表す。この例は、境界がバイトの境界と一致している。つまりピリオドの位置と一致しているが、バイトの途中に境界を置いてもかまわない。

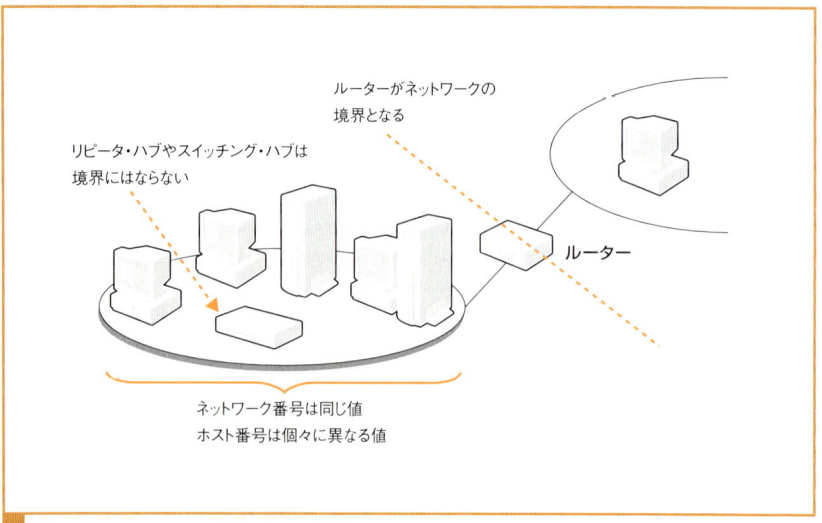

図3.14 IPアドレス割り当ての原則

- ルーターがネットワークの境界となる
- リピータ・ハブやスイッチング・ハブは境界にはならない
- ルーター
- ネットワーク番号は同じ値
- ホスト番号は個々に異なる値

通信できなくなってしまいます。アドレスを割り当てるときはこの点に注意しなければいけません。

なお、TCP/IPのネットワークで丁目を分ける境界の役割を持つのがルーターです（**図3.14**）。ハブやスイッチング・ハブは境界にならないので、それをまたいでも丁目は変わりませんが、ルーターを越えると丁目（ネットワーク番号）が変わります。これがIPアドレスの基本的な考え方です。

■ ネットワーク番号とホスト番号を分けるネットマスク

IPアドレスは、ネットワーク番号とホスト番号のビットを合計すると32ビットになりますが、その内訳は固定されていません。32ビット中の何ビットがネットワーク番号を表し、何ビットがホスト番号を表すかといった両者のビット配分は、「ネットマスク*」という値で決めることになっています。そのため、32ビットのIPアドレスだけでは、IPアドレスの内容を正しく表現できません。つまり、IPアドレスとネットマスクの二つがワンセットとなって

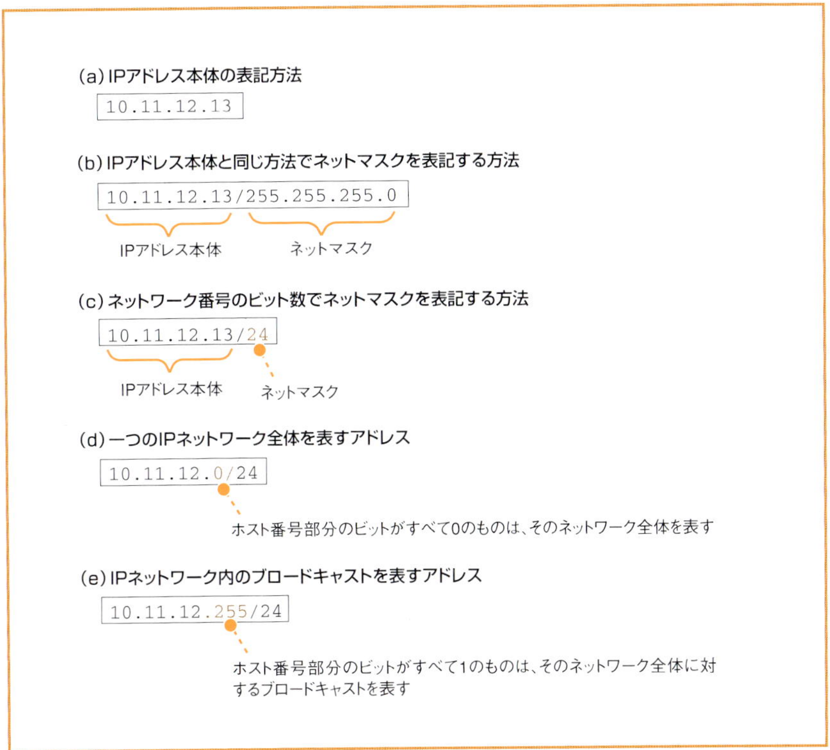

```
(a) IPアドレス本体の表記方法
  10.11.12.13

(b) IPアドレス本体と同じ方法でネットマスクを表記する方法
  10.11.12.13/255.255.255.0
  IPアドレス本体  ネットマスク

(c) ネットワーク番号のビット数でネットマスクを表記する方法
  10.11.12.13/24
  IPアドレス本体  ネットマスク

(d) 一つのIPネットワーク全体を表すアドレス
  10.11.12.0/24
  ホスト番号部分のビットがすべて0のものは、そのネットワーク全体を表す

(e) IPネットワーク内のブロードキャストを表すアドレス
  10.11.12.255/24
  ホスト番号部分のビットがすべて1のものは、そのネットワーク全体に対するブロードキャストを表す
```

図3.15　IPアドレスの表記法

はじめて、ネットワーク番号とホスト番号の値を正しく表現できるのです。ですから、IPアドレスを書くときはこの二つを併記します。その書き方にはいくつかの流儀があるので、それも紹介しておきましょう。

まず、IPアドレスですが、こちらは32ビット分を1バイトずつ四つの部分に区切って、それぞれを10進数で表します（**図3.15**（a））。

ネットマスクの方には表記方法が二つあります。一つは、ネットマスクの値をIPアドレス本体と同じように1バイトずつ区切って10進数で表すものです（**図3.15**（b））。この方法でネットマスクを書くときは、IPアドレスとネットマスクをビット値（2進数）で表現して、それぞれのビット位置を合わ

せ、ネットマスクが「1」となっている個所はネットワーク番号を表し、ネットマスクが「0」となっている個所はホスト番号を表すことになっています（図3.13）。そして2進数の「11111111」は10進数「255」になるので、たとえば、10.11.12.13/255.255.255.0というIPアドレスがあったら、左の24ビット分（10.11.12）がネットワーク番号で、右の8ビット分（13）がホスト番号となります。

　もう一つの表記方法は、ネットワーク番号のビット数を10進数で表し、アドレス本体の後に「/」で区切って付加するものです（図3.15（c））。たとえば、10.11.12.13/24というIPアドレスがあったら、左から24ビット分がネットワーク番号で、残りがホスト番号となります。

　また、ホスト番号部分のビット値がすべて0のものと、1のものは特別な意味を持ちます。ホスト番号部分がすべて0だと個々の機器を表すのではなく、ネットワーク番号を割り当てたネットワーク全体を表します（図3.15（d））。また、ホスト番号部分がすべて1だと、そのネットワークの全員にパケットを送るブロードキャストを表します（図3.15（e））。

■経路表に登録される情報

　IPアドレスがわかったら、ルーター内部の探検に戻りますが、その前にもう一つだけ、予備知識を仕入れておきましょう。それは、ルーターの動作に密接な関係を持つ経路表の内容と意味です。経路表には、**図3.16**のような情報が登録されています[注14]。

　一番左側の欄には、宛先のIPアドレスが入ります。ルーターはこの欄に登録されているIPアドレスと受信したパケットの宛先IPアドレスを見比べて、その行が該当するかどうか判断します。ここには、ネットワーク番号だけ登録する場合と、ホスト番号を含めた32ビット分のIPアドレスを登録する場合の二つがあるため、どちらが登録されているか判断する情報が必要です。

　ネットマスクの考え方は図3.15（b）にあるネットマスクと似ています[注15]。

宛先アドレス	ネットマスク	ゲートウエイ	インタフェース	メトリック
10.10.1.0	255.255.255.0	——	e2	1
10.10.1.101	255.255.255.255	——	e2	1
192.168.1.0	255.255.255.0	——	e3	1
192.168.1.10	255.255.255.255	——	e3	1
0.0.0.0	0.0.0.0	192.0.2.1	e1	1

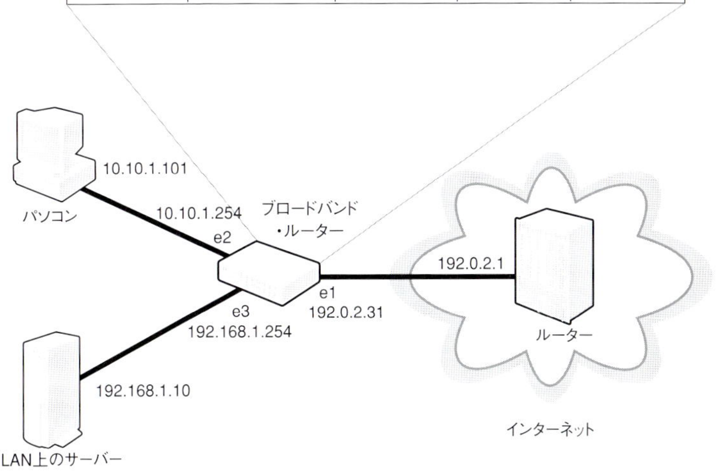

図3.16 経路表に従ってルーターはパケットを転送する

IPアドレスはビット配分が決まっていませんから、パケットの宛先アドレスと経路表の宛先アドレス欄を照合するときに、何ビット分照合すればよいのかわかりません。そこで、ネットマスク欄の値によって照合するビット数を

注14) これは、考え方を表したもので実際のルーターの経路表がこれと同じだというわけではありません。
注15) アドレス集約という考え方があるため、経路表に登録されているネットマスク値は、その宛先アドレスが示すIPネットワークに割り当てたネットワーク番号のビット数と異なる場合もあります。

判断するわけです。

　ただ、このネットマスク欄の意味は、IPアドレス中のネットワーク番号のビット数を表す、という本来のネットマスクの意味とは少し違います。経路表で宛先アドレスを探すときの比較動作を実行するビット数を表しているのに過ぎません。

　次に、ネットマスクの右にあるゲートウエイ欄とインタフェース欄はパケットを中継する相手を表します。宛先アドレスとネットマスクで該当行を探し出したら、インタフェース欄に登録されているインタフェースからゲートウエイ欄に登録されているIPアドレスを持つルーターに対してパケットを送るわけです。

　最後のメトリックは、宛先IPアドレスに記載されている目的地が近いか遠いかを表します。ここに登録されている数が小さい場合は、目的地が近くにあり、数が大きい場合は遠いことを表します。

■経路表を検索して出力ポートを見つける

　経路表の内容がわかったらパケット中継動作を追いかけてみましょう。たとえば、図3.16のような状況で、10.10.1.101のパソコンから192.168.1.10というサーバー宛に送ったパケットがルーターに入ってきたとしましょう。ルーターはそのパケットを受信してバッファ・メモリーに格納し、経路表で中継先を探します。まず、受信したパケットの宛先IPアドレスと経路表の宛先アドレス欄を比較します。そのとき、32ビット全部を比較するわけではありません。ネットマスク欄に登録された値を32ビットのビット値とみなして、ビット値が1の部分だけ比較し、0の部分は比較せずに合致するものと見なします。ネットマスクの値は左側に1が連続して並び、右側に0が連続しており、その境界の場所でネットワーク番号とホスト番号の境界を表しますから、ビット値が1の部分だけ調べることで、ネットワーク番号の部分だけ比較することになります。宛先アドレス欄にホスト番号を含む32ビットのアド

レスを登録する場合は、ネットマスク値を255.255.255.255、つまり、32ビットが全部1になるようにします。こうすることで、ネットワーク番号だけのアドレスとホスト番号を含むアドレスを同じ方法で扱えるようになります。

　こうして該当するものを探すと、複数の候補が見つかるかもしれません。この例だと、3、4、5行目の三つが該当することになります[注16]。そうしたら、ネットワーク番号のビット数が最も長いものを探します。ネットワーク番号のビット数が長いということは、それだけ、範囲が絞り込まれていることを表すので、そちらを採用した方が中継先を正確に判断できると考えるわけです。これも図3.16の例で考えてみましょう。

　図の3行目は192.168.1.0という"ネットワーク"を表し、4行目は192.168.1.10という"サーバー"を表しています。サーバーが所属するネットワークを表すアドレスよりも、サーバーそのものを表すアドレスの方が範囲が絞り込まれていることになりますから、4行目を採用するというわけです。これで、候補が一つだけになればそれを中継先にします。しかし、ネットワーク番号の長さが同じものが複数行存在することもあります。その場合は、メトリック値で判断します。メトリック値が小さいほうが近回りだということになっていますから、値が小さい方を中継先として採用します。

　この例と違い、該当する行が一つも見つからない場合もあるかもしれません。その場合、ルーターはパケットを棄てます。そして、送信元にICMP*メッセージでその旨を通知します。ここがスイッチング・ハブと違うところですが、その理由は想定するネットワークの規模にあります。

　スイッチング・ハブは高々数千台程度の、あまり大きくないネットワークを想定して作られたものです[注17]。数千台という規模なら、中継先が見つか

[注16] 5行目が該当する理由は後で説明しますので、ここでは該当するとだけ覚えておいてください。
[注17] この規模の想定はイーサネットのものです。スイッチング・ハブ自身はそうした規模を想定して作ったのではありませんが、イーサネットの動作を基にして作ったものなので、想定する規模はイーサネットと同じことになります。

らなかったら全ポートにパケットをばらまく、という荒っぽい方法でも問題を起こしませんが、ルーターが想定するネットワークはもっと大きいものです。実際にインターネットには数億台以上のコンピュータが接続され、ルーターも数万台以上ありますから、そこで皆が中継先不明のパケットをばらまくと、大量のパケットがばらまかれることになってしまいます。ですから、ルーターは中継先不明のパケットを棄てるのです。

■ デフォルト・ゲートウエイで次のルーターへ

そうすると、今度は、ルーターに中継先を全部登録しなければならなくなります。LAN内部だけなら問題はありませんが、インターネットには中継先が数万以上あり、それを全部登録するのは大変です。

しかし、心配はいりません。図3.16の経路表の最後の1行が中継先を全部登録するのと同じ役割を持つからです。この行はネットマスクが「0.0.0.0」となっています。ここがポイントです。ネットマスクのビット値が0のところは、便宜上、合致したものとみなしますから、ビット値を全部0にしておくと、どんなアドレスでも合致することになり、中継先不明という事態は起こりません。

この行のゲートウエイ欄に、インターネットに出て行くルーターを登録しておけば、他に該当するものがない場合には、パケットをそちらに中継することになります。この行を「デフォルト経路」と呼び、そこに登録したルーターを「デフォルト・ゲートウエイ」と呼びます。パソコンのTCP/IP設定画面にデフォルト・ゲートウエイという項目がありますが、それと同じです。

これで、ネットワーク番号のビット数が固定されていなくても、正しい中継先を探し出すことができますし、宛先アドレスにネットワーク番号だけのアドレスとホスト番号まで含むアドレスの両方が混在していても、同じ方法で中継先を検索できます。さらに、中継先不明という事態も防ぐことができます。

■パケットには有効期限がある

　経路表で中継先を探し出したら出力側のポートにパケットを移して、そこから送信しますが、ルーターにはその前にやるべき仕事がいくつかあります。

　一つは、TTL（Time To Live）というIPヘッダーのフィールド（第2章の表2.2参照）を更新することです。TTLというフィールドはパケットの生存期限を表します。ルーターを経由する都度、この値を1ずつ減らしていき、それが0になったらパケットの期限が切れたものとみなして棄ててしまうのです。

　この仕組みは、パケットが同じ個所をぐるぐる回ってしまうことを防ぐためにあります。経路表に中継先が正しく登録されていればそうした事態は起こらないのですが、経路表に登録された情報に誤りがある場合や、回線障害などで迂回路に切り替える際に一時的に経路が乱れた場合などに、そうした事態に陥ります。

　送信元が最初にパケットを送信するときに64とか128といった値をセットしますから、その数だけルーターを経由したところでパケットの寿命は尽きることになります。今のインターネットは、地球の裏側までアクセスしても、経由するルーターの数は多くても30個程度なので、パケットが回り続けなければ、寿命が尽きる前に目的地に到着するはずです。

■大きいパケットはフラグメンテーション機能で分割

　ルーターのポートにつなぐのはイーサネットだけではありません。イーサネット以外のLANや通信回線をつなぐ場合もあります。つなぐ回線やLANの種類によってパケットの最大長が違いますから、出力側のパケットの最大長が入力側より小さいこともあります。パケットの最大長は同じでも、余分にヘッダーを付加することによって、パケットの実質的な長さが短くなること

もあります。ADSLやFTTHなどのいわゆるブロードバンド・アクセス回線でPPPoE*プロトコルを用いる場合がその例です。中継するパケットのサイズが出力側のパケット最大長を超えるようだと、そのままではパケットを送信できません。そういうときは、IPプロトコルで規定されたフラグメンテーションという方法を使ってパケットを分割して運びます。

そのときの動作は次のようになります（**図3.17**）。まず、出力側のMTU*

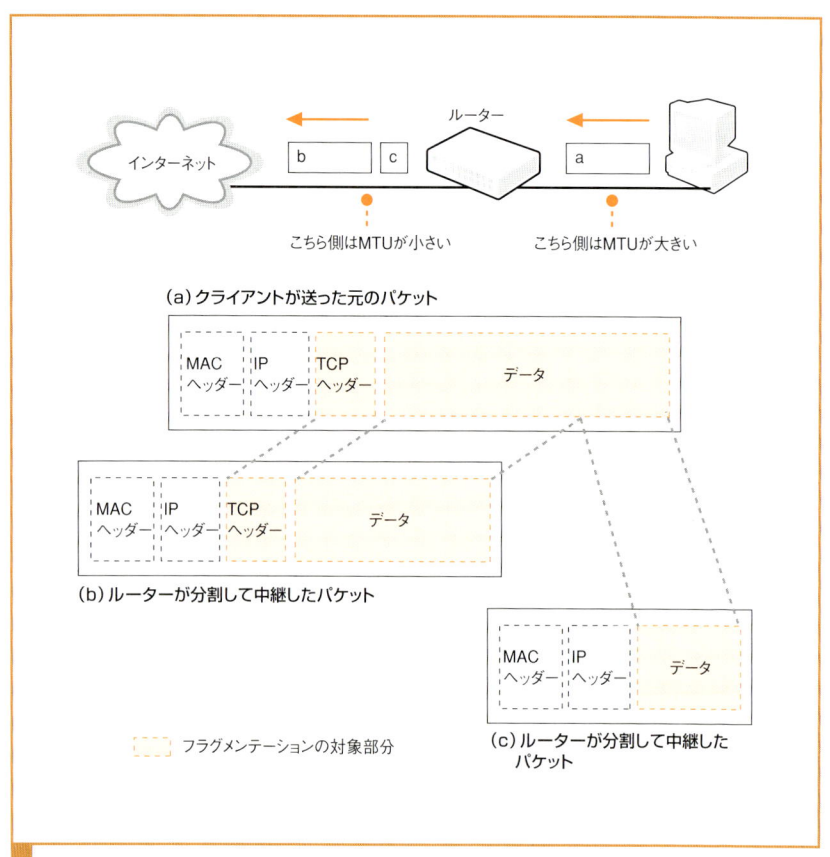

図3.17　パケットを分割するフラグメンテーション機能
　　　　TCPヘッダーはユーザー・データではないが、IPプロトコルの観点からみた場合にはデータとして扱われる。

を調べ、中継するパケットをそのまま出力側から送信できるかどうか確認します。出力側のMTUが十分大きく、分割しなくても送信できるようなら分割しません。出力側のMTUが小さい場合は、そこに格納できるサイズにパケットを分割しますが、その前に、IPヘッダーを調べてパケットがすでにフラグメンテーションで分割されたものかどうか確認します。

　一度分割したパケットは再度分割できないので、もし、パケットがすでに分割されていた場合は棄ててしまい、ICMPメッセージで送信元に通知します。そうでなければ、出力側のMTUに合わせてデータ部分を先頭から順番に切り離していきます。このとき、TCPヘッダー以後の部分を分割対象のデータとみなします。TCPヘッダーはユーザー・データではありませんが、IPにとってみればその部分はTCPから送信を依頼された部分なので、データということになります。これでデータを分割したら、そこにIPヘッダーを付けます。その内容は、元のパケットのIPヘッダーをそのままコピーしたものと考えればよいでしょう。ただし、一部のフィールドは書き直します。フラグメンテーションで分割した旨の情報をIPヘッダーに記載するためです。

ルーターの送信動作はコンピュータと同じ

　これで送信前の仕事は終わりですから[注18]、次はパケットの送信動作に移ります。

　パケットの送信動作の基本はTCP/IPソフトの内部にあるIPがパケットを送るときと同じです。MACヘッダーに値をセットしてパケットを完成させ、電気信号に変換して送ります。この部分をもう一度簡単におさらいしておきましょう。

注18) IPヘッダーには、エラー検出用のチェックサムというフィールドがあります。ルーターはTTLやフラグメンテーションによってIPヘッダーの中身を書き換えるので、それに応じてチェックサムの値を再計算しなければいけません。しかし、今は、ほとんどのルーターはそうしません。イーサネットにFCSがあり、そちらの方が正確にエラーを検出してくれるので、今ではほとんどの機器がチェックサムを使わないからです。

まず、経路表のゲートウエイ欄でパケットを渡す相手を判断します。ゲートウエイ欄にルーターのアドレスが書いてあれば、そのIPアドレスが渡す相手ですし、そこが空欄だったら、IPヘッダーの宛先IPアドレスが渡す相手になります。それで相手のIPアドレスが決まったら、ARP[*]でIPアドレスからMACアドレスを調べて、その結果を宛先MACアドレスにセットします。ルーターにもARPキャッシュがありますから、まずARPキャッシュを探し、該当するものがなかったらARPで問い合わせを送ってMACアドレスを調べるわけです。その次は送信元MACアドレスですが、これは出力側ポートのMACアドレスをセットします。そして、最後にタイプに0800（16進数）をセットします。

　これで送信パケットが出来上がったので、それを電気信号に変換してポートから送信します。その動作もコンピュータと同じです。ケーブルに信号が流れていないことを確認して信号を送り出し、もし衝突したら、しばらく待って送り直します。

　出力側がイーサネットではなく通信回線の場合もあるでしょう。通信回

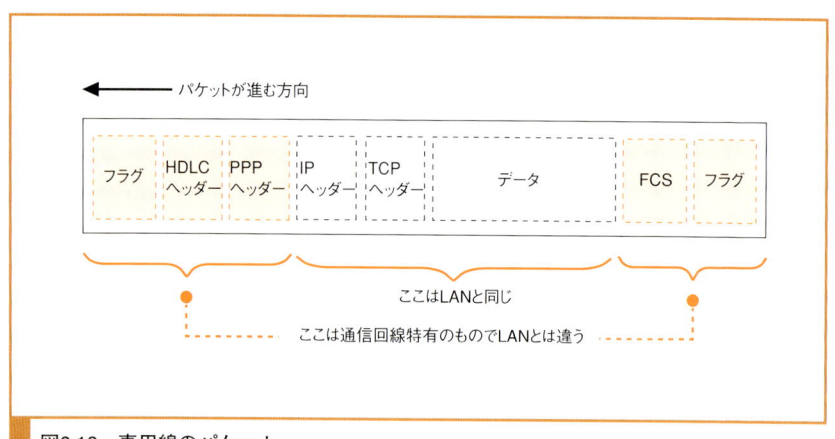

図3.18　専用線のパケット
先頭と末尾にあるフラグは、イーサネットのプリアンブルと似た役割を果たす制御用のデータ。

線にはいろいろな種類があり、その種類によってヘッダーや送信動作が違いますから、ここでは専用線を例に説明しましょう。

　専用線でパケットを送るときは**図3.18**のようにヘッダーを付けます。専用線は2地点間を固定的に接続するもので、一方からパケットを送ると否応なくもう一方に届きます。ですから、宛先アドレスは必要ありませんし、ARPのような動作も必要ありません。ヘッダーに記載する内容は固定的な値となるので、それをパケットの先頭部分に付けるだけです。ヘッダーを付けたらそれを信号に変換してポートから送信します。専用線は送信と受信の信号線が分かれており、全2重モードのイーサネットと同じように動作します。従って、全2重モードのイーサネットの場合と同じように、パケットを信号に変換してケーブルに送り出すだけです。

■アドレス変換でIPアドレスを有効利用

　ここまでがルーターの基本動作ですが、今のルーターはこの基本に加えていくつかの付加的な機能を持っています。その中でも重要な二つの機能、「アドレス変換」と「パケット・フィルタリング機能」について説明しましょう。

　まず、アドレス変換機能が登場した背景からです。アドレスというのは、それで個々の機器を識別するものなので他と重複しない固有なアドレスを割り当てるのが基本です。同じ番地の住所があるとどちらに郵便を配達すべきかわからなくなるのと同じです。ですから、インターネットに接続する機器は、本来、固有のアドレスを持たなければならないはずですし、昔はそうしていました。インターネットに接続する者は、アドレスを一元管理する機関に申請を出してIPアドレスを取得し、それを機器に設定していました。今のように社内のパソコンと公開用のサーバーといった区別はなく、インターネットに接続する機器は全部、申請して取得したアドレスを設定していたわけです。

これが本来の姿なのですが、1990年代に入ってインターネットが一般に開放されると、急速に接続台数が増え始め、事情が変わりました。それまでの方法を続けると、近い将来割り当てるアドレスがなくなってしまうという予測が出てきたのです。他と重複しない固有なアドレスを割り当てるということは、パケットを運ぶ仕組みの根幹に関わることですから大問題です。もしこれを放置したら、近い将来、固有なアドレスを全部使い切ってしまうことになりますし、そうなれば、新たに機器を接続できなくなりますから、インターネットは行き詰ってしまうでしょう。

　この問題を解決する方法のポイントは、何をもって固有とみなすかという点にあります。たとえば、A社とB社があり、まったく別々に独立した社内ネットワークを構築していたとしましょう。この場合、互いにパケットが行き来するわけではありませんから、A社のサーバーに割り当てたアドレスと同じものをB社がクライアントに割り当てても、それでパケットを届ける先がわからなくなるといったことはありません。両社ともに、自社のネットワーク内でパケットを届ける先が明確になればいいわけですから、社内での重複を避けるだけで済みます。二つの会社が同じアドレスを使ったとしても、ネットワークが独立していれば問題は起こらないわけです。

　アドレス不足に対処するために、この性質を利用しました。つまり、社内の機器に割り当てるアドレスは他社と重複してもよいことにしたわけです。そうすれば、社内の機器には固有のアドレスを割り当てる必要がなくなり、アドレスを大幅に節約できます。ただ、いくら社内だからといっても、皆が勝手にアドレスを割り当てると、問題が起こるかもしれません。そこで、社内用のアドレスにもルールを設けました。そのルールに基づき付けられた社内用のアドレスを「プライベート・アドレス」と呼び、従来の固有なアドレスは「グローバル・アドレス」と呼ぶことにしました[注19]。

注19）インターネットの仕様書にはパブリックアドレスと書いてありますが、そう呼ぶ人は少なく、グローバル・アドレスと呼ぶのが通例です。

プライベート・アドレスのルールは難しいものではありません。プライベート・アドレスとして社内で使うものは下記の範囲に限定する、ということだけです。

　　　10.0.0.0〜10.255.255.255
　　　172.16.0.0〜172.31.255.255
　　　192.168.0.0〜192.168.255.255

この範囲は、プライベート・アドレスのルールを作る時点で、どの会社にも割り当てていなかった、いわば未使用のグローバル・アドレスの中から選んだものです。プライベート・アドレスは、特別な構造を持ったものではなく、元々グローバル・アドレスに含まれていたものの中から範囲を決めて、社内で使うという約束事を設けただけにすぎません。この範囲は他社と重複してもよいことにしたので、どこも一元管理していません。申請も不要で、誰でも自由に使えます。ただ、社内で重複すればパケットを運べなくなりますから、社内での重複は避けなければいけません。

これでアドレスを節約できることになりましたが、これだけでは問題は解決しません。社内ネットワークは完全に独立しているわけではなく、インターネットを介して多くの会社につながっているわけですから、社内とインターネットをパケットが行き来するようになれば問題が起こります。あちらこちらに同じアドレスがあることになり、パケットを正しく運べなくなってしまいます。

そこで、社内ネットワークをインターネットに接続するときは、**図3.19**のような構成をとるようにしました。会社のネットワークを、インターネットに公開するサーバーを接続する部分と、社内用のネットワークの二つに分けます。そして、公開用サーバーの方にはグローバル・アドレスを割り当てて、インターネットと直接通信させます。この部分は以前の方法と同じです。一

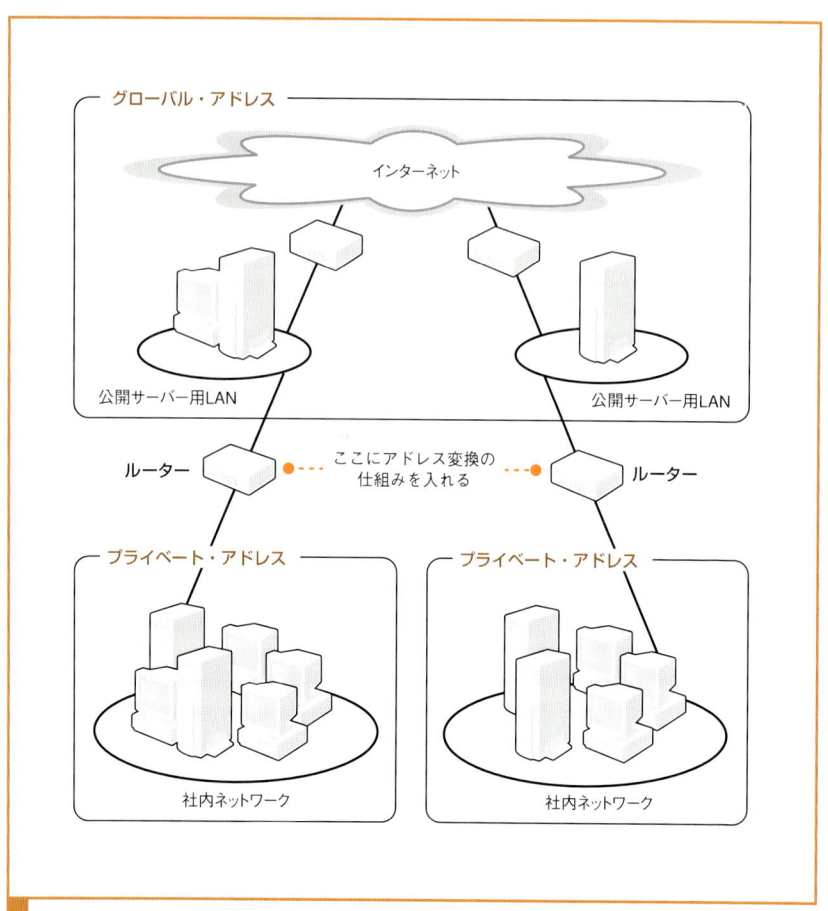

図3.19 プライベート・アドレスとグローバル・アドレスに分けて管理

方、社内ネットワークにはプライベート・アドレスを割り当て、インターネットとは直接パケットをやり取りさせずに、特別な仕組みを使って接続します。その仕組みがアドレス変換です。

アドレス変換の基本動作

　アドレス変換の仕組みは、パケットを中継するときにIPヘッダーに記載さ

れたIPアドレスとポート番号[注20]を書き換えるものです。具体的な方法は動きを追いかけてみるとわかります。Webサーバーにアクセスするときに流れるパケットを順に見てみましょう。

　まず、TCPの接続動作で最初に流れるパケットをインターネットに中継するときに、**図3.20**のように送信元のIPアドレスをプライベート・アドレスからグローバル・アドレスに書き換えます。ここで使うグローバル・アドレスは、アドレス変換装置[注21]に割り当てたアドレスです。それと同時にポート番号も書き換えます。ポート番号の方は未使用の番号をアドレス変換装置が適当に選んで使います。そして、書き換える前のプライベート・アドレスとポート番号、書き換えた後のグローバル・アドレスとポート番号をワンセットにしてアドレス変換装置内部にある対応表に記録しておきます。

　送信元のIPアドレスとポート番号を書き換えたら、パケットをインターネットに送り出します。すると、パケットはサーバーに届き、そこから応答パケットが返ってきます。サーバーは送信元に対して応答パケットを返しますから、応答パケットの宛先は書き換えたグローバル・アドレスとポート番号になっているはずです。そのグローバル・アドレスはアドレス変換装置に割り当ててあるものなので、応答パケットはアドレス変換装置に返ってくることになります。

　アドレス変換装置は、アドレスの対応表でグローバル・アドレスとポート番号を探し、対応するプライベート・アドレスとポート番号に宛先を書き換え、社内ネットワークにパケットを送ります。これで送信元に応答パケットが届きます。

　この後、パケットをやり取りするときは、対応表でプライベート・アドレ

注20）このポート番号は、ルーターやスイッチのポートではなく、TCPやUDPのポート番号のことです。詳しくは第2章を参照してください。
注21）アドレス変換機能を持った機器はルーターだけではありません。ファイアウォールにもアドレス変換機能があり、それもルーターのアドレス変換と同じように動きます。ですからアドレス変換装置と書くことにしますが、ここではルーターを指すと思ってください。

アドレスとポートの対応表

LAN側		インターネット側	
プライベート・アドレス	ポート番号	グローバル・アドレス	ポート番号
10.10.1.1	1025	95.3.8.31	5436
10.10.1.2	1025	95.3.8.31	5437
10.10.1.3	1025	95.3.8.31	5438

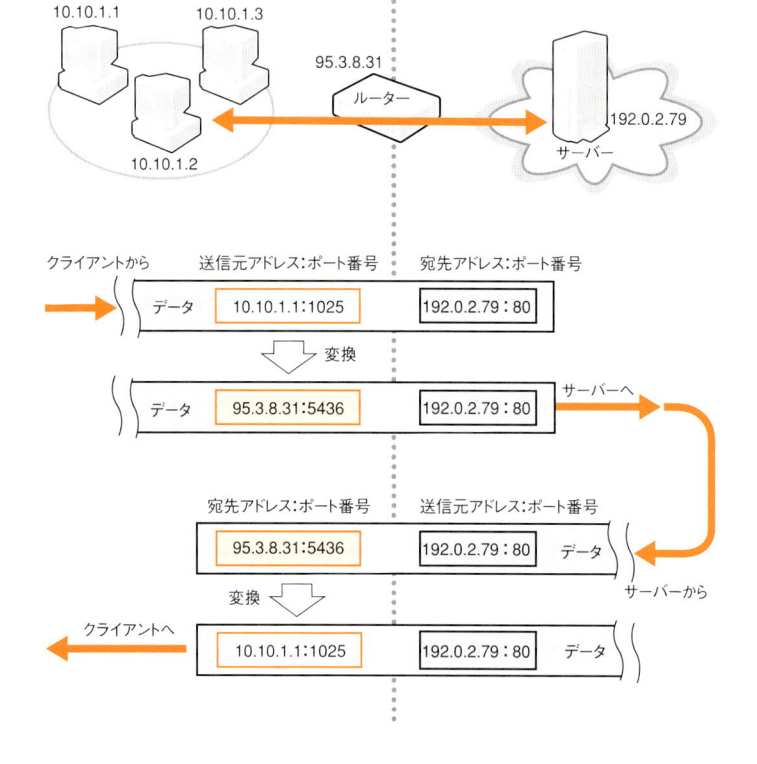

図3.20　ポート番号を利用してIPアドレスを変換する
外部に対して一つのグローバル・アドレスしか利用できない場合、社内ネットワークの複数の端末を見分けるのにポート番号を利用する。

スとグローバル・アドレスの対応関係を調べてアドレスとポート番号を書き換えてからパケットを中継します。そして、データ送受信を終わり、切断動作のパケットが流れ、インターネットへのアクセス動作が終わったら、対応表に登録したものを削除します。

これでプライベート・アドレスを割り当てた機器もインターネットにアクセスできるようになります。インターネット側から見ると、アドレス変換装置（ここではルーター）が通信相手になっているように見えるわけです。

ここまで、社内ネットワークの例で説明してきましたが、家庭内のLANも事情はまったく同じです。規模に違いはありますが、考え方も実際の動きもなんら変わりません

ポート番号を書き換える理由

今使われているアドレス変換の仕組みは、このように、アドレスとポート番号の両方を書き換えますが、初期のアドレス変換はポート番号の書き換えは行わずに、アドレスだけを書き換えていました。その方法でも社内とインターネットでやり取りできますし、その方が仕組みは簡単です。

しかし、その方法だとプライベート・アドレスとグローバル・アドレスが1対1で対応することになり、インターネットにアクセスする台数分だけグローバル・アドレスが必要になります。アクセス動作が終わって対応表から削除すれば、同じグローバル・アドレスを他の機器で使えるので、同時にアクセスする台数分だけあればよいことになりますが、それでも社内の人数が多ければ同時にアクセスする人数も増えます。数千人規模の会社であれば、数百人が同時にアクセスすることだってあるでしょう。すると数百のグローバル・アドレスが必要になります。

ポート番号も書き換える方法は、この点を改善するために考案されたものでした。クライアント側のポート番号は、元々空いているものから無作為に選んで使っているだけなので、それを書き換えても問題は起こりません。ポ

ート番号は16ビットの数値ですから、6万個以上の値をとることができます。その個々をプライベート・アドレスに対応付けるので、一つのグローバル・アドレスを6万個以上のプライベート・アドレスに対応付けることができます。こちらの方が、グローバル・アドレスの利用効率が高いことになります。

■インターネットから社内へのアクセス

　社内からインターネットに中継するときは、対応表に送信元のプライベート・アドレスとポート番号が登録されていなくても、パケットを中継できます。書き換えるグローバル・アドレスはアドレス変換装置（ルーター）に割り当ててありますし、ポート番号は適当に空いているものを使えばよいので、アドレス変換装置自身が適当に判断できるからです。しかし、インターネットから社内にパケットを中継するときは、対応表に登録されていないと中継できません。対応表に記録がないと、アドレス変換装置がグローバルとプライベートの対応関係を判断できないからです。

　これは見方を変えると、インターネットにアクセスしていない機器には、インターネット側からパケットを送ることができない、ということになります。アクセス中の機器であっても、インターネットとの通信で使っているポート番号以外のポートにパケットを送ることはできません。つまり、社内から意図的にインターネットにアクセスしないかぎり、インターネット側から社内にパケットを送ることはできない、ということになります。これは不正侵入を防ぐ効果を持ちます。

　しかし、社内にアクセスさせたいときもあるでしょう。少し工夫すればそれも可能です。インターネットから社内にアクセスできない理由は対応表に登録されていないところにありますから、事前に手動で対応表に登録しておけばいいわけです（**図3.21**）。通常、公開用のサーバーは、アドレス変換装置の外に出してグローバル・アドレスを割り当てますが、サーバーのプライベート・アドレスをアドレス変換装置に手動で登録しておけば、社内に設置

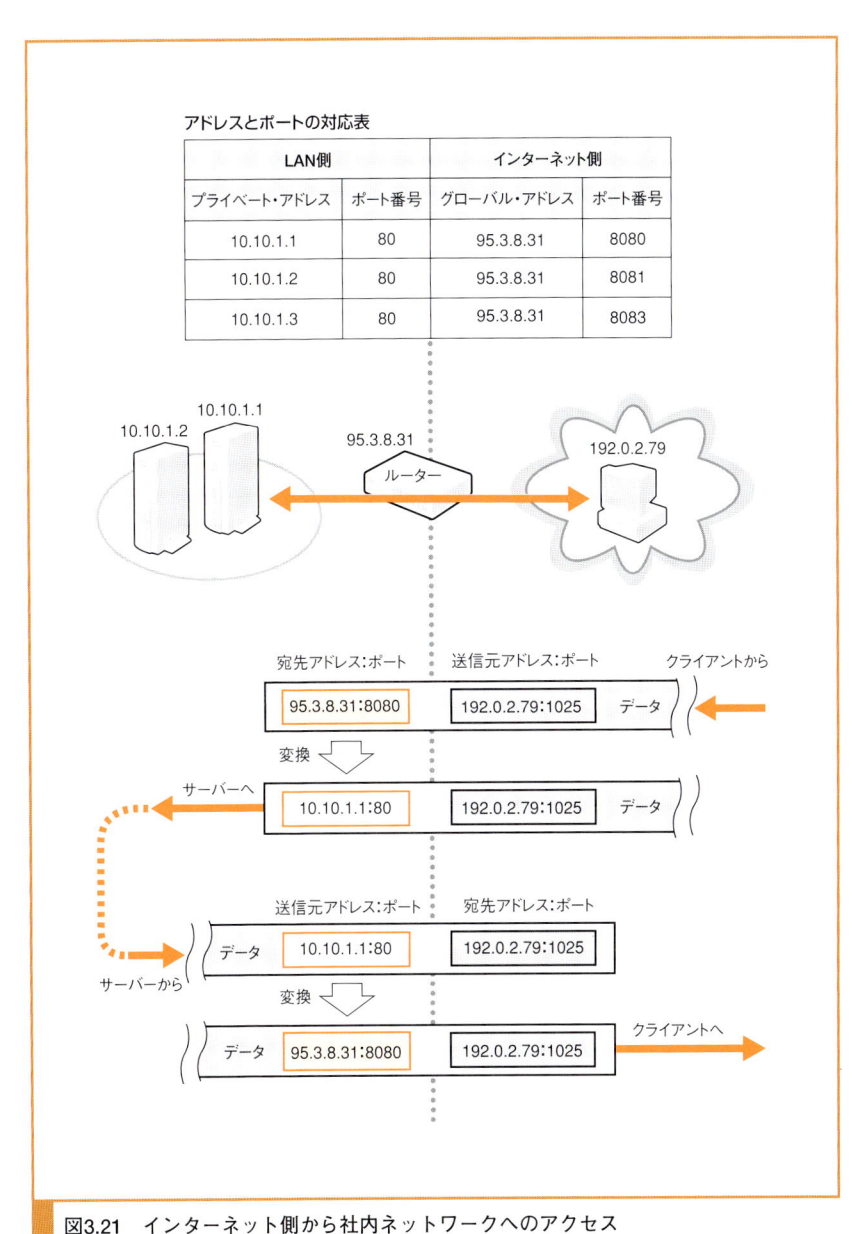

第3章　ケーブルの先はLAN機器だった

アドレスとポートの対応表

LAN側		インターネット側	
プライベート・アドレス	ポート番号	グローバル・アドレス	ポート番号
10.10.1.1	80	95.3.8.31	8080
10.10.1.2	80	95.3.8.31	8081
10.10.1.3	80	95.3.8.31	8083

10.10.1.2　10.10.1.1　95.3.8.31　ルーター　192.0.2.79

クライアントから
宛先アドレス：ポート　送信元アドレス：ポート
95.3.8.31:8080　192.0.2.79:1025　データ

変換

サーバーへ
10.10.1.1:80　192.0.2.79:1025　データ

サーバーから
送信元アドレス：ポート　宛先アドレス：ポート
データ　10.10.1.1:80　192.0.2.79:1025

変換

クライアントへ
データ　95.3.8.31:8080　192.0.2.79:1025

図3.21　インターネット側から社内ネットワークへのアクセス
事前にアドレスとポートの対応付け情報をアドレス変換装置の対応表に登録しておけば、インターネット側からプライベート側にアクセスすることもできる。

してプライベート・アドレスを割り当てたサーバーを公開することもできます[注22]。

■ルーターのパケット・フィルタリング機能

次に、パケット・フィルタリング機能を説明しましょう。これもルーターの重要な付加機能の一つです。アドレス変換は少し複雑ですが、パケット・フィルタリングの仕組みはそんなに複雑ではありません。パケットを中継するときに、MACヘッダーとIPヘッダーに記載してある内容を調べて[注23]それが事前に設定した条件に合致したら、パケットを中継する、あるいは、棄てるといった動作を行うだけです。いわゆるファイアウォールと呼ぶ機器やソフトウエアの多くは、この仕組みを利用して不正侵入を防ぎます（違う仕組みで不正侵入を防ぐファイアウォールもあります）。

パケット・フィルタリングの考え方はこのように簡単ですが、不正侵入と正常なアクセスを見分けて、不正侵入だけを止めるように条件を設定するのは簡単ではありません。たとえば、インターネットからの侵入を防ごうとしてインターネットから入ってくるパケットを全部遮断したらどうなるでしょう。前の章のTCPの動作でわかるように、パケットは両方向に流れますから、単純にインターネットから入ってくるパケットを全部止めてしまうと、社内からインターネットにアクセスする動作も正常に動かなくなってしまいます。

このあたりの話題は興味深いのですが、パケット・フィルタリングの使い方は、サーバーの動きと関連するので、サーバー側を探検するときにくわしく説明します。

* * *

インターネットとの接点となるルーターを通過したパケットは、いよいよ

注22）その場合は、アドレス変換装置に登録するグローバル・アドレスをDNSサーバーに登録します。
注23）TCPヘッダー以後の内容を条件に設定できる装置もありますが、一般的ではありません。

インターネットの中に入って行きます。次の章はその部分を探検します。

用語解説

■スイッチ

電源のスイッチ、ソフトウエアの設定を切り替えるスイッチなど、いろいろなスイッチがありますが、LANの分野では、パケット中継処理をハードウエアで実行するなどして高速化した中継装置を指します。1980年代の終わり頃、Kalpana社（後にCisco社に買収された）がイーサネット用のスイッチを最初に発売した頃は、スイッチング・ハブと呼んでいました。その後、イーサネットだけでなく各種LAN用のスイッチが製品化されました。電話局で使われる通信回線の交換機も英語ではスイッチと呼びますが、日本ではスイッチというと、ほとんどはLANの中継装置やATMスイッチを指します。

■リピータ・ハブ

イーサネット（10BASE-T）のハブ（ケーブルが集まる個所）のことです。従来型の信号を増幅して中継するタイプのハブとスイッチング・ハブと区別するときに、前者のことを指してリピータ・ハブといいます。シェアード・ハブ、共有ハブと呼ぶこともあります。

■スイッチング・ハブ

イーサネット用のスイッチの中で小型で安価なものを指します。最初にスイッチが登場したとき、ハブと同じように簡単に使えることを宣伝文句の一つにしていました。それが、スイッチング・ハブという呼び方を創り出した理由と思われますが、その実態はハブではなくスイッチそのものといってよいものです。

■MAU

medium attachment unitの略。LANアダプタの中でデジタル信号を電気信号に変換し、電気信号の送受信を行う電子回路です。

■ジャミング信号

イーサネットで衝突が発生した場合に、それを知らせるために流す特殊な信号のこと。ジャム信号ともいいます。

■ブロードキャスト・アドレス

そのアドレスを宛先アドレスとして指定してパケットを送ると、パケットがネットワークに接続している全機器に届くという特別なアドレスのことです。LANで使うMACアドレスでは「FF:FF:FF:FF:FF:FF」、IPアドレスの場合は、「255、255、255、255」がブロードキャストを意味します。

■ネットマスク

IPアドレスのネットワーク番号とホスト番号の境界を決める値です。サブネット・マスク、アドレス・マスクと呼

ぶこともあります。

ICMP
Internet Control Message Protocolの略で、TCP/IPプロトコル群の一つです。パケットを配送するときのエラーを通知したり制御用のメッセージを送るときに使います。

PPPoE
PPP over Ethernetの略。PPPは元々、電話やISDNなど、1対1で接続する通信回線で使うものでしたが、それをイーサネットのような多対多で通信するネットワーク上で実現する技術です。電話などのPPPでは電話番号によって通信相手を識別し、それとの間で確立される接続を用いてPPPのパケットを交換しますが、PPPoEは通信する双方のMACアドレスによって仮想的な回線を確立し、それを用いてPPPのパケットを交換します。PPPoEを使うことによって、クライアント側の設定がPPPと同程度に簡略化できる点を利用して、ADSLインターネットなどに用いることが多い。

MTU
Maximum Transmission Unitの略。ネットワーク上では、データは数十バイトから数千バイトの小さなパケットに分割されて運ばれます。そのとき、一つのパケットで運べるデータ・サイズの上限はLANの方式やプロトコルによって異なり、その上限となるサイズをMTUといいます。たとえば、イーサネットでDIX仕様のフォーマットを使う場合、パケット全体からヘッダーとFCSを除いた1500バイト分がMTUとなります。

ARP
Address Resolution Protocolの略。TCP/IPプロトコル群のプロトコルの一つです。IPアドレスからLANのアドレス（MACアドレス）を探し出すときに用います。「xxさんいますか？」と全員にブロードキャストで問い合わせ、該当する機器が「それは私です」と答えるのが基本動作です。

COLUMN
ほんとうは難しくないネットワーク用語

ハブとルーター
名前を変えれば値段も変わる？

探検隊員：リピータ・ハブとスイッチング・ハブって、同じハブでも中身は全然違うものなんですね。
探検隊長：そうだね。
隊員：それじゃ、どうして両方ともハブっていうんですか？
隊長：辞書は引いてみたかい？
隊員：いえ、引いてませんけど。
隊長：それだったら、まず、ハブっていう言葉を調べてごらんよ。
隊員：ちょっと待ってください。えーと、車輪の中心部分、って書いてありますね。何ですか、車輪の中心って？
隊長：いくら君でも、自転車の車輪くらいは見たことあるだろう？
隊員：そのくらいなら、僕だって知ってますよ。
隊長：自転車の車輪っていうのは、周辺にタイヤがあって、そこからスポークが伸びて、中心の軸に集まっているだろう。その軸がハブだよ。日本語で車軸って言うところさ。
隊員：それがどうしてリピータ・ハブやスイッチング・ハブと関係あるんですか。
隊長：ハブっていうのは多数のケーブルを接続するものだろう。
隊員：はい。
隊長：だから、ハブにケーブルが集まってくる、と考えるんだ。ケーブルを車輪のスポークに見立てるんだな。
隊員：なるほど、中心部分にあってケーブルが集まってくるところだから、ハブだというということですね。
隊長：君にしてはわかりが早いな。要するに、ケーブルを接続したときの形を指しているわけだから、リピータ・ハブとスイッチング・ハブのどちらにも当てはまるだろう。
隊員：そういうことだったんですね。でも、ルーターもケーブルが集まりますけど、ルーターをハブとは言わないですよね。どうしてですか？
隊長：うーむ。ハブっていうのは、単純というか、低機能というか、お世辞にも高機能な機械というイメー

ジじゃないだろう。
隊員：そうですね。
隊長：ルーターをハブと呼んだら、ルーターの価値が下がってしまったような気がするだろう。だから、そんなイメージダウンするような名前では呼ばないんだ。
隊員：それだったら、スイッチング・ハブはどうしてハブっていう名前にしたんですか？
隊長：これは例外だな。ちゃんと説明すると長くなるからカンベンしてくれよ。
隊員：えー、ケチっ！
隊長：まあ、要するにだな、ハブのように簡単に使える機器ということをアピールしたかったんだよ。
隊員：そうなんですか。
隊長：ハブみたいに簡単に使えるけれど、ルーターよりも高性能だというのがスイッチング・ハブが登場したときの売り文句だったんだよ。
隊員：スイッチング・ハブの方がルーターより性能が高いんですか？
隊長：今は、ルーターにもいろいろな機種があって性能の差が大きいから、一概にどちらが高性能とはいえないけれど、スイッチング・ハブが登場した頃は、ルーターよりスイッチング・ハブの方がパケット中継能力が高かったのは事実だな。
隊員：へえー、そうだったんですか。もう一つ聞いていいですか？

隊長：何だい？
隊員：レイヤ2スイッチっていうのはスイッチング・ハブとどう違うんですか？
隊長：うーむ、また、難しいことを聞くね。両方とも動作原理は変わらないからなあ。
隊員：そこなんですよ疑問に思うのは。どうしてスイッチング・ハブって言ったり、レイヤ2スイッチって言ったりするんですか？
隊長：小型で低価格な普及品がスイッチング・ハブで、大型の高性能な機種はレイヤ2スイッチ、っていうところかな。
隊員：なんでそんな面倒臭いことするんでしょうね。
隊長：まあ、これもイメージの問題だろうね。何十万円も何百万円もするような機種は数千円のハブとは違うんだ、ということにしておきたいからね。
隊員：うーん。難しいですねネットワークって。

第4章

プロバイダから
インターネット内へ
〜アクセス回線とプロバイダを探検〜

ウォーミングアップ

本題に入る前に、ウォーミングアップとしてクイズを出題させていただきます。きちんと説明できるかどうか試してみてください。

問題

1. アクセス回線とは何でしょう？
2. ADSLサービスに加入するとき、電話の信号とADSLの信号を分離する機器を取り付けます。それを何というでしょう？
3. ADSLサービスは電話局から距離が離れると通信速度が低下します。それはどうしてでしょう？
4. プロバイダのアクセス・ポイントにあるブロードバンド・アクセス・サーバーとは何でしょうか？
5. プロバイダ同士を一堂に集めて相互に接続する設備のことを何と呼ぶでしょうか？

いかがだったでしょうか。改めて聞かれると、簡潔に答えられない問題もあったことでしょう。答えと解説を以下に示しておきます。

答え

1. プロバイダに接続する部分の回線
2. スプリッタ
3. 電話局から離れると信号が弱くなるため
4. ユーザー認証機能や、IPアドレスなどの設定情報をクライアントに通知する機能などをルーターに付加したもの
5. IX（Internet eXchange）

解説

1. 一般家庭だったら、電話回線、ISDN、ADSL、CATV、FTTH、無線LANなどをアクセス回線として使います。会社の場合はこれに専用線などが加わるでしょう。
2. スプリッタによって信号を分離しないと、電話とADSLの双方に影響が出ます。
3. ADSLは高い周波数の信号を使います。周波数が高い信号は距離が離れるにつれて弱くなるという性質があり、そのために速度が低下します。
4. 電話回線やISDN回線を用いたダイヤルアップ接続で用いたリモート・アクセス・サーバーをブロードバンド用に改良したものがブロードバンド・アクセス・サーバーです。
5. 現在、日本国内にそうした設備が数カ所あります。JPIX（日本インターネットエクスチェンジ(株)が運営する設備）、NSPIXP-2（Network Service Provider Internet eXchange Point-2、官学民が共同運営するWIDEプロジェクトが運営する設備）、JPNAP（インターネットマルチフィード(株)が運営する設備）がその例です。

第4章 プロバイダからインターネット内へ

探検ツアーのポイント

　前の章は、クライアント・パソコンが送信したパケットが、リピータ・ハブやスイッチング・ハブを経由してインターネット接続用のルーターにたどり着くところまで探検しました。この章はその続きです。ルーターを経由してインターネットの中に入っていったパケットは、アクセス回線という通信回線を通ってプロバイダに届きます。そして、プロバイダのネットワークを通って、サーバー側に運ばれていきます。今日のネットワーク技術はインターネットで育まれたものが多数あり、今も盛んに技術開発が行われています。最先端のネットワーク技術がそこにあるといえるでしょう。この章は、そのインターネットの内部を探検してみます。

■インターネットを構成するルーター

　インターネットは世界中にまたがる巨大なシステムで、その複雑さは並大抵ではありません。しかし、その基本動作は驚くほど簡単です。ルーターでパケットを中継するという基本は、家庭や会社のTCP/IPネットワークと同じですし、ルーターの基本的な仕組みや動作も、家庭や会社と何も変わりません（**図4.1**）。ですから、家庭や会社のネットワークの規模が大きくなったものがインターネットだと考えればよいでしょう。

　しかし、家庭や会社のLANとは違う面もいくつかあります。一つは、ルーター間の距離です。会社や家庭のLANだと、ルーター間の距離は数メートルから数百メートルといったところでしょう。それなら、ケーブルを伸ばせば次のルーターに届きます[注1]。しかし、インターネットはそうはいきません。最寄りの電話局にたどり着くだけでも数キロメートルあるでしょうし、日本と米国を結ぶ部分などは太平洋を越えますから、単純にケーブルでつなぐというわけにはいきません。

注1）ツイストペア・ケーブルは100メートルが限界ですが、光ファイバ・ケーブルなら数キロメートルの距離を結ぶことができます。

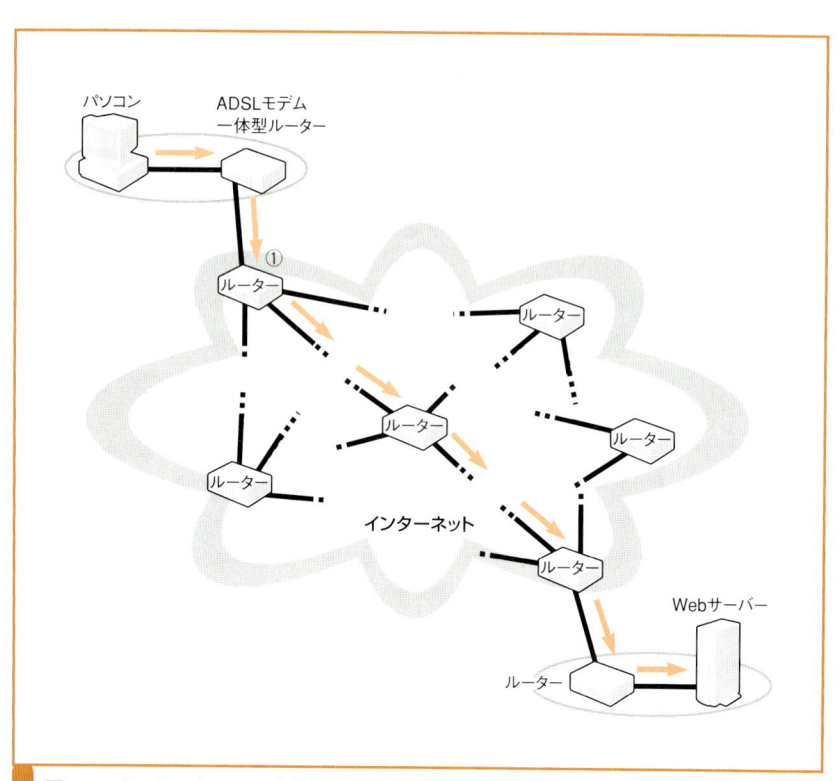

図4.1 インターネットの全体像
インターネットの内部には、数万台以上のルーターがある。そのルーターが、宛先IPアドレスに基づいて中継先を判断し、パケットを中継する。

　距離だけでなく、ルーターでパケットの中継先をコントロールするところも違います。経路表に登録された経路情報に基づいて中継先を判断する、という基本動作は同じなのですが、経路表へ情報を登録する部分が違うのです[注2]。インターネット内のルーターには、経路情報が10万件以上も登録されています。しかも、それが時々刻々変化します。通信回線に障害が起こったり、インターネットに新たに接続する会社などがあれば、その都度経路

注2）経路表の詳細は、第3章を参照してください。

が変わったり追加されるからです。とても人手で登録できるものではないので、その部分を自動化しなければいけません。会社で使うルーターにも経路表に自動登録する機能がありますが、いろいろな理由から、インターネットではそれとは違う仕組みが使われています。

この、距離の違いと、経路情報の登録方法の違いが、インターネットと会社や家庭のLANとの違いだといえるでしょう。

アクセス回線のバリエーション

この章の探検は、インターネット接続用ルーターにパケットが到着したところから始めます。ルーターの基本動作は前章で説明したように、パケットのIPアドレスと経路表の宛先を見比べて、該当する経路を探し、そこに登録されている中継先にパケットを出力することにあります。インターネットに出て行くパケットは、ここでインターネット側のインタフェースから送信されるはずです。

インターネットに出て行った後、パケットは通信回線を経由してインターネット接続事業者（プロバイダ、または、ISPと呼ぶこともあります）のルーターに届きますが、その動作はアクセス回線の種類によって異なります。アクセス回線はプロバイダに接続する部分の通信回線のことです。一般家庭だったら、電話回線、ISDN、ADSL、CATV、FTTH[*]、無線LANなど、いくつかのバリエーションがあるでしょう。会社ならこれに専用線接続などが加わり、バリエーションはさらに増えます。それを全部探検することはできないので、代表的な例としてADSLの場合を取り上げることにします。

ただ、ADSLにもいくつかのバリエーションがあるので一筋縄ではいきません。具体的には、インターネットに接続するときにユーザー名とパスワードで本人を確認する仕組みがいくつかあり、パケットを運ぶときの方式もいくつかあり、これらの組み合わせがいろいろあるということです。それを全部細かく説明していくと、全体像が見えなくなってしまいますから、ここでは

典型的な例を一つだけ取り上げることにします。一つの例しか探検しませんが、それで基本的な考え方はわかるはずです。

ADSLモデムでパケットをセルに分割

　ADSL技術を使ったアクセス回線の中身は**図4.2**の構成図のようになっており、この図の左から右にパケットは流れていきます。つまり、ユーザー側のADSLモデム一体型ルーター（ルーター・タイプのADSLモデムと呼ぶことも

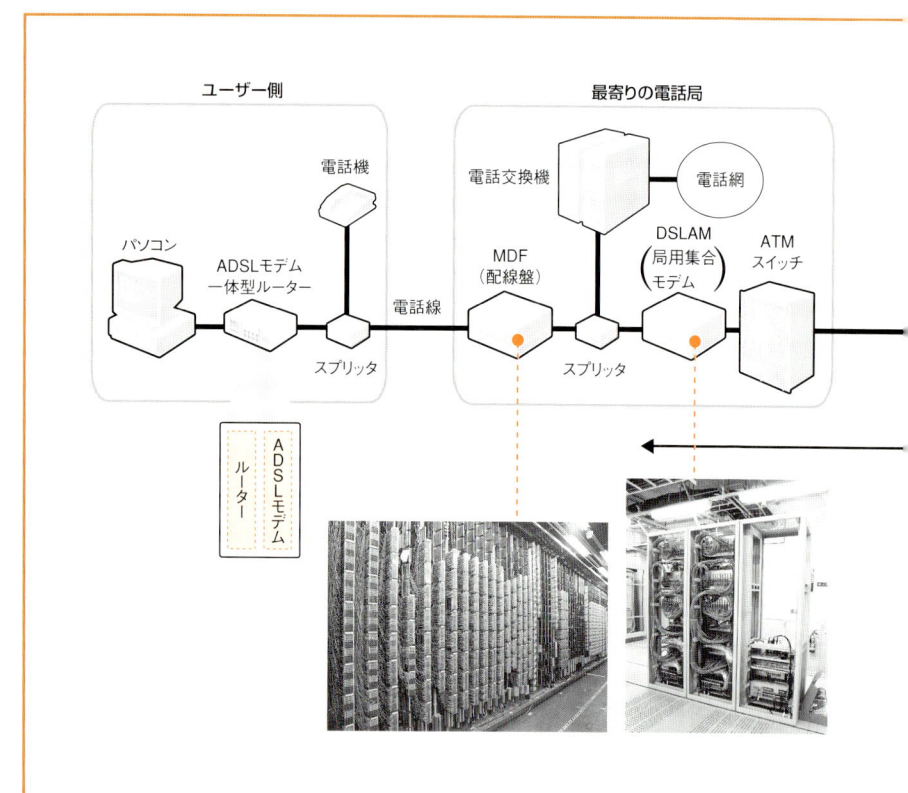

図4.2　ユーザーとインターネットをつなぐアクセス回線
アクセス回線の構成にはいくつかあるが、ここではADSLでプロバイダまでつながる典型例を示した。

あります）から送信されたパケットは、電話回線を通って電話局に送られ、そこから、ATM網と呼ぶ通信回線を経由してプロバイダに送られていく、ということです。そして、パケットがプロバイダに届くまでの間、いろいろな形に姿を変えていきます。その様子をまとめたのが**図4.3**です。この図を見ながらツアーを進めましょう。

　まず、クライアントで作ったパケットが（図4.3①と②）、リピータ・ハブやスイッチング・ハブを経由してルーターに届きます。ここではADSLモデム

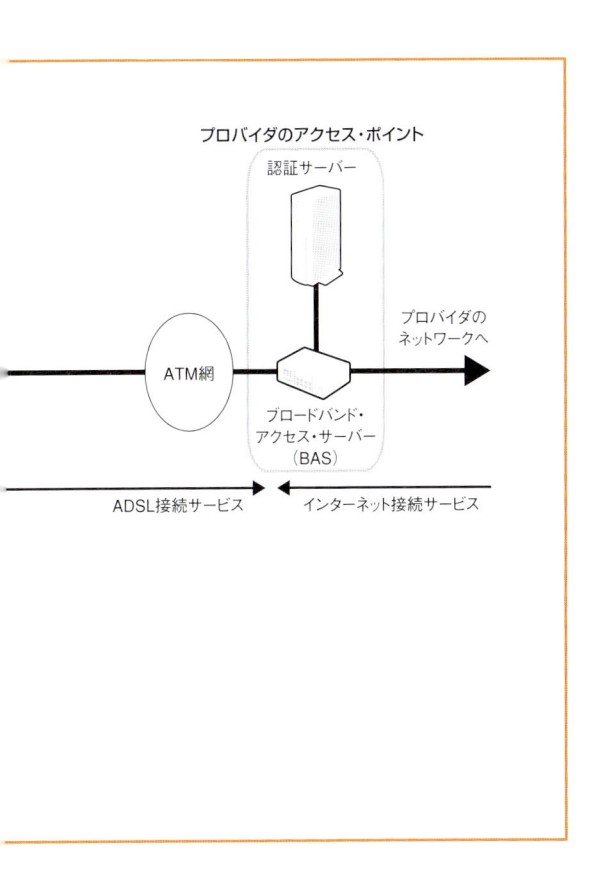

と一体化したルーターを使うことを想定していますから、そこにパケットが届きます（③）。ルーター部分は経路表で中継先を判断し、パケットにPPPヘッダーを付けて出力します（⑤）[注3]。ルーターはADSLモデムと一体にな

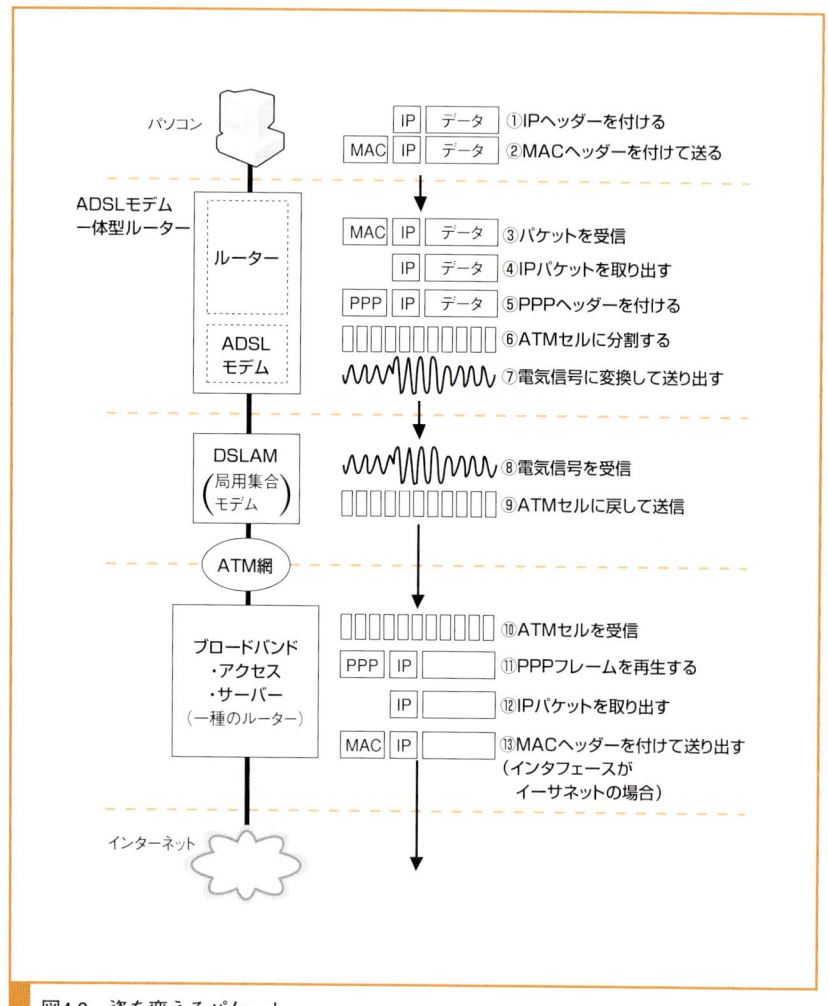

```
パソコン
  │
  │  IP│データ   ①IPヘッダーを付ける
  │  MAC│IP│データ ②MACヘッダーを付けて送る
──┼─────────────────────────
ADSLモデム
一体型ルーター
  ルーター
         MAC│IP│データ ③パケットを受信
              IP│データ ④IPパケットを取り出す
         PPP│IP│データ ⑤PPPヘッダーを付ける
  ADSL          □□□□  ⑥ATMセルに分割する
  モデム         〰〰〰  ⑦電気信号に変換して送り出す
──┼─────────────────────────
DSLAM
(局用集合          〰〰〰  ⑧電気信号を受信
 モデム)           □□□□  ⑨ATMセルに戻して送信
  ATM網
──┼─────────────────────────
ブロードバンド
・アクセス         □□□□  ⑩ATMセルを受信
・サーバー         PPP│IP│  ⑪PPPフレームを再生する
(一種のルーター)        IP│  ⑫IPパケットを取り出す
                  MAC│IP│  ⑬MACヘッダーを付けて送り出す
                           （インタフェースが
                            イーサネットの場合）
  │
インターネット
```

図4.3　姿を変えるパケット
　パソコンで作られたパケットは、中身のデータは変わらないが、その外見を変えてインターネットに送り出される。

っていますから、そのパケットは機器内部の信号線を通ってADSLモデム部分に入っていきます。そうしたら、ADSLモデムはパケットを「セル」[*]に分割します（⑥）[注4]。

セルというのは、パケットと同じように先頭部分にヘッダー（5バイト）を持ち、その後ろにデータ（48バイト）が続く小さな塊で、ATM（Asynchronous Transfer Mode、通信回線でデータを運ぶときに使う技術の一種）で使うものです。そのデータ部分にパケットを分割した断片を格納するわけです。TCP/IPプロトコル処理ソフトが、アプリケーションから受け取ったデータを分割して、その断片をパケットのデータ部分に格納するのと同じ考え方です[注5]。

■ADSLは「変調方式」でセルを信号化

セルに分割したら、次に、それを信号に変換します（図4.3⑦）。LANの場合は第2章の図2.13にあるような四角い形の信号で0と1を表すという簡単な方式で、デジタル・データを信号に変換しましたが、ADSLはもっと複雑な方法をとります。その理由は二つあります。一つは、四角い形の信号は波形が崩れやすく、距離が離れた場合にエラーを起こしやすいことです。もう一つは、四角い形の信号には低い周波数から高い周波数まで、幅広い周波数が含まれていることです。信号の周波数が高くなると周囲に放射する雑音の量が増えるという性質があり、周波数の幅が広いと雑音をコントロールするのが難しくなるわけです。

そこで、ADSLモデムはなだらかな波形（正弦波）を合成した信号に0と1

注3）ADSLアクセス回線でパケットを送る動作は専用線でパケットを送る動作と似ているので、専用線と同じようにPPPヘッダーを付けます。その内容は、第3章図3.18を参照してください。
注4）G.992.1およびG.992.2というADSLの標準仕様でパケットをセルに分割して運ぶよう規定されています。しかし、そうする必然性はなく、セルに分割せずに、パケットをそのまま信号に変換してもかまいませんし、そうするADSLモデムもあります。ただし、パケットをそのまま信号に変換する機器は標準には適合しません。
注5）TCP/IPプロトコル・ソフトの動作は第2章を参照。

のビット値を対応付ける技術、つまり、「変調技術」を使います。変調方式はいくつかありますが、ADSLは、「振幅変調」（ASK：Amplitude Shift Keying）という方式と、「位相変調」（PSK：Phase Shift Keying）という方式を組み合わせた「直交振幅変調」（QAM：Quadrature Amplitude Modulation）という方式を使います。まず、組み合わせの基になる二つの方式から説明しましょう。

振幅変調という方式は、信号の強さ、つまり、信号の振幅の大小に0と1を対応付ける方法です。**図4.4**（b）のように、振幅が小さい信号を0、振幅が大きい信号を1、というように対応付けるのが最も簡単な例です。この例は振幅が大小の2段階しかありませんが、段階を増やせば対応付けるビット数を増やすことができます。たとえば、振幅を4段階に増やせば、一番小さ

(a) デジタル信号

(b) 振幅変調（ASK） —— 振幅が大きいから1
—— 振幅が小さいから0

(c) 位相変調（PSK） —— 0度から始まるから0
—— 180度から始まるから1

(d) 直交振幅変調（QAM）

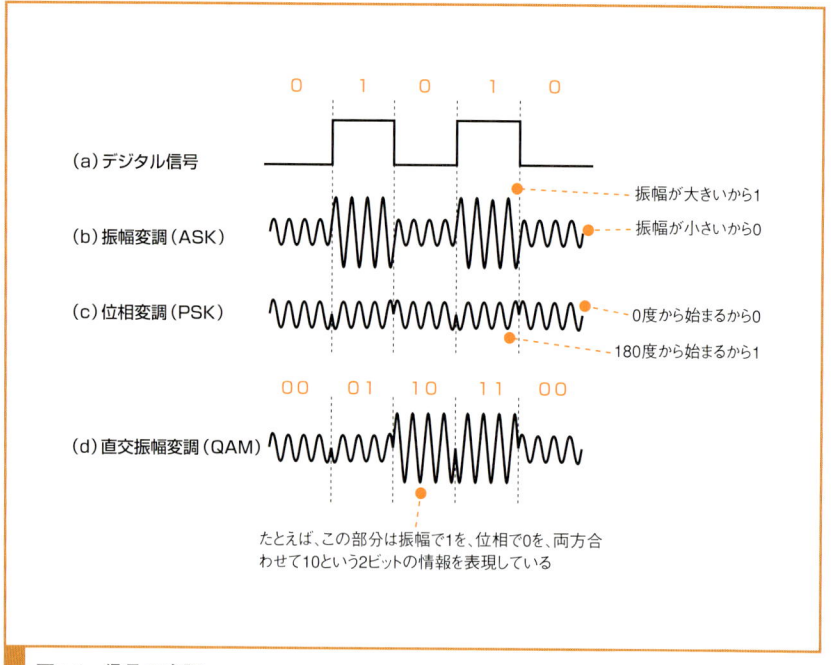

たとえば、この部分は振幅で1を、位相で0を、両方合わせて10という2ビットの情報を表現している

図4.4　信号の変調

い振幅を00、2番目を01、3番目を10、4番目を11、というように2ビットの値を対応付けることができます。これで運ぶデータ量が2倍に増え、速度が上がります。この考え方を進めると、振幅が8段階なら3ビット、16段階なら4ビット、というようにビット数を増やすことによって高速化できます。しかし、信号は伝わる途中で減衰して弱くなりますし、雑音の影響を受ければ波形が変形しますから、段階を増やしすぎると、受信側で隣の段階と誤認する可能性が高くなり、エラーの原因となります。そうならない程度のところで段階の数を抑えなければいけません。

　もう一つの位相変調は、信号の位相に0と1を対応させる方法です。モデムが作る信号は、強さが一定周期で変化する波の一種ですが、波には、**図4.5**のように、一周する周期のどこから始まるかによって形がそれぞれ違うという性質があります。波は1周期で元に戻りますから、これを、円を1周して戻ってくる動きに当てはめて、0度から360度の角度で表します。この角度

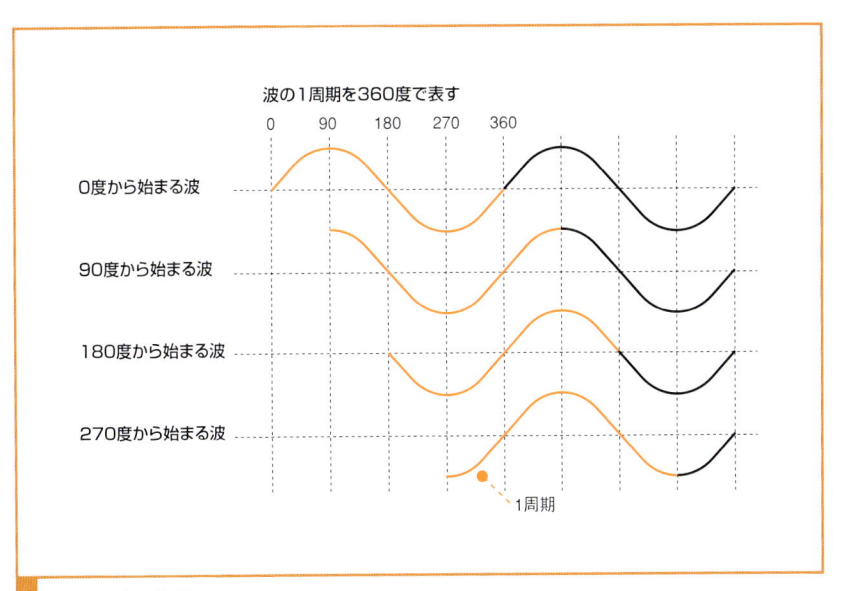

図4.5　波の位相

を「位相」といい、これと0と1を対応付けるのが位相変調です。たとえば、0度から始まる波には0、180度から始まる波には1を対応付ける、というのが一番簡単な例で、それを表したものが図4.4（c）です。これも、振幅変調と同様に角度の段階を細かく分ければ、対応付けるビット数を増やすことができ、高速化できます。しかし、角度が近くなると判別できなくなってエラーを起こす、という点は変わらないので、高速化には限界があります。

　ADSLで使用する直交振幅変調という方式は、この二つを組み合わせたものです。図4.4（d）には、（b）と（c）を組み合わせた例がありますが、これで組み合わせ方がわかるでしょう。信号の振幅に1ビット、位相に1ビットを対応づけ、一つの波に2ビット分のデータを対応付けているわけです。こうして二つの方式を組み合わせることで、一つの波に対応付けるビット数を増やして速度を上げたのが直交振幅変調だといえます。

　直交振幅変調も振幅と位相の段階をそれぞれ増やしていけば、対応付けるビット数を増やすことができます。たとえば、振幅、位相をそれぞれ4段階ずつにすれば、その組み合わせは16種類になり、4ビットの値を対応付けることができます。しかし、振幅変調と位相変調を単独で用いるときと同様に、段階数を増やすと、それを判別できなくなるので、この方法にも高速化の限界があります。

ADSLは多数の周波数を使い高速化を実現

　図4.4の例は信号の周波数が一つしかありませんが、電気信号を単一周波数の波に限定する必要はありません。周波数の異なる波を混ぜ合わせれば波は合成できますし、特定の周波数の波だけ通すフィルタ回路を使えば、周波数毎に波を分離することもできます。ですから、多数の周波数の波を合成したものを信号として使うこともできるのです。そうすれば、対応付けるビット数は使う波の数との掛け算で増えていきます。

　ADSLはこの性質を使って、多数の波にビット値を対応付けて高速化を図

ります。具体的には、**図4.6**のように、4.3125KHzずつ周波数をずらした波を数百個使い、それぞれの波に直交振幅変調によってビット値を対応付けます[注6]。そのとき、雑音などの状態によって、一つの波に対応付けるビット数を変えます。つまり、雑音のない周波数には多数のビットを対応付け、雑音のある周波数には少数のビットを対応付けるのです[注7]。そして、それぞれの波に対応付けたビット数を合計した値によって全体の伝送速度が決まります。

ADSLは上りと下りで伝送速度が違いますが、その理由もこれでわかるでしょう。上りは26個の波を使うのに対して、下りは95個あるいは223個と、多数の波を使います。この数の違いが上りと下りの速度の違いとなります。

なお、下りに使う高い周波数の波は、減衰が大きく雑音の影響を受けや

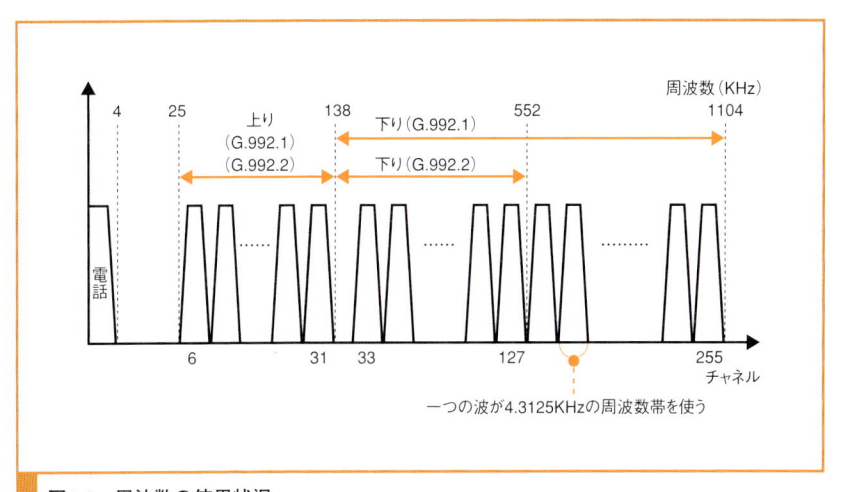

図4.6 周波数の使用状況
通称8メガタイプと呼ぶG.992.1仕様の方が、1.5メガタイプと呼ぶG.992.2仕様より広い周波数を使う。

注6）通称8メガタイプと呼ぶG.992.1が上り26個、下り223個の波を使い、通称1.5メガタイプと呼ぶG.992.2が上り26個、下り95個の波を使います。
注7）通常、一つの波に数ビットから十数ビットを対応付けます。

すいので、少ないビット数しか対応付けできなかったり、あるいは、全く使えない場合もあります。距離が離れるほど、周波数が高くなるほど、その傾向は強くなります。電話局から離れると速度が落ちる理由はここにあります。

雑音や減衰などの回線特性は、電話回線一つひとつで全部異なります。時間によって変化することもあります。そのため、ADSLには回線の状態を調べ、使う波の数や、個々の波に対応付けるビット数を判断する仕組みも用意されています。具体的には、モデムの電源を入れたときに、試験信号を送り、その受信状態によって波の数やビット数を判断します。これをトレーニングといい、数秒から数十秒かかります。

■スプリッタの役割

ADSLモデムで電気信号に変換したセルは、次にスプリッタという装置に入ります。そこで、ADSLの信号は、電話の音声信号と混じって電話回線に一緒に流れ出て行きます。ユーザー側からの信号を送り出すときは、電話とADSLの両方の信号をそのまま流すだけで、スプリッタは特に仕事をしません。

その信号はやがて電話局に届き、多数のケーブルをつなぐ配線盤（MDF、図4.2左側の写真）を通って、スプリッタに入っていきます。スプリッタの基本機能はユーザー側にあるものと同じですが、信号を受信するときは電話とADSLの信号を分ける役割を果たします（**図4.7**）。スプリッタには、一定の周波数を超える信号をカットする機能があり、電話交換機側に流れて行く信号は高い周波数がカットされます。これで電話交換機側には電話の信号だけが流れていきます。一方、DSLAM*（図4.2右側の写真）へ向かう信号はそのまま流れます。DSLAMの内部には、ADSLで使う周波数から外れる不要な周波数をカットする機能があるので、こちらはスプリッタがカットする必要がないからです。

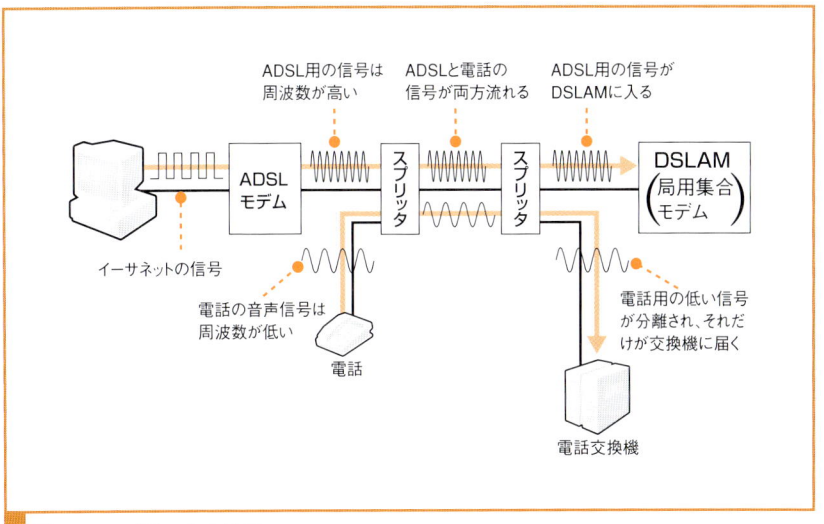

第4章　プロバイダからインターネット内へ

図4.7　スプリッタの役割

　スプリッタは、電話側に流れる高い周波数の信号をカットするので、ADSL側から電話側へ与える影響を防ぐために使うものと考えがちですが、電話側からADSL側へ与える影響を防ぐ役割も持っています。スプリッタがないと、受話器を取って回線を接続した状態と、受話器を置いて回線を切断した状態で、信号の伝わり方が変わります。受話器を置いた状態だと電話器の回路は回線から切り離された状態なのですが、受話器を取るとそれが回線につながった状態になり、そちらまで信号が流れて行ってしまうからです。信号の伝わり方が変わると雑音などの影響も変わるので、回線の状態を調べるトレーニングのやり直しが必要になり、その間数10秒程度通信が中断します。スプリッタはそれを防ぐ役割も持っています。高速にトレーニングをやり直す仕組みがあればスプリッタがなくても支障が起こらないという考え方もあり、G.992.2仕様にはその仕組みが盛り込まれましたが、その仕組みを実現した機器が製品化されていない、ADSLの信号が雑音となり電話の声が聞き取りにくくなる、といった理由からG.992.2仕様のADSLでもスプリッ

タを使うのが一般的です。

電話局までの道のり

　ここで話を少し戻し、ユーザー側でスプリッタを通過した信号が電柱に敷設した電話ケーブルに入り、そこを流れていくところを説明しましょう。

　まず、ユーザー側のスプリッタの先には、電話ケーブルを差し込むモジュラ・コネクタがあります。そこを抜けると、ビルなどの場合はIDF（Intermediate Distribution Frame、中間配線盤）やMDF（Main Distribution Frame、主配線盤）というものがあります。ここには外から入ってくる配線と、ビル内の配線が両方つなぎ込まれており、そこで外の配線と屋内配線が接続されています。一戸建て住宅の場合は電話線が何本もあるわけではないので、配線盤はありません。これを過ぎたら、次は保安器です。これは、落雷があったときなど、外の電話線から過大な電流が流れ込まないように保護するためのもので、内部にはヒューズなどが入っています。

　そこを抜けたら、信号は電柱の電話ケーブルに入っていきます。電話ケー

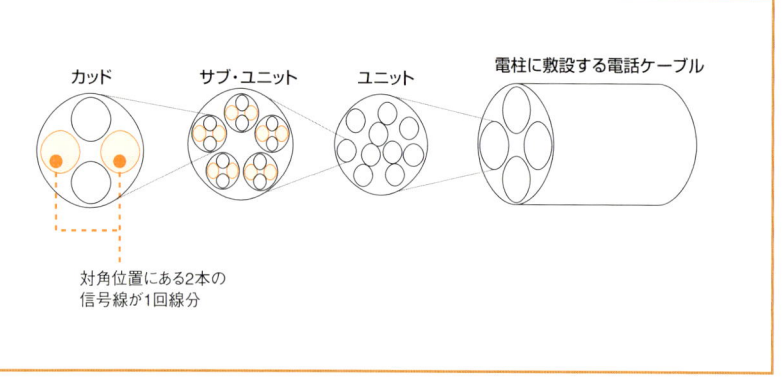

図4.8　多数の信号線を束ねた電話ケーブル
　「プラスチック絶縁ケーブル」と呼ばれるタイプの構造を示した。カッドを5本束ねてサブ・ユニット、サブ・ユニットを10本束ねてユニット、ユニットを4本束ねて電話ケーブルを構成している。電話局に近づくにつれて、束ねられていく。

ブルの信号線は太さ0.4〜0.9ミリメートル[注8]の金属でできており、それが**図4.8**のような構造で束ねられています。

　このケーブルはユーザーの近くでは電柱に敷設されていますが、途中で電柱の脇にくくりつけられた金属のパイプの中に入り、そこから地下に入っていきます。そこを「き線点」と呼びます。電話ケーブルは一軒一軒の住宅やビルに伸びているので、電話局に近づくとかなりの数のケーブルが集まってきます。それを全部電柱で電話局まで引っ張ると、電話局の周りは電柱だらけになってしまうでしょう。それでは困るので、ある程度電話局に近づいたところで地下にケーブルを埋設するわけです。電話局に近づくにつれて、その地下ケーブルも数が増えるので、それを集めて埋設する部分は地下道のようになります。その部分を「とう道」といいます（**写真4.1**）。このとう道を通って電話局に入っていったケーブルは、電話局のMDFに1本1本つなぎ

写真4.1　とう道

[注8) 信号線の太さによって、信号の減衰などの特性が違います。細い線は減衰が比較的大きいので、電話局から近い場所は細い信号線、遠くまでケーブルを伸ばす場合は太い信号線、というように使い分けます。

込まれます。

ISDNの影響

　この電話ケーブルの中を信号が通るとき、いろいろな雑音の影響を受けます。電話ケーブルは、構造に違いはありますが、信号線の中を電気信号が流れるという面では、ツイストペア・ケーブルと共通点があります。つまり、電話ケーブルもツイストペア・ケーブルと同様に、近くにある信号線からクロストーク*による雑音の影響を受けるのです[注9]。電話ケーブルはツイストペア・ケーブルと違って、クロストークを抑える仕組みがないので、ツイストペア・ケーブルより影響が大きいといえます。特に大きく影響するのがISDN回線の信号線から漏れる雑音です。同じカッドの中や隣接するサブユニットの近い位置にISDN回線の信号線がある場合、そこから漏れる雑音がADSLに影響を与えます。ここはちょっと難しいですが、今、非常に注目されているところなので興味のある方はぜひ読んでください。

　その影響を説明する前に、そもそもISDN回線にどのような信号が流れるのか説明しましょう。ISDN回線に流れる信号は、電話の音声をデジタル化したもので、その考え方は**図4.9**のようなものです。つまり、音声をマイクロフォンで電気信号に変換し、その信号の強さを125マイクロ秒間隔、つまり、1秒回に8000回測って8ビットの数値に直すのがデジタル化の基本です[注10]。この8ビット・データを20個分、つまり、2.5ミリ秒分集めて一つのフレームに格納し、それを四角い形の信号に変換してケーブルに送ります。

　2.5ミリ秒間隔でこのフレームを一つずつ送れば音声データが電話局に届くことになるのですが、その送り方にはルールがあります。電話はこちらが

注9）　クロストークだけでなく、ケーブルの外から入ってくる雑音もあります。AMラジオ放送の電波がその例です。
注10）　毎秒8000個分の8ビット・データが生じるので、データ量は64キロビット/秒になります。ISDNの64キロビット/秒という速度は、このデータ量から決まりました。

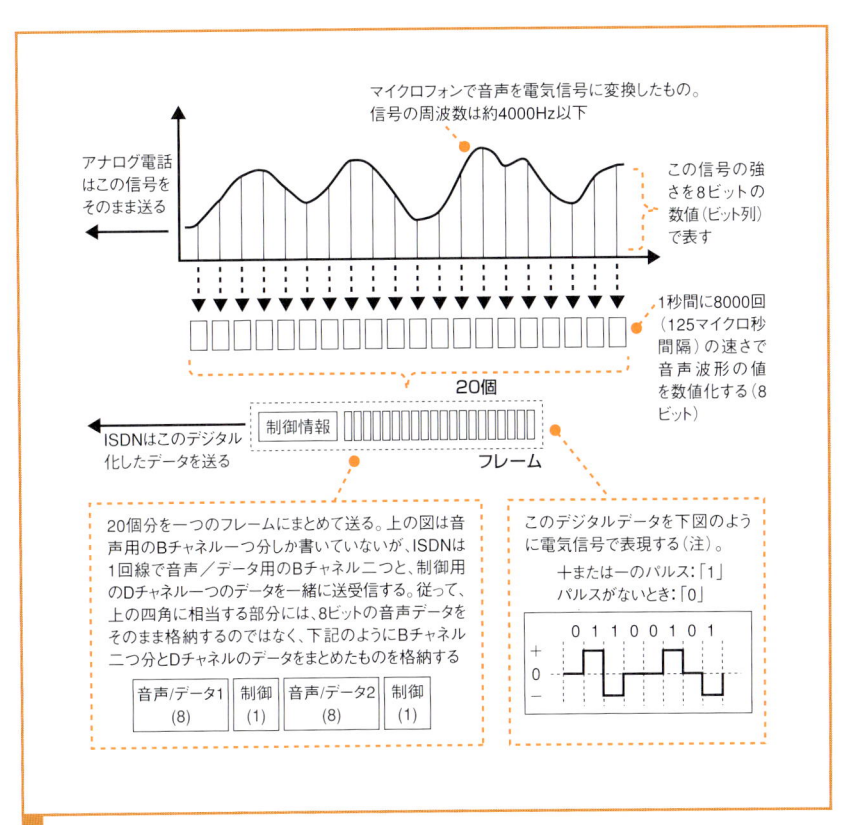

図4.9　ISDNの信号
（注）この図の波形は架空ケーブル上を流れるときのもので、DSUのインタフェース部分（S/T点）での信号は＋、－が逆になります。

話す声と相手が話す声を同時に伝えます。つまり、全2重で動作します。ですから、こちらから電話局側に送る上り方向だけでなく、下り方向にもフレームを送らなければいけません。それも、2.5ミリ秒間隔で一つずつ送る必要があります。しかし、それを同時に送ると途中で衝突してしまいます。そこで、2.5ミリ秒の間に上りと下りのフレームを交代に一つずつ送ることにします。細かいことは省略しますが、フレームを送るときの速度は320キロビット/秒なので、一つのフレームの所要時間は1.178ミリ秒となります。それを

交互に送りますから、2.5ミリ秒の間に上りと下りのフレームを一つずつ送る動作が終わります。そして、これを繰り返します。すると、ISDN回線には上りと下りのフレームが交互に流れることになります。その動きからこの方式を、通称、「ピンポン伝送」と呼びます。

結局、ISDN回線には320キロビット/秒のパルス形信号が交互に流れるのですが、パルス形信号には、高い周波数が含まれており、その周波数分布をグラフで表すと**図4.10**のようになります。図でわかるように、この信号の周波数はADSLの周波数と重なるので、ここから漏れる雑音がADSLに影響することになります[注11]。

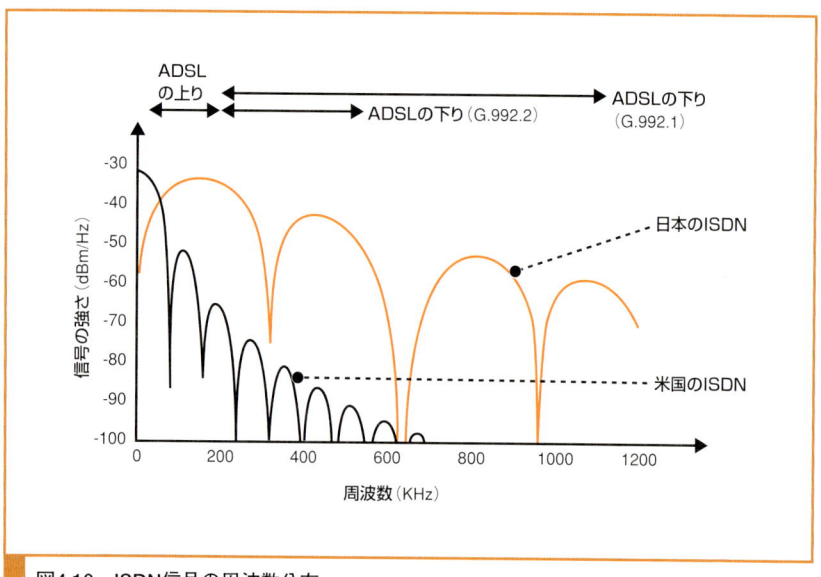

図4.10　ISDN信号の周波数分布
　　ISDN回線を流れる信号は、国によって方式が違う。日本国内のもの（TCM-AMI）は、米国の方式（2B1Q-EC）と比べて信号の周波数が幅広く、ADSLに与える影響が大きい。

注11） ピンポン伝送によって320キロビット/秒のパルス形信号を送る方式は日本独自のもので、その影響を考慮しなければいけないのは日本独自の事情となります。

■ISDN信号に同期させてADSLの信号を変化させる

　雑音の影響は、本来の信号の強さと雑音の強さの比率によって決まりますが、ISDNとADSLの組み合わせでは、本来の信号が弱くなっているときに強い雑音が入ってくる、という最悪の状態が生じることがあります。ユーザー側で下りのADSL信号を受信するときに、近くのユーザーから上りのISDN

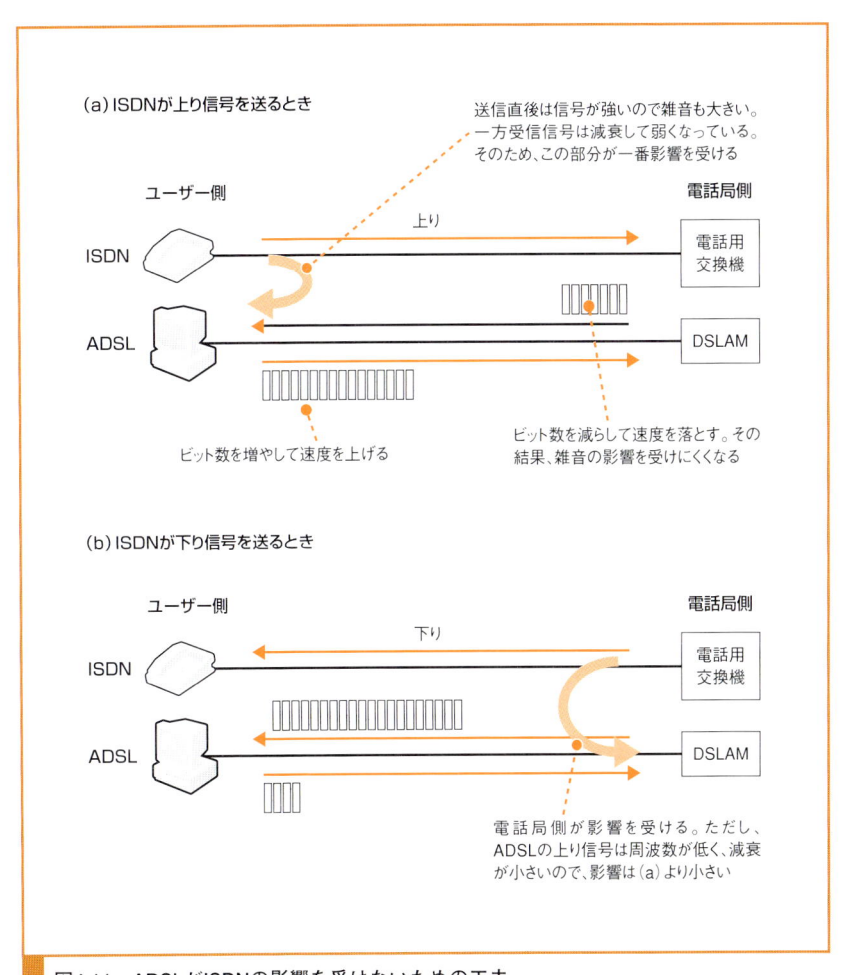

図4.11　ADSLがISDNの影響を受けないための工夫

信号が送信される場合です。ADSL信号の方は電話局から長い距離を経ていますから、ユーザー側に届いたときには減衰して弱くなっています。下り信号は周波数が高く減衰が大きいので、この傾向が顕著に現れます。一方、ISDNの方はユーザー側から送信された直後なので、まだ信号が強い状態にあります。ユーザー側でこの二つが重なるときが最悪のケースとなります。

　これを避けるために、ADSLの直交振幅変調方式に、ある工夫が盛り込まれました。具体的には、ISDNが上り方向に送信するとき、ADSL下り信号の振幅と位相の段階を減らすことにしたのです（**図4.11**（a））。段階が少なければ、信号が多少弱っても、あるいは、雑音の影響を受けて多少変形しても判別できます。段階を減らした分、対応付けるビット数が減り速度が低下しますが、それはやむを得ません。雑音の影響を受けてエラーになるよりはましです。

　これとは逆に、ISDNの信号が下り方向に流れるときは、電話局側に影響が出ますから、そのときは上り方向のADSL信号に対応付けるビット数を減らして、雑音の影響を受けにくくします（図4.11（b））。

　信号に対応付けるビット数のパターンを二つ用意して、タイミングによって切り替えるところから、この方式を「デュアルビットマップ」（DBM）と呼びます[注12]。

■DSLAMを通過してBASに届く

　電話ケーブルを通って電話局にたどり着いた信号は、配線盤、スプリッタを通過してDSLAMに届きます（図4.3⑧）。そこで、電気信号をデジタル・データのセルに戻します（図4.3⑨）。DSLAMが信号の波形を読み取って振幅と位相を調べ、それがどのビット値に対応するか判断してデジタル・データに戻すわけです。この動作は、ユーザー側にあるADSLモデムの受信動作と同じです。ですから、電話局側にユーザー側と同じADSLモデムを多数並べても、同じことができます。しかし、ユーザー側と同じADSLモデム

を多数設置すると、場所をとりますし、数が多いと動作を監視するのも大変な手間がかかります。そこで、多数のADSLモデムに相当する機能をまとめて一つの筐体に収めることにしました。それがDSLAMという装置です。

ただ、DSLAMとユーザー側のADSLモデムとは違うところが一つあります。ADSLモデムはイーサネット・インタフェースを持ち、ユーザー側のルーターやパソコンとやり取りするときはイーサネットのパケットを送受信しますが、DSLAMはそうではありません。イーサネットの代わりにATMインタフェースを持つものが大半で、パケットを分割したセルの形のままで、後方のルーターとやり取りします[注13]。

DSLAMを出たセルは、ATM網を経由して、アクセス・ポイントというプロバイダの施設に入っていきます。アクセス・ポイントにはブロードバンド・アクセス・サーバー（BAS）という装置があり、セルはそこに入っていきます（図4.3⑩）。BASにもDSLAMと同じようにATMインタフェースがあり、そこでセルを受信します。そのATMインタフェースは受信したセルを元のパケットに戻す機能を持っているので、そこでデータは元のパケットの形に戻ります（図4.3⑪）。これで、BASの受信動作は終わりです。そうしたら、受信したパケットの先頭部分にある余分なヘッダーを捨てて、IPヘッダー以後の部分を取り出します（図4.3⑫）。イーサネット・インタフェースを持つルーターはパケットを受信したときにMACヘッダーを取り除きますが、それと同じことです。MACヘッダーやPPPヘッダーはルーターのインタフェースにパケットを届けるために使うものですから、インタフェースがパケットを受信した時点で役割を終えたことになります。ですから、そこで取り除くわけです。

[注12] G.992.1とG.992.2仕様には、日本向けに作られたAnnex.Cという添付部分があり、そこでデュアルビットマップ方式の仕様が定められています。
[注13] ATMのセルに分割せず、パケットのままADSLの信号に変換するタイプのDSLAMは、パケットの形で後方のルーターとやり取りします。

BASはルーターの一種ですから、受信したパケットを中継します。その動作は、会社や家庭のルーターと同じで、経路表で中継先を判断して、出力側インタフェースからパケットを送信します。

■ユーザー認証と設定情報通知

　このパケット中継動作は普通のルーターと変わりありませんし、これだけだったら、この機器をわざわざBASと呼ぶ意味はありません。BASと呼ぶのは、パケット中継以外の役割も持っているからです。パスワードを確認して、IPアドレスやネットマスクといったTCP/IPの設定情報をユーザー側に通知する役割です。この役割を実現するためにPPPと呼ぶプロトコルを使います。これは、ダイヤルアップ接続で用いる仕組みを流用したものなので、基になったダイヤルアップ接続から説明することにしましょう。

　電話回線やISDNを使ってインターネットにダイヤルアップ接続するときの手順は、次のようになるでしょう。まず、アクセス・ポイントに電話をかけ（図4.12①）、電話がつながったらユーザー名とパスワードを入力してログイン操作を行います（②-2）。このユーザー名とパスワードは、RADIUSというプロトコルを使ってリモート・アクセス・サーバー（RAS）からユーザー認証サーバーに転送され、そこで正しいかどうか検査を受けます。そして、パスワードが正しいと確認できたら、認証サーバーからIPアドレスなどの設定情報が返送されるので、今度はそれをクライアント側に転送します（②-3）。クライアント側はその情報に従って、インタフェースのアドレスなどを設定し、これでTCP/IPのパケットを送受信する準備が整ったことになります。そして、これ以後、TCP/IPのパケットの送受信動作に移ります（③）。

　ダイヤルアップ接続のポイントは、この図の②-2と②-3の動作にあります。インターネットに接続する機器にはグローバル・アドレスを設定しなければいけませんが、それを事前に固定した値に決めておくことができません。ダイヤルアップ接続は電話番号によってアクセス・ポイントを切り替えること

第4章 プロバイダからインターネット内へ

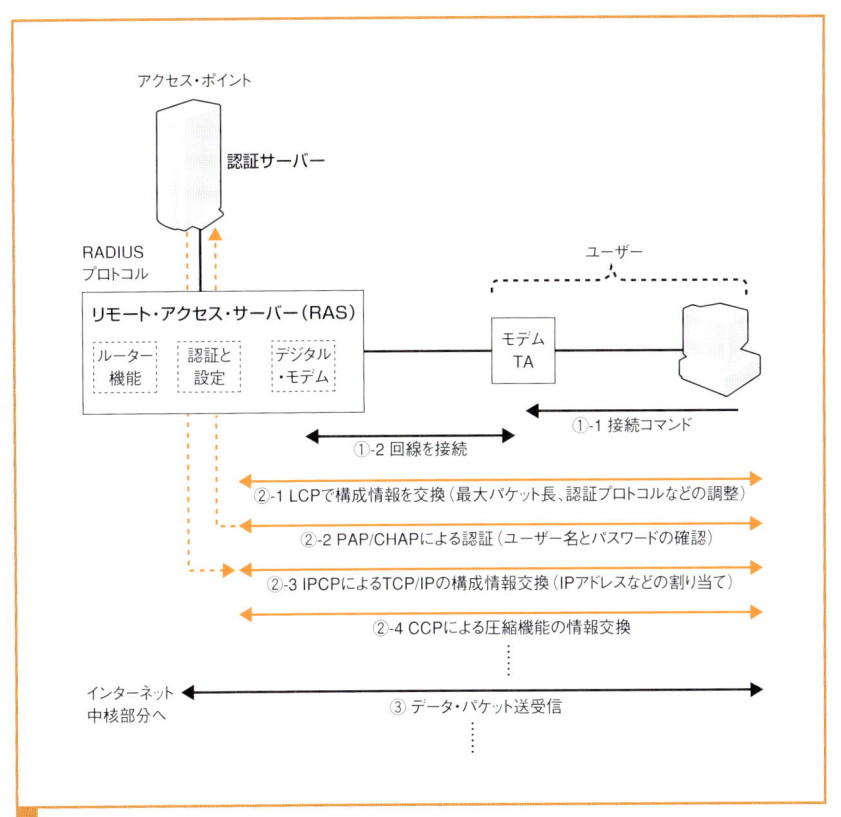

図4.12 ダイヤルアップ接続の接続動作

ができますが、切り替えたアクセス・ポイントによってアドレスが違うので、事前にアドレスを固定できないのです。そこで、接続したときにインターネット側からクライアント側にグローバル・アドレスを通知することで、この問題を解決しました。アドレスだけでなく、DNSサーバーのアドレスなどの設定値も必要なので、それも通知します。また、接続してきたクライアントが契約した本人であることを確認する認証動作も必要です。②-2と②-3の動作を行う理由はここにあります。そして、この動作を行うプロトコルをPPPと呼ぶわけです。

PPPは上のような手順でパスワードを確認してTCP/IP設定情報を通知するだけではありません。その後に続くデータをパケット送受信する動作（図4.12③以後）もコントロールします。つまり、データ・パケットの送受信動作を始める前に必要なものを準備するという役割と、データ・パケットの送受信動作そのものをコントロールするという二つの役割を持っているということです。

　そして、二つの役割の具体的な動作は異なります。準備段階の動作は、クライアントとRASがユーザー名やパスワードなどの制御情報を格納したメッセージを送り合って、データ・パケットを送受信するための条件などを打ち合わせします。それが終わってデータ・パケットを送受信する段階に入ったら、もう、そうした制御情報をやり取りすることはありません。準備が終わって、電話回線はデータ・パケットを送受信できる状態になったわけですから、その後は、電話回線にデータ・パケットを流す動作に切り替わります。

　PPPのデータ・パケット送受信動作の基本はイーサネットの全2重動作と似ています[注14]。ただ、次の点が違います。まず、イーサネットの場合はIPヘッダーの前にMACヘッダーを付けますが、PPPプロトコルの場合は、IPヘッダーの前にPPPプロトコル用のヘッダーを付加します。パケットの宛先を指定する方法も違います。イーサネットはARPによってパケットを渡す相手のMACアドレスを調べてそれをMACヘッダーに記載します[注15]が、PPPの場合はそうした動作を行いません。ダイヤルアップ接続の場合、出力したパケットは否応なく電話回線を接続した相手に流れていきます。ですから、イーサネットのようにヘッダーに宛先アドレスを記載する必要はありませんし、ARP

注14）イーサネットのパケット送受信動作は、第2章に説明があります。
注15）イーサネットがARPによってパケットを渡す相手のMACアドレスを調べる動作について第2章に説明があります。
注16）PPPではなく、DHCPという方法でアドレスなどの設定情報をクライアント側に通知する方法もあります。

で宛先アドレスを探す必要もありません。つまり、そういった動作を行わず、決まりきった内容のPPPヘッダーを付加してパケット送受信動作を行うだけです。ですから、PPPヘッダーにはMACヘッダーのように宛先アドレスや送信元アドレスはありません。MACヘッダーのタイプ・フィールドに相当する情報、つまり、プロトコルの種類を表す情報があるだけです。

ADSLでPPPを動かすPPPoA

　ADSLでもこのPPPの仕組みを使ってパスワードを確認したり、アドレスなどの設定情報をクライアント側に通知したり、データ・パケットの送受信動作をコントロールします。ADSLは、ダイヤルアップのように電話番号で接続先を切り替えるのではなく、固定的にユーザーとBASを接続しますから、パスワードで本人を確認する必要はありません。ですから、PPPの仕組みがないと動かないというわけではないのですが、PPPを使って設定情報を通知する方法が便利なので、そのためにPPPを使うわけです。PPPを使わないと、IPアドレスなどを事前にクライアント側に設定しておかなければいけません。初心者にはそれが負担になるでしょうし、間違いの元にもなるからです注16。

　ただし、PPPプロトコルをそのままADSLを使って流すことはできません。PPPプロトコルは、電話回線や専用線で使うように作られたものなので、そのままではADSLでは使えないからです。そこで一工夫しました。ADSLはATMのセルを使ってデータを運びますから、セルを使ってPPPのメッセージを運べるような仕様を作ったのです。それが、「PPPoA」（PPP over ATM）というものです。

　ダイヤルアップ接続のPPPとADSLのPPPの違いは具体的な動きを見るとわかります（**図4.13**）。この図にはユーザー名とパスワードを送って確認するときの動きしか書いてありませんが、そこには次のような違いがあります。

　まず、ダイヤルアップはクライアント・パソコンでユーザー名とパスワー

ドを入力することが多いのですが、ADSLのときは、ADSLモデムにユーザー名とパスワードを設定しておく方法が一般的です。しかし、これはダイヤルアップ接続とADSLの違いとは関係ありません。ダイヤルアップ接続の場合は、インターネットにパソコンを直接接続するのに対して、ADSLの方は

(a) ダイヤルアップ接続のPPP

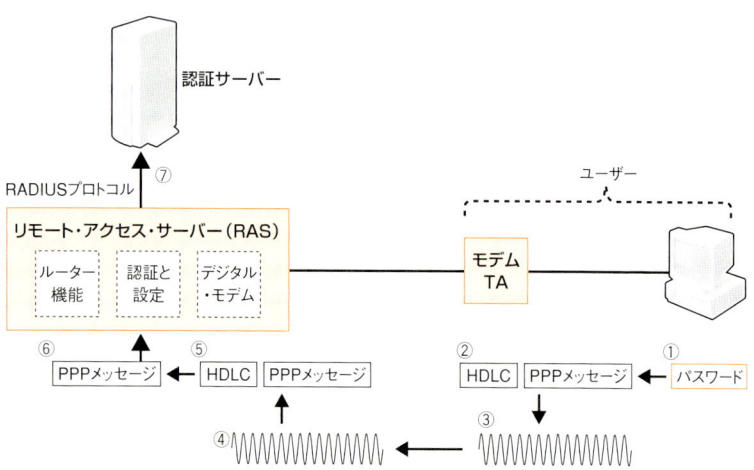

認証サーバー

RADIUSプロトコル

リモート・アクセス・サーバー(RAS)
- ルーター機能
- 認証と設定
- デジタル・モデム

ユーザー

モデム TA

⑥ PPPメッセージ ← ⑤ HDLC ← PPPメッセージ ← ② HDLC ← PPPメッセージ ← ① パスワード

③ ④

① クライアント・パソコンでユーザー名とパスワードを入力
② ユーザー名/パスワードを基にPPPメッセージを作り、それをHDLCフレームに格納して送信
③ モデムで変調して電話回線に送信
④⑤ 信号を受信してHDLCフレームに復元
⑥ RASの認証機能にPPPメッセージを渡す
⑦ 認証サーバーにユーザー名/パスワードを転送し、パスワードの正誤を検査

図4.13 PPPの認証動作の流れ
(a)(b) いずれの場合も、パスワードが正しければ、逆の経路でIPアドレスなどの設定情報を通知する。その情報に基づいてクライアント側がアドレスなどを設定したら、データ・パケット送受信の準備が完了する。その後データ・パケットの送受信動作に移る。

ADSLモデムとルーターが一体化されており、そのルーターがインターネットに接続する機器となります。その直接接続する機器がPPPのやり取りを行うので、そこにユーザー名とパスワードを設定する、ということです。ダイヤルアップ接続の場合でもルーターを使う場合があります。ISDNでダイヤル

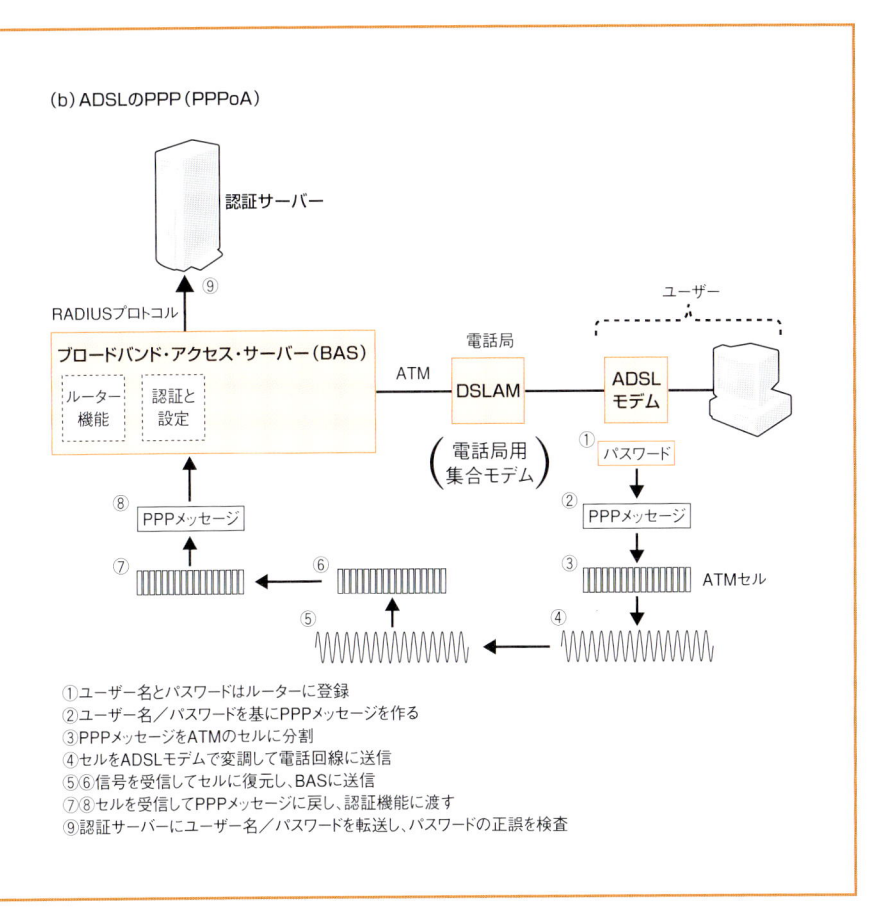

(b) ADSLのPPP（PPPoA）

① ユーザー名とパスワードはルーターに登録
② ユーザー名／パスワードを基にPPPメッセージを作る
③ PPPメッセージをATMのセルに分割
④ セルをADSLモデムで変調して電話回線に送信
⑤⑥ 信号を受信してセルに復元し、BASに送信
⑦⑧ セルを受信してPPPメッセージに戻し、認証機能に渡す
⑨ 認証サーバーにユーザー名／パスワードを転送し、パスワードの正誤を検査

アップ・ルーターを使う場合がその例です。その場合も、ルーター・タイプのADSLモデムと同じようにユーザー名とパスワードをダイヤルアップ・ルーターに設定します。これと同じと考えればよいでしょう。

　次の違いは、ユーザー名やパスワードを格納したPPPメッセージを送る場面です。ダイヤルアップ接続はHDLC*というフレームにPPPメッセージを格納してインターネット側に送信します。このHDLCという仕様は元々専用線を使ってパケットを送受信するために作られたもので、ダイヤルアップ接続では、その仕様を一部修正して使っています。ADSLの場合は、HDLCのフレームではなくATMのセルでデータを運ぶことになっているので、この方法が使えません。そこで、PPPメッセージを分割してATMのセルに格納する方法を使います。その仕様を定めたものがPPPoAで、ここがダイヤルアップとADSLの違いの核心部分となります。

　もう一つの違いはPPPメッセージを受信するところです。ダイヤルアップ接続では、インターネット側にリモート・アクセス・サーバー（RAS）と呼ぶ機器を使いますが、そこにはデジタル・モデムというモデム機能が内蔵されています。そのため、受信した信号をデジタル・データに戻し、HDLCフレームからPPPメッセージを取り出すところまで、一気に機器の内部で実行します。ADSLの方は、DSLAMというモデムと認証やルーターの機能を持つBASとが分かれており、その間をATM技術で結んでいます。そのため、DSLAMで電気信号をセルの形に戻したところでブロードバンド・アクセス・サーバー（BAS）に送り、BAS側でセルからPPPメッセージを取り出して、認証サーバーに転送してパスワードを確認する、というように役割分担があります。

　このような違いはありますが、ユーザー名とパスワードを基に作ったPPPメッセージがBASまで届き、そこから認証サーバーに転送して、ユーザー名とパスワードを確認するという動きはADSLもダイヤルアップも変わりません。パスワードが正しかったら、先ほどとは逆の経路をたどってIPアドレス

などの設定情報をクライアント側に通知するという動きも変わりありません
し、クライアント側が設定通知に従ってアドレスなどを設定するところも変
わりません。こうした準備段階が終わり、PPPヘッダーを付けてデータ・パ
ケットを送受信するところも同じです。ダイヤルアップ接続ではPPPメッセ
ージをHDLCフレームに格納して運んでいたところを、ATMのセルで運ぶよ
うにすれば、ADSLでもダイヤルアップ回線と同じようにPPPを使えるように
なる、ということです。なお、図4.3の⑤と⑪のパケット先頭部分に付いて
いるPPPヘッダーは、データ・パケット送受信時に付けるPPPヘッダーを表
しています。

■PPPoA以外の方法のメリットとデメリット

　この探検ツアーは、ルーター・タイプのADSLモデムとPPPoAを組み合わ
せる方法を典型的な例として取り上げていますが、現実のADSLサービスに
はこれ以外の方法もあり、各方法にメリットとデメリットがあります。その
メリットとデメリットを理解することはADSLサービスを選択する際に役立
ちます。話は横道にそれますが、その辺を簡単に説明しましょう。

　ルーター・タイプのADSLを使う場合、会社や家庭のLANにはプライベー
ト・アドレスを割り当て、ルーター・タイプのADSLモデムでアドレス変換
してインターネットにアクセスします[注17]。会社や家庭のLANに複数のパソコ
ンをつなぐ場合はこれ以外に選択肢はありませんが、つなぐパソコンが1台
しかない場合は、ルーター・タイプではなく、ブリッジ・タイプのADSLモ
デムを使って、パソコンにプライベート・アドレスではなく、グローバル・
アドレスを割り当てたいこともあります。プライベート・アドレスだと、イ
ンターネット電話、インターネットVPN、チャット、対戦型ゲームといった
アプリケーションが動かない場合があるからです。しかし、PPPoAを使う方

注17) アドレス変換は第2章、図2.18を参照。

法だと、簡単にルーター・タイプからブリッジ・タイプに置き換えることはできません。

　その理由を正確に説明するのは難しいので、一つの場面に着目して、それがうまく動かないことを説明しましょう。PPPoAを使う方法だと、パスワードを確認した後、BASがグローバル・アドレスなどのTCP/IPの設定情報をPPPメッセージに格納して送ってきます。ADSLモデムがルーター・タイプの場合は、BASが送ってきたPPPメッセージをADSLモデムが受け取り、そこから設定値を取り出してADSLモデムの内部にあるルーターのインタフェースに設定しますが、ADSLモデムをブリッジ・タイプに置き換える場合は、PPPメッセージをADSLモデムで受け取らずにパソコンまで届けなければいけません。ブリッジにはアドレスを設定せず、PPPメッセージをパソコンに届けて、パソコンにグローバル・アドレスを設定しないといけないからです。

　ところが、ADSLモデムに内蔵されているルーターの部分をブリッジに置き換えるだけではパソコンにPPPメッセージを運ぶことができません。BASから送られてくるPPPメッセージはATMセルの中に入ってADSLモデムに届きます。そこでADSLモデムがATMセルを受信して中身を取り出すと、当然のことですが、PPPメッセージが出てきます。しかし、ADSLモデムのパソコン側のインタフェースがイーサネットだと、これをイーサネットに送信できないのです。PPPメッセージをイーサネットに送信するには、その先頭にMACヘッダーを付け、末尾にFCSを付けなければいけないのですが、ブリッジ・タイプのADSLモデムにはそんな機能はないからです。ブリッジというのは、パケットをそのまま右から左に流すだけの機能しかないので、パケットにヘッダーやFCSを付けることはできません。ここがルーターと違うところです。

　この問題を解決するには、ADSLモデムのパソコン側のインタフェースをATMのセルを運べるものに変更しなければなりません。一部のADSLサービスが提供しているUSBでパソコンに接続するタイプのADSLモデムはこのために作られたものです。ATMセルの信号形式を変換すればUSBで運べます。

ですから、USBならATMセルをパソコンまで運び、そこで、ATMセルからPPPメッセージを取り出すことができるわけです。後はPPPメッセージからグローバル・アドレスなどの設定値を取り出してパソコンのLANアダプタ（USBインタフェース）に設定するだけです。しかし、この方法は、パソコンにUSB用のドライバ・ソフトをインストールする必要があるといった面倒があるため普及しませんでした。

　では、ブリッジ・タイプのADSLモデムを使ってパソコンにグローバル・アドレスを割り当てる方法はないのかというと、そうではありません。PPPoAという方式を使うからPPPメッセージをパソコンに運べなくなる、というところに原因があるので、PPPoAではない別の方法でPPPメッセージを運ぶようにすれば、この問題を解決できるはずです。それが、「PPPoE」（PPP over Ethernet）という方式を使う方法です。

　PPPoEは、PPPのメッセージを直接ATMセルに格納するのではなく、一度イーサネットのパケットに格納し、それをATMのセルに格納する方法をとります。これなら、ADSLモデムで受け取ったATMセルから中身を取り出すと、PPPメッセージそのものが出てくるのではなく、PPPメッセージを格納したイーサネットのパケットが出てきます。これなら、ブリッジでもパソコン側にあるイーサネットにそのまま送信できます。ブリッジでパケットを中継してイーサネットに送ればPPPメッセージを格納したパケットはパソコンに届きます。そうしたら、パケットの中からPPPメッセージを取り出し、そこに記されているグローバル・アドレスなどの設定情報をLANアダプタに設定できます。こうやってクライアント・パソコンとBASの間でやり取りする情報をすべてイーサネットのパケットに格納してから送るようにすれば、ADSLモデムをブリッジ・タイプにすることができます。

　PPPoEなら、ルーター・タイプのADSLモデムを使うこともできます。ルーターならパケットを何の問題もなく扱えるからです。しかし、ルーター・タイプは必ずしも必要とはいえません。ブリッジ・タイプのADSLモデムにル

ーターを接続すれば、ルーター・タイプのADSLモデムと同じことができるからです。つまり、ADSLモデムをブリッジ・タイプにしておけば、ルーターが必要な場合と必要でない場合の両方をカバーできるということです。

　ブリッジ・タイプのADSLモデムを使えるという点はPPPoEの利点ですが、PPPoEにも問題があります。PPPoEを使うときは、パケットの先頭部分、つまり、IPヘッダーの前にPPPヘッダーを付けますが、パスワード確認が終わり、データ・パケットを送受信する段階に入ると、これが邪魔になります。イーサネットのパケットは、先頭にあるプリアンブルから最後尾のFCSまで、全部合計して1526バイト以内と決められています。データ・パケットの中には、この最大長に達する長いパケットもあります。PPPoEは何でもかんでも全部イーサネットのパケットに格納することになっていますから、この最大長の長いデータ・パケットもイーサネットのパケットに格納することになります。しかし、PPPoEはPPPヘッダーを付けますから、単純にデータ・パケットをPPPoEのやり方でイーサネットのパケットに格納しようとすると、PPPヘッダーの分だけパケット長が長くなり、イーサネットの規定を超えてしまいます[注18]。これではパケットを送れませんから、フラグメンテーションの機能によって、パケットを分割することになります[注19]。そうすると、パケットの数が増えてしまい、ネットワークの利用効率やデータ転送速度が低下するのです。

　ここまで説明してくると、気づく人もいるかもしれません。そもそも、ATMのセルを使うからこういった問題が出てくるのであって、ATMセルを使わずに、イーサネットのパケットをそのままADSLの信号に変換して送れば、スムーズにいくのではないかと。そのとおりです。イーサネットのパケットをそのままADSLの信号に変換して流せば、ツイストペア・ケーブルでパケットを送るのと似た状態になり、上のような問題は起こらなくなります。

　ATMのセルを止めても、PPPを使う限り、PPPoEと同じように最大パケット長が長くなり、フラグメンテーションでパケットが分割されるという問

題が残りますが、それも解決策があります。PPPの利用もやめるのです。ADSLは電話やISDNと違って接続する相手が変わるわけではなく、回線は固定的に接続された格好になりますから、パスワードでユーザーを確認する必要はありません。TCP/IPの設定情報を通知するためにPPPを使っているだけです。ですから、PPPの代わる仕組みを使ってTCP/IPの設定情報を通知すればPPPは、もう必要ありません[注20]。そういう仕組みがあります。社内のLANでTCP/IPの設定情報を通知するために使うDHCPというものです。

　これで、上に挙げた問題は解決します。現実に、この方法を採用しているADSL接続事業者もあります。ただし、イーサネットのパケットをそのままADSL信号に変換して運ぶ方法は、一部メーカーが独自仕様に基づいて作ったもので、ATMセルを使う方法のように標準化されたものではありません。

■アクセス・ポイントの構成

　探検ツアーの続きに話しを戻します。インターネットは多数のルーターを接続した巨大なネットワークであり、ユーザーからアクセス回線を流れてきたパケットは、とりあえず最初のルーターに到達します（図4.1①）。BASはこのルーターに相当します。これがインターネットの入り口であり、そこから先がインターネットということになります。

　インターネットの実体は、一つの組織が運営管理する単一のネットワークではなく、多数のプロバイダのネットワークを相互に接続したものです（図

注18）NTT東西のADSLサービスはPPPヘッダー以外にも制御用のヘッダーを付けるので、さらにパケットは長くなります。
注19）フラグメンテーションは第3章、図3.14を参照。
注20）PPPによってユーザー名とパスワードを確認する方法には、ユーザーのアクセス記録を残す、という効果もあります。ADSLサービスは常時接続の定額サービスなので、ユーザーのアクセス記録を残す必要はありませんが、障害や事故が起こったときにアクセス記録があった方が原因究明に役立つという考え方もあり、PPPは何の役にも立たないというわけではありません。

4.14)。そして、最初のルーター、つまり、BASはこの図のAP（アクセス・ポイント）に設置するのが通例です。

アクセス・ポイントを拡大してみましょう（**図4.15**）。アクセス・ポイントの構成は、アクセス回線数やプロバイダの事業形態などによって異なりますが、アクセス回線を接続するルーター、NOC（Network Operations Center：プロバイダの中心的な役割を果たす設備）や他のアクセス・ポイントに接続するためのルーター、というように用途に応じて異なるタイプのルー

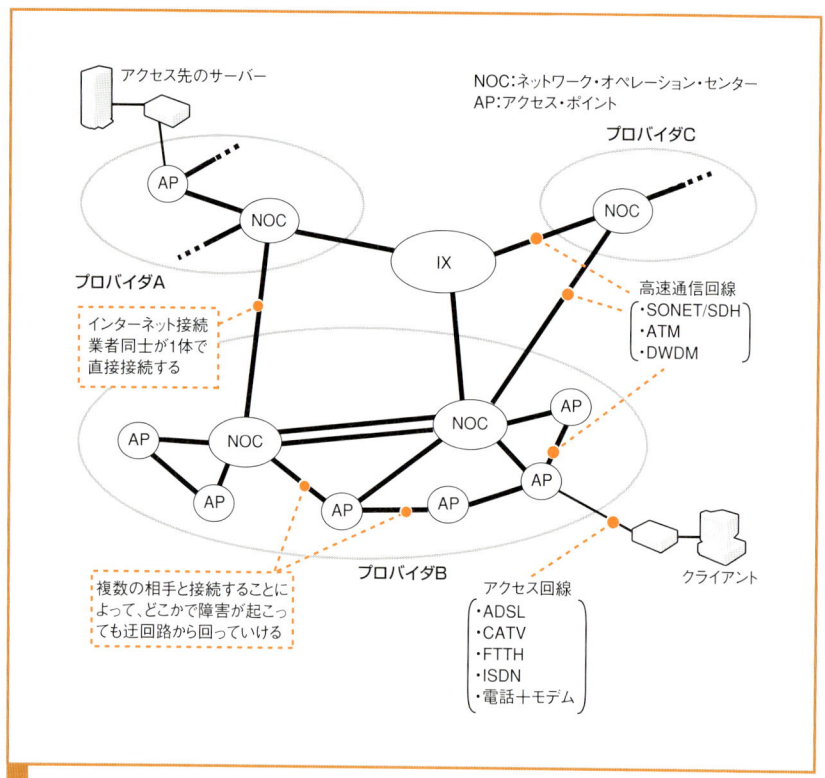

図4.14　インターネット接続業者のネットワーク
　　　　各プロバイダは、ユーザーを収容するアクセス・ポイント（AP）とネットワーク・オペレーション・センター（NOC）でネットワークを構築している。プロバイダ同士は、直接あるいはIXを経由してつながっている。

ターを使い分けるのが一般的です。ルーターの基本動作はここでも変わりませんが、役割によっていろいろなタイプのルーターを使い分ける、ということです。

　この例では、中央部分にアクセス回線を接続するルーター群があり、アクセス回線の種類に応じてルーターのタイプを使い分けています。ブロードバンド回線を接続するルーターがBAS、電話やISDN回線を接続するルーターがRASです。そして、専用線を接続するルーターは、認証などの機能は必要ありませんから、通常のルーターを使います。この部分は接続するアクセス回線の数が多いためルーターには多数のポートが必要になりますが、流れるパケットの量は比較的少ないと考えてよいでしょう。アクセス回線はインターネットの中心部分の回線と比べると速度が遅いからです。そのため、ポート当たりの価格を抑えた機種が適しています。一方、右側にあるルーターは、そのプロバイダの中心となるNOCや他のアクセス・ポイントへ接続するために使います。こちらは、アクセス回線を接続した多数のルーターから出てくるパケットが集まる場所であり、使用する回線の速度も速いので、パケット中継能力やデータ転送能力の高い機種が適しています。

　プロバイダのネットワークには通称NOCという設備もあります。これはプロバイダの中核となる設備で、アクセス・ポイントから入ってきたパケットがそこに集まってきます。そこから目的地に最寄りのアクセス・ポイントへ、あるいは、他のプロバイダへ、とパケットが流れていきます。ここにも高性能なルーターが設置されています。

　といっても、どの程度高性能なのかわかりにくいので、実際の製品の仕様で比べてみましょう。プロバイダ向けに販売されている高性能ルーターのデータ転送能力は数百ギガビット／秒程度です。ルーター・タイプのADSLモデムのデータ転送能力は高くても数十メガビット／秒ですから、その1万倍程度ということになります。ルーターの能力はデータ転送能力だけで決まるわけではありませんが、これで規模や性能の違いがおおよそわかるでしょ

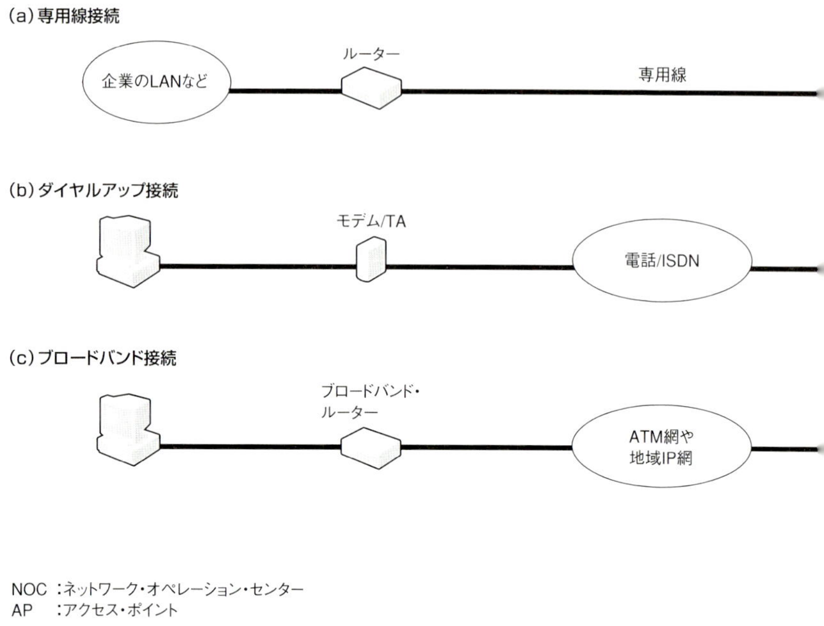

(a) 専用線接続

企業のLANなど ─── ルーター ─── 専用線

(b) ダイヤルアップ接続

モデム/TA ─── 電話/ISDN

(c) ブロードバンド接続

ブロードバンド・ルーター ─── ATM網や地域IP網

NOC：ネットワーク・オペレーション・センター
AP ：アクセス・ポイント

図4.15　アクセス・ポイントの内部構成
プロバイダのアクセス・ポイントは、ユーザー側の回線を受け入れるルーターと、幹線ネットワークとつなぐためのルーター、そしてそれらをつなぐスイッチで構成されている。

う。

　なお、NOCとアクセス・ポイントの区分は厳密なものではありません。NOCにもアクセス回線接続用のルーターを設置し、アクセス・ポイントと兼用させることが多いからです。TCP/IPプロトコルでパケットを運ぶ動作から見ても、両者を分ける必然性はありません。パケットを中継する基本動作はどのルーターでも違いがないからです。アクセス・ポイントの規模の大きいものがNOCという程度の考え方でもよいかもしれません。

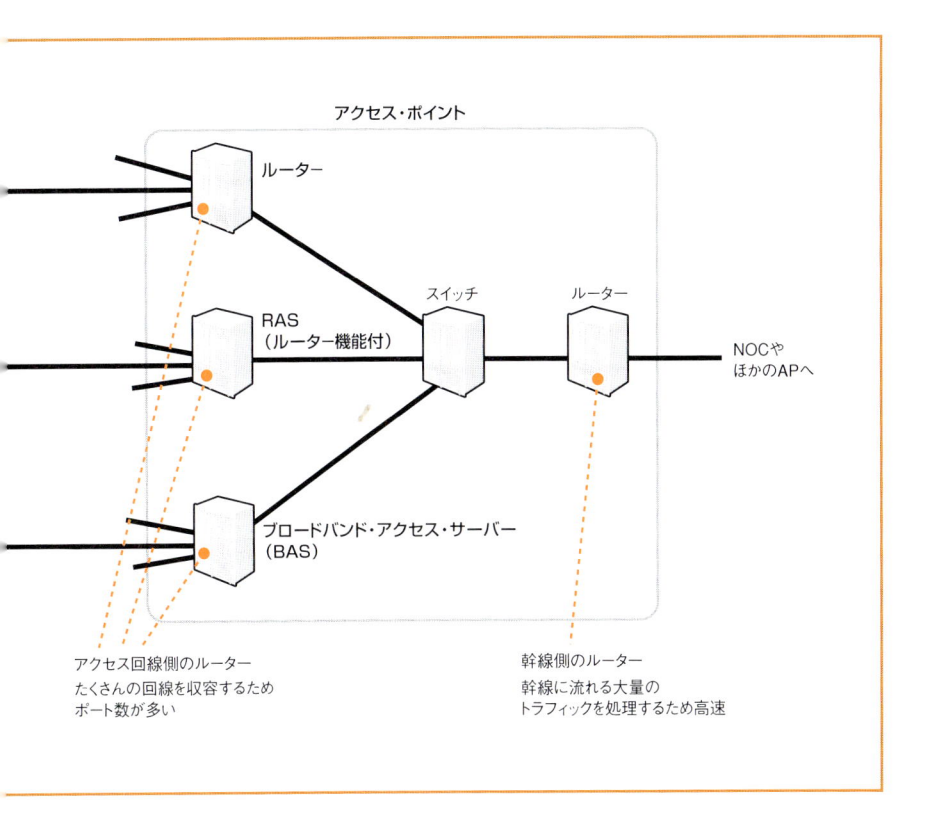

第4章 プロバイダからインターネット内へ

```
                    アクセス・ポイント
           ルーター

                              スイッチ    ルーター
           RAS                                        NOCや
         （ルーター機能付）                           ほかのAPへ

         ブロードバンド・アクセス・サーバー
              （BAS）
```

アクセス回線側のルーター
たくさんの回線を収容するため
ポート数が多い

幹線側のルーター
幹線に流れる大量の
トラフィックを処理するため高速

建物内部はケーブルで直結

　アクセス・ポイントやNOCは全国各地にあります。その一つひとつは、規模に違いはありますが、会社にあるサーバー・ルームやマシンルームと似ています。どこかのビルの中にあるわけです。ですから、その中にあるルーターはケーブルで直接接続したり、スイッチを経由して接続します。要するに、そこは会社や家庭のLANと同じだということです。ただ、会社のマシンルームだとツイストペア・ケーブルを使って機器を接続することが多いので

すが、プロバイダのネットワークは流れるパケットの量がかなり多く、ツイストペア・ケーブルで扱える限界の1ギガビット／秒を超えてしまうこともあります。その場合は光ファイバ・ケーブルを使います。

ここで光ファイバについてまとめておきましょう。光ファイバは**図4.16**のような、二重構造の細いガラス繊維でできており、内側にあるコア部分の中に光信号を流してデジタル・データを伝えます（**図4.17**）。

光ファイバの特性は、材質の違いによる光の透過率や屈折率、コアの直径などによって決まりますが、中でも重要なのはコアの直径です。その太さによって信号の伝わり方が異なり、信号が届く距離に差が出ます。

そこを理解するために、そもそも光ファイバのコアの中で、どのように光が進んでいくのか説明しましょう。まず、光源から出た光が光ファイバのコア部分に入る部分です。光源から出た光はまんべんなく散らばりますから、コア部分にはいろいろな角度の光が入っていきます。しかし、入る角度（入射角）が大きいものは、コアとクラッド（コアの周辺部分）の境界面で屈

コア:ケーブルの中心部分で、屈折率が高い。光信号はこの部分を通る

クラッド:コアの周辺部分 ここは屈折率が低い

ファイバを保護する被覆

クラッドの直径は125μm

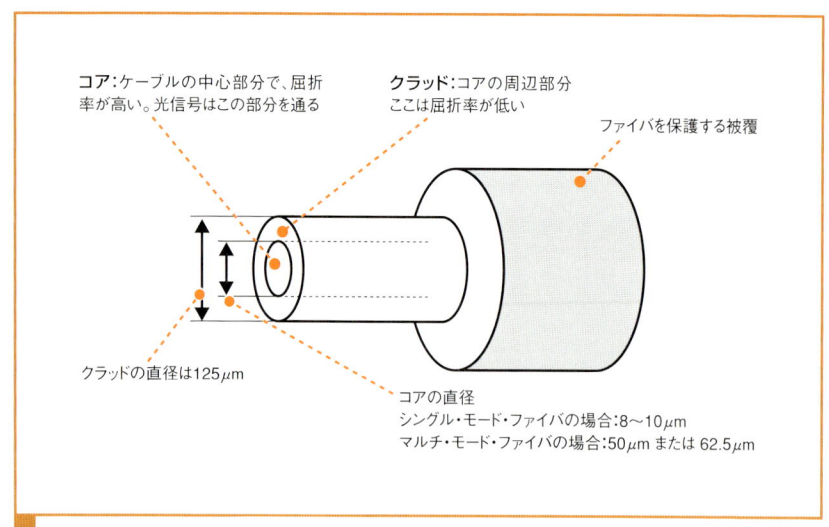

コアの直径
シングル・モード・ファイバの場合:8〜10μm
マルチ・モード・ファイバの場合:50μm または 62.5μm

図4.16　光ファイバ・ケーブルの構造

折して外に出てしまいます。入射角の小さい光だけが境界面で全反射して、コアの中を進んで行きます（**図4.18**）。

しかし、入射角の小さい光が全部コアの中を進んでいくわけではありません。光は波の一種なので図4.5のような位相があるのですが、コアとクラッド

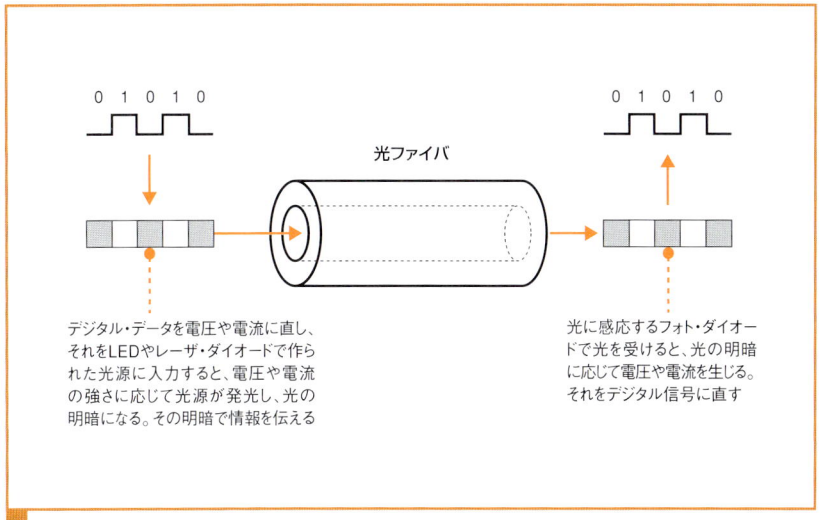

図4.17　光ファイバ通信の原理

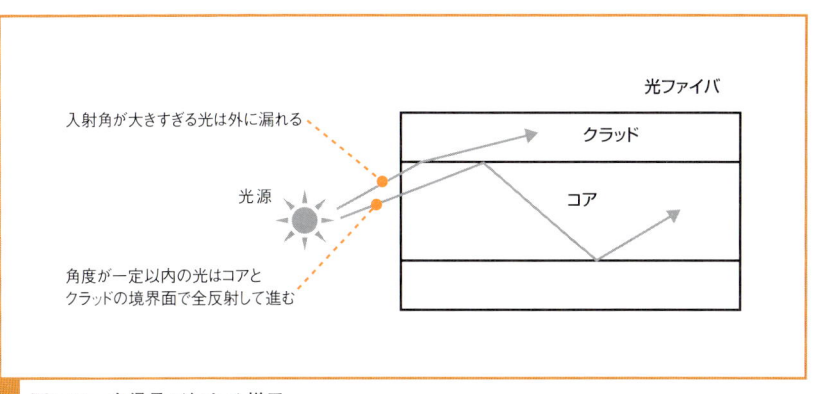

図4.18　光信号が伝わる様子

の境界面で反射するときに、その角度によって位相にずれが生じるという性質があります。この性質があるため、境界面に向かう光と境界面で反射して戻ってきた光が交差するときに、両方の光の位相にずれが生じる場合と生じない場合に分かれます。ずれが生じる場合は、光りが互いに弱め合ってしまい、途中で消滅してしまいます。そして、位相にずれがない場合だけ、光は消えずに残って光ファイバの中を進んでいきます。

　この現象は、水面に石を投げ入れたときに生じる波紋と共通します。水面の波にも位相があり、石を投げ入れた瞬間、波紋の中心部分には、いろいろな位相の波が生じます。しかし、位相がずれた波は互いに打ち消しあってしまいます。**図4.19**のように、位相が180度ずれて逆になったものが一番わかりやすいのですが、このように、位相がずれると波は弱くなってしまうのです。その結果、位相がずれた波は消えてしまい、同じ位相の波だけが残

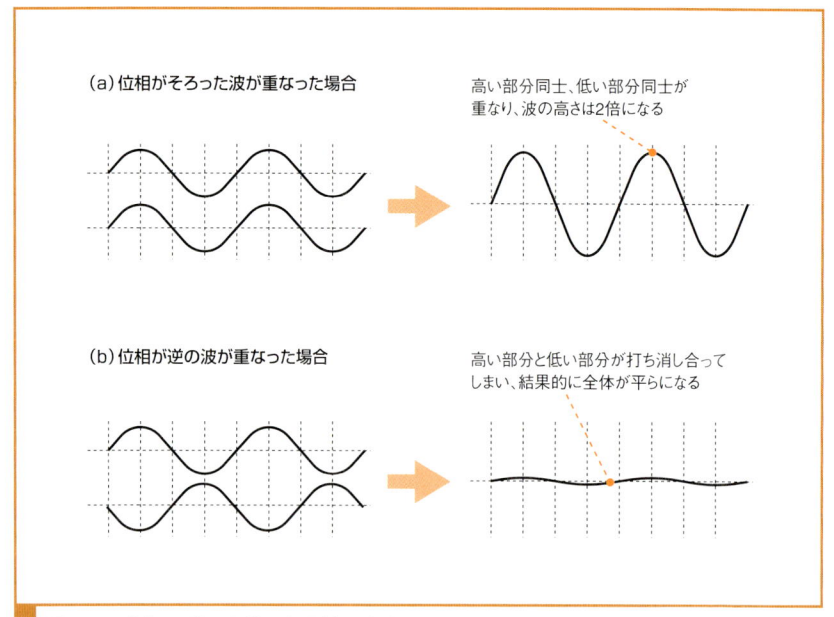

(a) 位相がそろった波が重なった場合　→　高い部分同士、低い部分同士が重なり、波の高さは2倍になる

(b) 位相が逆の波が重なった場合　→　高い部分と低い部分が打ち消し合ってしまい、結果的に全体が平らになる

図4.19　位相がずれた波は打ち消し合う

って、それが周囲に広がっていきます。周囲に広がる波紋は、同心円状に波の高さがそろっています。普段何気なく目にする光景ですが、実は、波の位相がそろっている、という現象を目で見ているわけです。

水面の波紋は周囲に何もなければ同心円で広がりますが、水路のように両側に壁がある場所だと、波は壁にぶつかり、そこで反射して戻ってきます。そのとき、壁に向かう波と、壁から戻ってくる波が重なり合います。そ

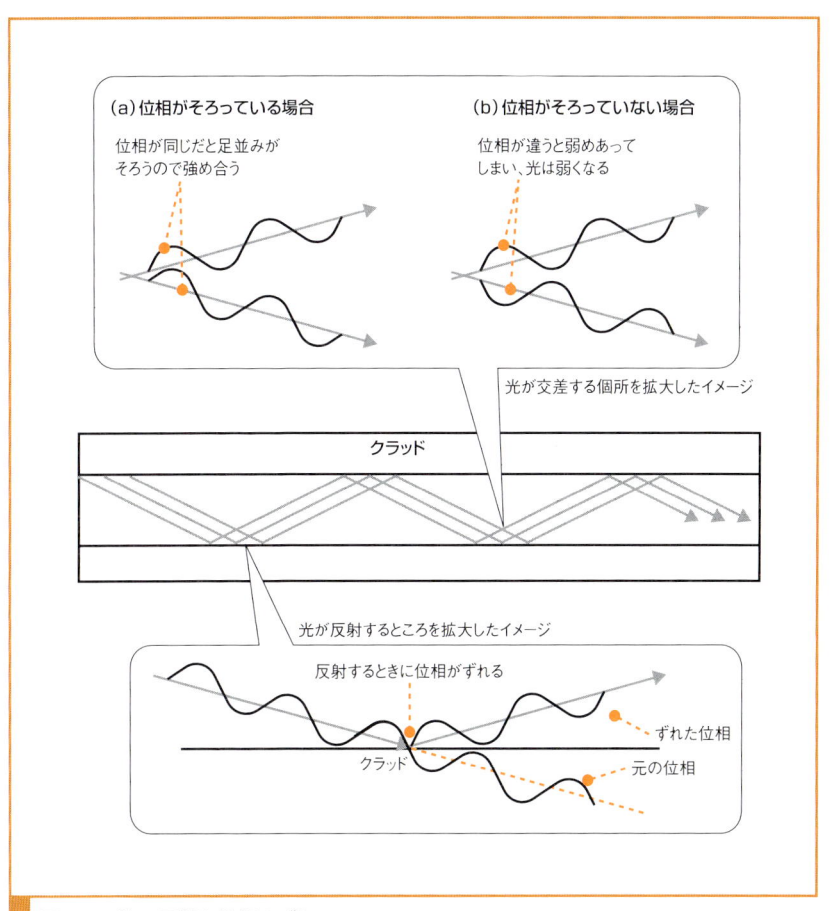

図4.20　波の反射と位相のずれ

の波の位相が同じなら波は強め合いますし、位相がずれていれば打ち消しあってしまいます。

　光ファイバの中でもこれと同じことが起こる、と考えればよいでしょう。ただ、水面の波と違って、光はコアとクラッドの境界面にぶつかって反射するときに位相がずれます。そのずれる量は、光がコアとクラッドの境界面で反射する角度によって違い、ほとんどの場合は位相がずれて波を打ち消しあってしまうのですが、いくつかの特定の角度で反射するときだけ、境界面に向かう光と反射して戻ってきた光の位相がそろうことになります。すると、その角度で反射した少数の光だけが、打ち消しあうことなく遠くまで届きます（**図4.20**）。光ファイバに入射する光はいろいろな角度のものがありますが、その中で、反射したときに位相がそろう角度で入射した少数の光だけが遠くに届くということです。

　その角度がポイントで、コアの直径はこの角度を考えて決められています。そして、コアの直径によって光ファイバの性質は大きく変わります。コアの直径は数種類ありますが、大別すると、シングル・モードと呼ぶ細いもの（8～10μm程度）とマルチ・モードと呼ぶ太いもの（50μmまたは62.5μm）の二つに分類できます。シングル・モード光ファイバはコアが細く、入射角が小さい光しか中に入っていけないため、位相がそろう角度の中の一番角度が小さい光しか入ってきません。逆にいえば、位相がそろう角度の中で一番角度の小さい光だけが入ってくるようにコアの直径を細くしたものがシングル・モード光ファイバだといえます。もう一つのマルチ・モードは、コアの直径が太く、入射角が大きな光も入りますから、位相がそろう角度の中の一番小さいものだけでなく、2番目に小さいもの、3番目に小さいもの、というように複数の光がコアの中を進んでいきます。なお、シングル・モードとかマルチ・モードという言葉は、この位相がそろう角度の数が一つなのか複数なのかを表すものです（**図4.21**）。

　このように、シングル・モード光ファイバとマルチ・モード光ファイバで

(a) シングル・モード・光ファイバ

位相がそろう角度の中で一番小さい角度の光だけが全反射してコアの中を進む

光源

クラッド

(b) マルチル・モード・光ファイバ

光源

クラッド

反射角が大きいほうが、通過する距離が長くなる

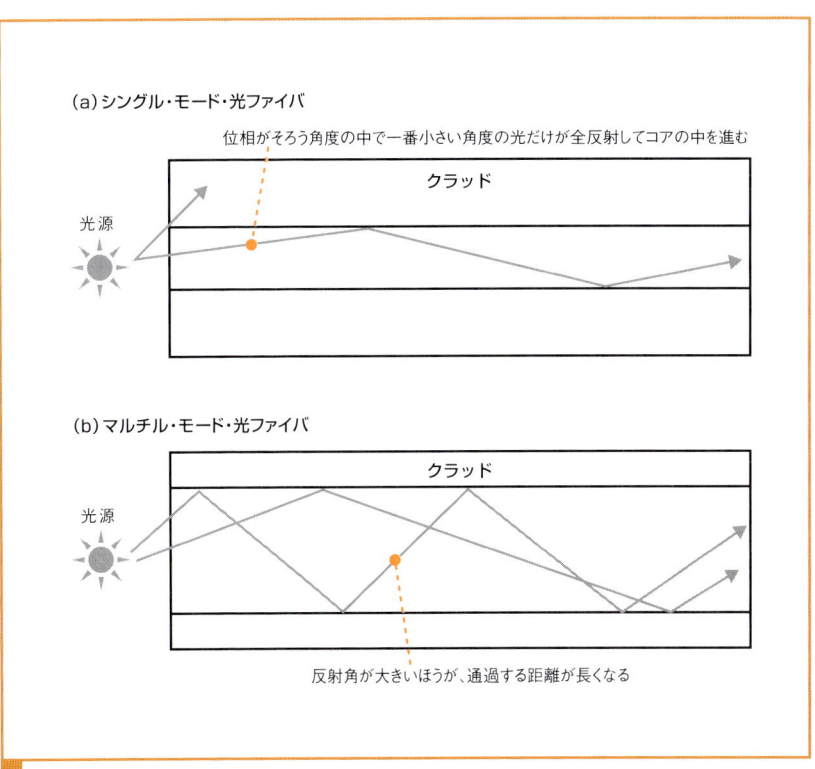

図4.21　シングル・モードとマルチ・モード

は光の進み方が異なり、それが光ファイバの特性を左右します。マルチ・モード光ファイバは、その中に複数の光が流れていきます。これは、光の量が多いということです。これは、光源や受光素子の性能が比較的低いものでもかまわないということです。そのため光源や受光素子の価格を抑えることができます。シングル・モードはコアの中を進む光が一つしかありませんから、光の量は少なくなってしまいます。その分、光源や受光素子の性能を高くしなくてはいけません。その代わり、信号の変形が少ないという利点があります。

この信号の変形は光がコアを伝わるときに反射する回数と関係します。マ

ルチ・モードは反射角の異なるいくつかの光がコアの中を進みます。反射角が大きい光は反射する回数も多く、そのため、光が進む道筋の距離が長くなります。逆に反射角が小さい光は反射回数が少なく道筋も短くなります。これが、光が受信側に到達するまでの時間に影響します。つまり、距離が長い方が余計に時間がかかるわけです。その結果、信号が到着する時間がそろわなくなり、信号の幅が広がってしまいます。これは信号が変形する、ということです。光ファイバが長くなるに従ってこの変形は大きくなり、それが許容限度を超えると通信エラーを起こします（**図4.22**）。

一方、シングル・モードはこのような事態にはなりません。コアを進む光は一つしかないので、距離の違いから到着時間に差が生じるという現象は起こりませんから、ケーブル長が長くなっても信号の変形は少ないということです。

光ファイバの最大ケーブル長は、この性質によって決まります。シングル・モードの方が信号の変形が少ないので、マルチ・モードよりもケーブ

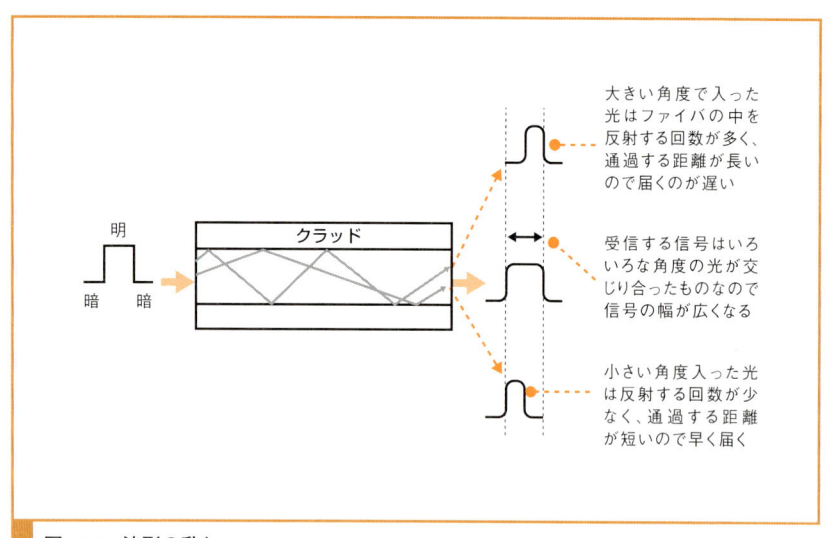

図4.22　波形の乱れ

長を長くできるということです。そのため、マルチ・モード光ファイバは、主に、一つの建物の中を結ぶ用途に使い、シングル・モード光ファイバは、工場のような広い敷地の中で建物の間を結んだり、通信回線で電話局の間を結ぶときに使います。

通信回線の多重化

建物の中ならケーブルで直接接続できますが、場所が離れている場合はケーブルを伸ばすわけにはいかないので、通信回線を使ってルーターを接続します。アクセス・ポイントのルーターとNOCのルーターを接続したり、あるアクセス・ポイントと別のアクセス・ポイントのルーターを接続する、といったケースです。通信回線にはいろいろな種類がありますが、プロバイダがルーター間を接続する部分には高速な回線を使います。デジタル専用線、ATM専用線、広域イーサネット・サービス*、ダーク・ファイバ*といったものがその例です。

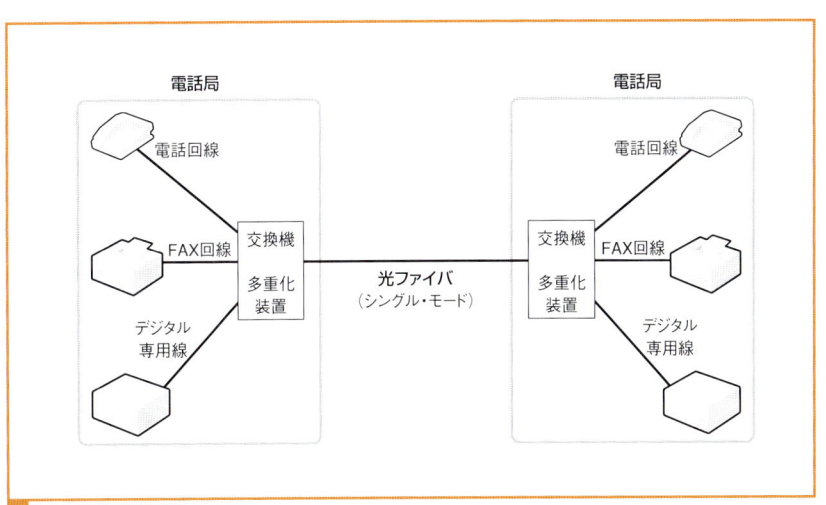

図4.23 通信回線
すべての情報をデジタル信号に直し、図4.24の方法で多重化して光ファイバに流す。

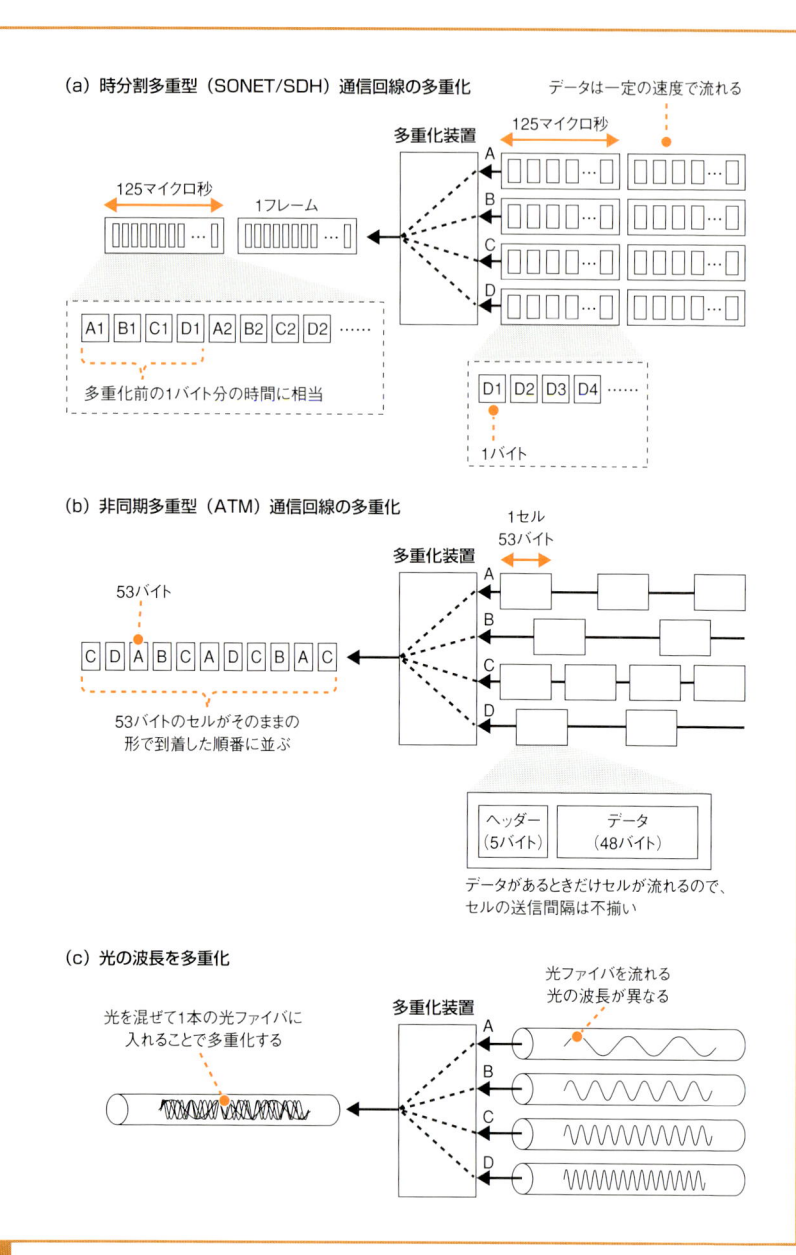

図4.24　通信回線の多重化

ここで通信回線の仕組みも簡単に紹介しておきましょう。通信回線はいろいろですが、基本的な考え方は皆同じです。要するに、電話でも何でもすべてデジタル信号に変換して、それをケーブルに流すだけです。それを行うのが電話局にある交換機です。そして、その交換機の間は光ファイバで結ばれています（**図4.23**）。交換機には多数の回線を接続しますが、その回線を多重化という技術を使って一つの信号に束ねて光ファイバに流します（**図4.24**）。多重化技術はいくつかありますが、いずれの場合も受信側で送信時とは逆にして信号をばらせば、元の信号に戻ります。ですから、結果的に個々の通信回線が相手と直接結ばれているのと同じようにデータを運ぶことができます。

プロバイダ同士の接続

プロバイダの構成がわかったところで、再びパケットの流れに戻りましょう。まず、最終目的地となるWebサーバーが同じプロバイダに接続されている場合です。そのときは、BASの経路表に中継先が登録されているはずです。プロバイダは、ルーター同士で経路情報を交換し合って経路表に自動登録するように設定しておくからです。ですから、経路表を探せば中継先が判明します。その中継先は、NOCかもしれませんし、隣のアクセス・ポイントかもしれません。いずれの場合も、その中継先にパケットを送ります。すると、そこにもルーターがあり、そこでも同じようにパケットを中継します。そのルーターの経路表にも、中継先が登録されているはずなので、その内容に従ってパケットを送るわけです。この動作を繰り返すと、パケットは、そのうちWebサーバー側のアクセス・ポイントにあるルーターにたどり着きます。そして、そこからWebサーバーへと向かいます。

サーバー側のプロバイダがクライアント側と違う場合はどうでしょう。その場合、パケットをサーバー側のプロバイダに送らなければいけませんが、そのときの中継先も経路表に登録されています。プロバイダは、他のプロバ

イダと経路情報を交換し合っており、ルーターには他のプロバイダの経路情報も登録されているからです。その情報交換は後で説明することにして、ここでは中継先が経路表に登録されているものとして先に進みましょう。経路表に登録されていれば、経路表を探せば中継先が見つかりますから、そこにパケットを送ります。

　結局、インターネット内のルーターには、最終目的地が同一プロバイダか、他プロバイダにかかわらず、すべての経路が登録されているのです。ですから、経路表で次の中継先を探してそこにパケットを送るという動作を繰り返せば、そのうちWebサーバー側のアクセス・ポイントにたどり着くはずです。これで地球の裏側にパケットを届けることもできるのです。規模に違いはありますが、会社や家庭のネットワークと何も変わりません。

■プロバイダ同士で経路情報を交換

　経路表に経路が登録されていれば、確かに地球の裏側でもどこでもパケットを届けることはできますが、その経路はどうやって登録するのでしょう。経路を登録しなければルーターはどこにどんなネットワークがあるのか判断できませんから、パケットを中継することはできません。ケーブルや通信回線でルーターを接続するだけでは、パケットは中継できないのです。次は、プロバイダの間で経路の情報を交換して、それをルーターに自動登録する方法を説明しましょう。

　その方法は、そんなに難しいものではありません。**図4.25**のように、接続相手から経路を教えてもらうのです。相手から経路を教えてもらえば、そちらにどんなネットワークがあるのかわかるようになります。ですから、教えてもらった経路情報を基にして経路表に経路を登録すれば、そちらにパケットを送れるようになります。それと同時に、こちら側にどんなネットワークがあるのか相手に通知します。すると、相手側からこちら側のネットワーク宛てのパケットが流れてきます。この経路情報交換はルーターが自動的に行

第4章 プロバイダからインターネット内へ

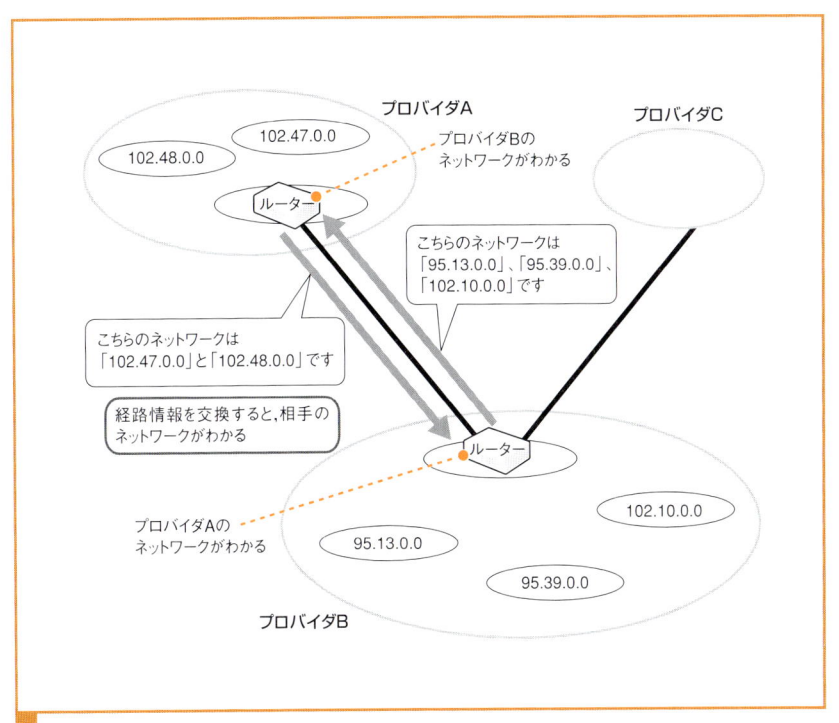

図4.25 プロバイダ同士で経路情報をやりとりする

い、そこで使う仕組みをBGP（Border Gateway Protocol）*といいます。

　この経路情報交換は、通知する経路情報の内容によって二つのタイプに分けることができます。一つは、インターネットの経路を全部相手に通知するものです。たとえば、**図4.26**でプロバイダDがプロバイダEに対して全経路を通知したとしましょう。すると、プロバイダEはプロバイダDだけでなく、その先にあるプロバイダB、A、Cなど、インターネットにあるプロバイダが全部見えるようになります。その結果、プロバイダDを通じてインターネットの全プロバイダに対してパケットを送ることができるようになります。こうすると、プロバイダDを通過してパケットが流れるようになります。これをトランジットと呼びます。

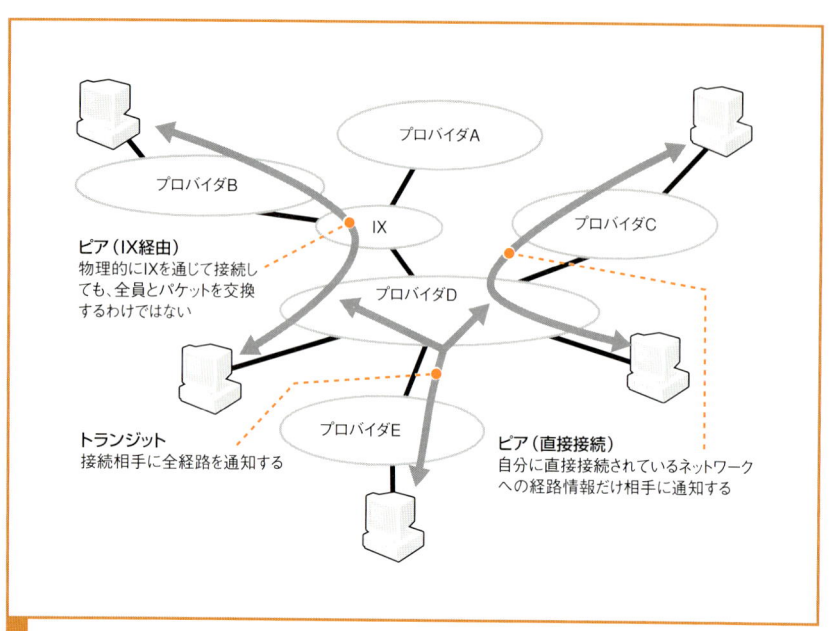

図4.26　経路情報通知のタイプ

　もう一つは、二つのプロバイダが、それぞれのネットワークに関する経路情報だけ相手に通知し合うものです。こうすると、互いに相手のネットワーク宛てのパケットだけが流れることになります。この方法を非トランジット、あるいは、ピア[注21]と呼びます。

社内ネットワークの自動登録との違い

　ルーター同士で互いに経路情報を交換して経路表を自動設定する方法は社内ネットワークでも使います。しかし、インターネットの方法は、社内で使う方法とは違う点があります。

注21）BGPを使って経路情報を交換するとき、情報交換する相手をピアと呼びますが、そのピアは、トランジットと非トランジットの両方を含んでいます。それに対して、ここでいうピアは、非トランジットだけを指します。意味が違うので混同しないよう注意してください。

社内で使う仕組みは、目的地までの最短経路を探してそこにパケットを中継するように作られています。そのため、周囲にあるルーター全部と無差別に経路情報を交換します。

　社内の場合はこれでかまいませんが、インターネットでは不都合が生じることがあります。仮に、あるプロバイダが日米を結ぶ高速な通信回線を持っていたとしましょう。すると、米国にアクセスするとき、その回線を通る経路が最短経路となる可能性があります。このような状況で単純に最短経路にパケットを送るという仕組みを使うと、他のプロバイダのパケットがその回線に流れ込んでくることになります。他のプロバイダにも通信回線の費用負担を求めればよいのかもしれませんが、最短経路に基づいて経路を決める方法だと負担に応じるプロバイダとそうでないプロバイダで扱いを変えることができません。負担に応じないプロバイダからのパケットを止めることができなければ、費用の交渉はうまくいかないでしょう。

　これでは困りますから、インターネットの場合は単純に最短経路を選ぶのではなく、意図しない相手からのパケットを止めるような仕組みが必要になります。インターネットの経路情報交換はそうした仕組みがあります。

　まず、経路情報を交換する相手を指定できるようになっています。社内の情報交換は無差別に全員を相手に行いますが、インターネットの経路情報交換は特定のルーターと1対1で行います。そうすることによって、費用負担などの交渉に応じた相手にだけ経路情報を通知する、ということができます。そうすれば、通知した相手以外のパケットは流れてきません。もう一つ、経路を判断するときに、最短経路かどうかを判断するだけでなく、他の判断要素をパラメータとして設定できるようになっています。一つの目的地に対して複数の経路がある場合に、優先度を設定できるのがその例の一つです。

　こうして相手を選んで経路情報を交換するのがインターネットの方法ですが、これだと、経路情報を交換しない相手にはパケットを届けることができ

なくなりますし、その相手側にWebサーバーがあれば、そこにはアクセスできないという事態が起こります。しかし、そこは心配いりません。プロバイダはそうした事態が起こらないよう配慮して経路情報の交換を行っているからです。インターネットには多数のプロバイダがあり、一つのプロバイダは複数のプロバイダと相互に接続しています。ですから、あちらのプロバイダがだめなら、こちらのプロバイダを通じて送ればよい、というふうに考えて、インターネットの隅々までパケットを送れるように経路情報を交換しているということです。もし、それができないプロバイダがいたら、そのプロバイダは生き残れないでしょう。

IXの必要性

こうやってプロバイダ同士を接続するのがインターネットの基本であり、今もその方法は使われていますが、それだけでは不便な面があります。インターネットの発展によって、今は、多数のプロバイダがあります。プロバイダ同士で1対1に接続する方法しかなかったら、**図4.27**（a）のように全プロバイダと通信回線を結ばなくてはいけません。今は、日本国内だけでも1000社を超えるプロバイダがありますから、大変なことになります。このような状況のとき、図4.27（b）のように、中心となる設備を設け、そこを経由して接続する方法をとると通信回線の数を抑えることができます。この中心となる設備が「IX」（Internet eXchange）と呼ぶものです。

現在、日本国内にそうした設備が数カ所あります。JPIX[*]（日本インターネットエクスチェンジ(株)が運営する設備）、NSPIXP-2[*]（Network Service Provider Internet eXchange Point、官学民が共同運営するWIDEプロジェクトが運営する設備）、JPNAP[*]（インターネットマルチフィード(株)が運営する設備）がその代表です。これらを経由するパケットの量は、3カ所を合計

注22）2002年10月時点の推定値です。

第4章 プロバイダからインターネット内へ

(a) IXがない場合
インターネット接続事業者は個別に接続しなければならない

（プロバイダ同士がメッシュ状に接続された図）

(b) IXがある場合
IXに接続するだけで全インターネット接続事業者とパケットを交換できる

（IXを中心にプロバイダが接続された図）

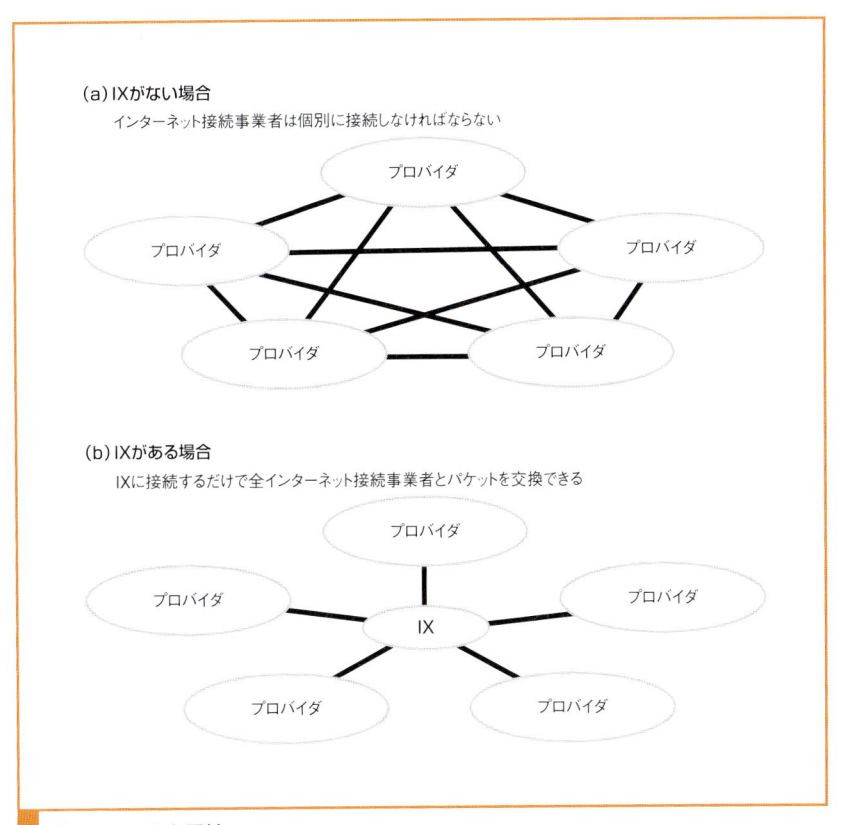

図4.27　IXの必要性

すると約30ギガビット/秒にも及び[注22]、IXを通過するデータ量は増加し続けています。

IXでプロバイダ同士を接続する様子

　では、IXを探検してみましょう。まず、IXの場所です。停電や火災などの事故、地震などの災害があってもルーターなどのネットワーク機器が停止しないよう、自家発電設備を持つ耐震構造のビルの中にIXはあります。これはIXに限ったことではなく、プロバイダのNOCにも共通します。そして、今

の日本には、そのような安全性を配慮した建物はそれほど多くありません。勢い、そうした建物にNOCやIXが集中します。プロバイダやIX運営組織は、建物のテナントとして、スペースを借りてNOCやIXの設備を設置運営しているということです。言い換えれば、建物のどこかのフロアの一角に、IXがあるということです。

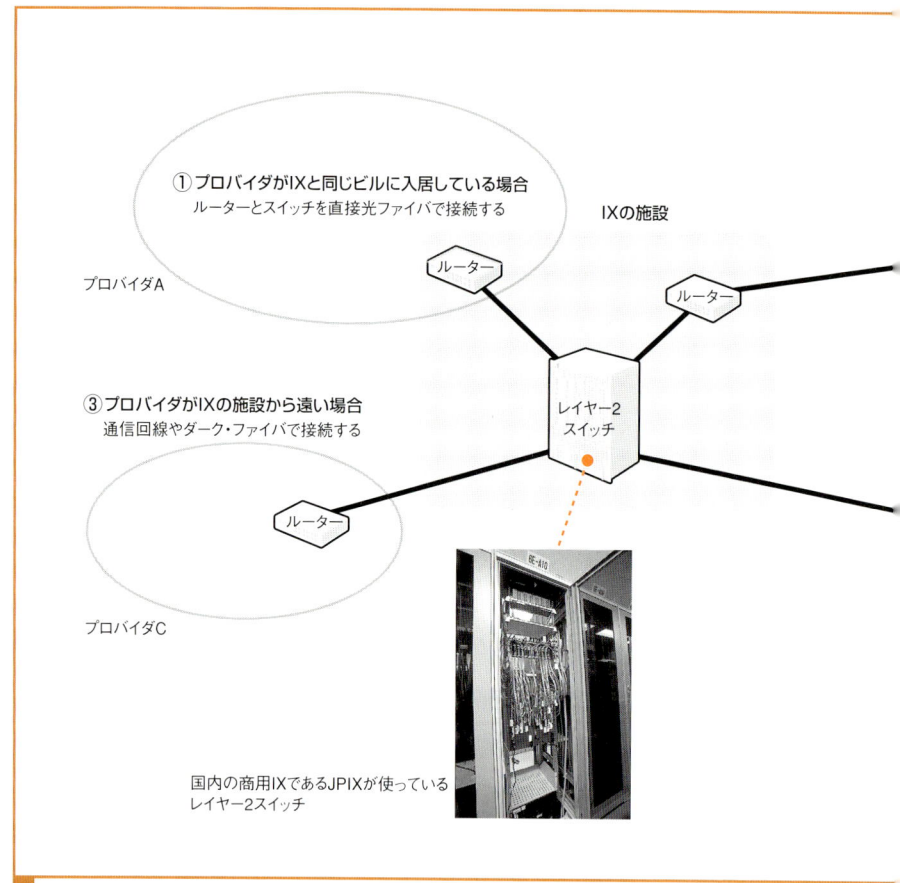

図4.28 IXの正体はレイヤー2スイッチ
IXにはレイヤー2スイッチが設置してあり、プロバイダからの接続を受け入れている。その接続形態はさまざま。

① プロバイダがIXと同じビルに入居している場合
ルーターとスイッチを直接光ファイバで接続する

③ プロバイダがIXの施設から遠い場合
通信回線やダーク・ファイバで接続する

IXの施設
ルーター
レイヤー2スイッチ
プロバイダA
プロバイダC

国内の商用IXであるJPIXが使っているレイヤー2スイッチ

第4章 プロバイダからインターネット内へ

　IXの中心となるのはギガビット・イーサネットのインタフェースを多数装備したレイヤー2スイッチです（**図4.28**、写真）。レイヤー2スイッチの基本動作はスイッチング・ハブと同じですから、高速で巨大なスイッチング・ハブだと考えてもよいでしょう。

　そこにプロバイダのルーターをつなぎ込んであるのですが、そのつなぎ方

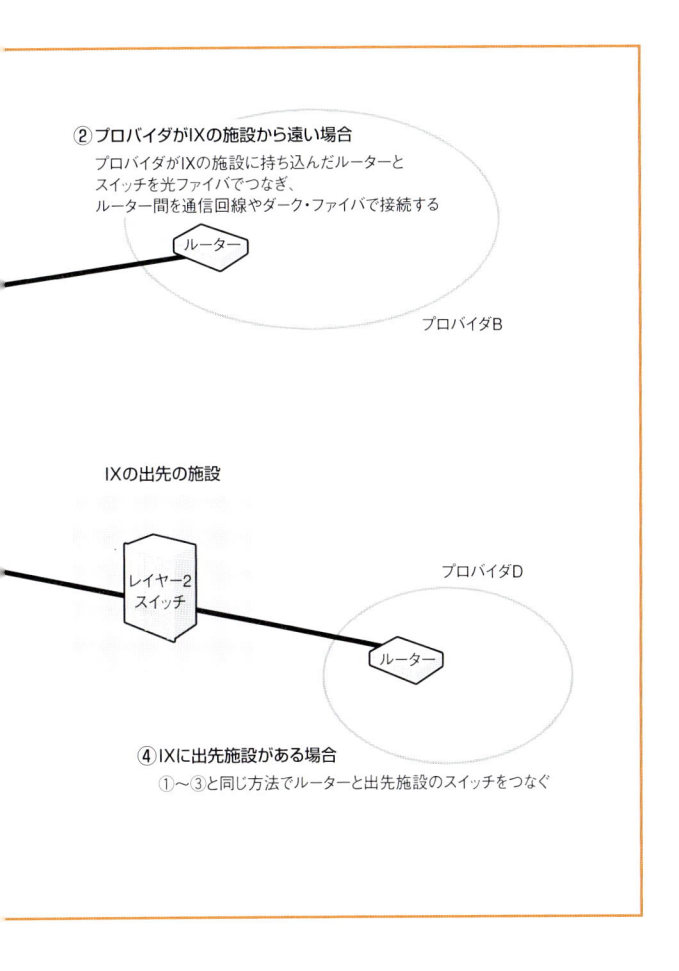

②プロバイダがIXの施設から遠い場合
プロバイダがIXの施設に持ち込んだルーターと
スイッチを光ファイバでつなぎ、
ルーター間を通信回線やダーク・ファイバで接続する

ルーター

プロバイダB

IXの出先の施設

レイヤー2
スイッチ

プロバイダD

ルーター

④IXに出先施設がある場合
　①〜③と同じ方法でルーターと出先施設のスイッチをつなぐ

はいろいろです。IXは多数のプロバイダがNOCを設けているビルと同じビルの中にあります。IXと同じ建物にNOCを設けているプロバイダはNOCから光ファイバ・ケーブルを伸ばして、IXのスイッチに接続します（図4.28①）。このケースは、家庭や会社のLANでルーターをスイッチング・ハブに接続するのと同じように考えればよいでしょう。

　もう一つはIXから離れた場所にNOCがある場合です。このときは、通信回線でルーターとスイッチを結びます。その際の形態は、二つあります。一つは、ルーターから通信回線を伸ばし、それをIXのスイッチに接続する方法です（③）。もう一つは、IXにルーターを持ち込んで通信回線で接続し、そのルーターとIXのスイッチを接続する方法です（②）。

　以前は、1カ所にこのようなスイッチを設置する形態だけで、IXはいわば点に過ぎませんでした。ところが今は点が広がろうとしています。つまり、データ・センターなど、パケットの流れが集中する場所にIXの出先となるスイッチを設置し、そこにプロバイダのルーターをつなぎ込む例が増えてきたからです（④）。IXは点から線、そして面へと広がろうとしています。

　では、ここでパケットがどのように動くのか見てみましょう。といっても、改めて説明すべき内容はありません。IXのスイッチはスイッチング・ハブと同じように動くだけですから、ルーターからパケットを送信するときに、ARPで中継先ルーターのインタフェースのMACアドレスを調べ、それをMACヘッダーに記載してパケットを送るだけです。ヘッダーにMACアドレスを記載すれば、どのプロバイダのルーターにパケットを送ることもできます。しかし、実際にパケットを送るには、経路情報の交換が必要ですから、経路情報を交換していない相手にパケットを送ることはできません。そこで、プロバイダは、互いに契約条件などの交渉を行い、合意に達した相手とだけ経路情報を交換して、パケットをやり取りします。

＊　　　　＊　　　　＊

　プロバイダ同士が直接接続する場合も、IXを経由して接続する場合も、

同じようにパケットはアクセス先となるWebサーバー側のプロバイダのネットワークに届きます。サーバー側のプロバイダがトランジットで別のプロバイダに接続している場合は、そこを経由してサーバー側のプロバイダにパケットが届くかもしれません。その場合でも、最終的にサーバー側のプロバイダにパケットは届きます。そして、そこのアクセス・ポイントを経由して、サーバー側の社内ネットワークにパケットは流れて行きます。その先は、次の章のツアーで取り上げましょう。

用語解説

FTTH
Fiber To The Homeの略。一般家庭まで光ファイバーを引き込むことを指す言葉です。

ATM
asynchronous transfer modeの略。「セル」と呼ぶ53バイトの固定長のデータにして送る通信方式です。

PPP
Point-to-Point Protocolの略。電話回線やISDNなどの通信回線を使ってデータ通信するときに使うもので、インターネット標準プロトコルの一つです。ダイヤルアップ接続時に行うユーザー認証や、データ圧縮、暗号化など、いろいろな機能を組み合わせて使うことができます。

セル
ATMはデータを小さな塊に分割して送信しますが、その小さな塊を「セル」と呼びます。LANがデータを「パケット」に分割して送信するのと似ていますが、パケットは数十バイトから数千バイトの可変長なのに対して、セルは固定長で53バイトと規定されており、パケットよりも小さい塊です。

DSLAM
DSL Access Multiplexerの略。電話局用のADSL集合モデム。多数のADSLモデムを一つの筐体に収めた機器です。

クロストーク
信号線から電磁波が漏れ、それが雑音となってケーブル内の近接する信号線に悪影響を与えることをいいます。

HDLC
High-level Data Link Controlの略。通信回線で用いるデータリンク層のプロトコル。ルーター間接続、PPPプロトコル、フレームリレーなど、通信回線を用いて通信を行う場合に使用します。IBM社のSDLCをベースに、ISOで標準化したものです。

ブリッジ・タイプ
ブリッジというのは旧世代のスイッチング・ハブに相当する装置の名称です。その動作はスイッチング・ハブと同じですから、ルーター・タイプのADSLモデムをブリッジ・タイプに置き換えるといったときには、ADSLモデム内のルーターをスイッチング・ハブに置き換えると考えればよいでしょう。

広域イーサネット・サービス
イーサネットのMACフレームのままで、データを中継するサービスのことです。

ダーク・ファイバ

光ファイバの心線を利用者が自由に使える伝送メディアとしてまるごと貸し出すサービス、あるいは貸し出される光ファイバのことをいいます。

BGP

border gateway protocolの略。プロバイダ同士が経路表を交換するためのプロトコルです。現在は、バージョン4（BGP-4）が使われています。

JPIX

日本インターネットエクスチェンジ社の略称です。また本文中のように、同社が提供するIXの施設自体を指す場合もあります。

JPNAP

インターネットマルチフィード社が提供するIXへの接続サービスのことです。また、そのための施設を指すこともあります。

NSPIXP-2

network service provider internet exchange point-2の略です。官学民が共同運営するWIDEプロジェクトが運営する設備で、もともとは研究が主な目的でした。現在は、商用のプロバイダ同士を結ぶIXとしての役割が大きくなっています。

COLUMN
ほんとうは難しくない ネットワーク用語

名前はサーバー 中身はルーター

探検隊員：ブロードバンド・アクセス・サーバー（BAS）ってルーターなんですよね。
探検隊長：そうだな。ルーターの一種といえるね。でも、普通のルーターにはない機能を持っているから、ルータープラスアルファっていうところかな。
隊員：だったら、どうしてサーバーっていうんですか？
隊長：君は変なところに気がつくね。
隊員：そうですか？　こういうのが気になるって、ボクだけじゃないと思いますよ。
隊長：わかったわかった。BASっていうのは、リモート・アクセス・サーバー（RAS）が発展した機器で、最初、ブロードバンド用のリモート・アクセス・サーバーという意味でB-RASって呼んでいたんだ。それを短縮してBASになったっていうことだな。
隊員：RASもルーターの一種ですよね？
隊長：そうだよ。
隊員：だったら、RASはどうしてサーバーっていうんですか？　そもそもそこがおかしいですよ。
隊長：別におかしいことはないと思うよ。
隊員：どうしてですか？
隊長：昔は、今と違って、サーバー・マシンにRAS用のソフトウエアをインストールしてRASとして使うことが多かったんだ。だから、サーバーっていう方が自然だったんだけどな。
隊員：えー、サーバーなのにルーターになっちゃうんですか？
隊長：そんなに驚くなよ。コンピュータっていうのは、ソフトウエアさえあれば何だってできる機械だろう。
隊員：そういえば、そうですね。
隊長：だから、ルーター用のソフトウエアがあれば、ルーターにもなるんだよ。
隊員：なんだ、そういうことですか。
隊長：そもそもだな、昔はルーターなんて機械はなくて、コンピュータ

にソフトウエアを入れてルーターとして使っていたんだよ。
隊員：えーー、本当ですか？
隊長：そうさ。だから、今でも、真っ当なコンピュータはルーターとしても使えるんだよ。LinuxとかUnix系のOSは皆ルーターの機能を内蔵しているし、Windowsだって、サーバー版にはルーターの機能があるよ。
隊員：そうなんですか。知らなかった。
隊長：でもな、昔は今と違ってコンピュータは高価だったんだ。最低でも何百万円、高性能な機種だと何億円もしたんだ。
隊員：そうらしいですね。
隊長：そんな高い機械を、パケット中継という、単純な仕事にだけ使うのはもったいないだろう。
隊員：パケットを中継するって、十分複雑な仕事だと思いますけど。
隊長：いやいや。データベースとか、業務アプリケーションとか、そういった仕事に比べたら、パケット中継は単純な方さ。
隊員：そういうことですか。
隊長：そうさ。単純な仕事を高価なコンピュータにさせるのはもったいない。それなら、専用の機械を作った方が安上がりだって考えた人がいたんだ。それでルーターっていう機械ができたんだよ。
隊員：へえー、そうだったんですか。

Server?
Router?

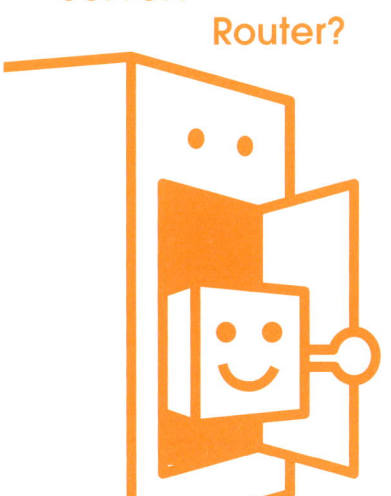

隊長：ただね、それは最初の話で、今は少し事情が違うんだ。安くあげるために専用のハードウエアを使うだけじゃなくて、性能を上げるために専用のハードウエアを使う、という意味合いもあるんだ。
隊員：どういうことですか？
隊長：コンピュータだったら、パケットを中継する処理をソフトウエアで実行することになるだろう。
隊員：ええ。
隊長：専用ハードウエアだったらチップ化して高速に処理できるから、その方が性能が良くなるんだ。
隊員：なるほど。

第5章

Webサーバーに遂にたどり着く
～ファイアウォール、キャッシュ・サーバーを探検～

ウォーミングアップ

本題に入る前に、ウォーミングアップとしてクイズを出題させていただきます。きちんと説明できるかどうか試してみてください。

問題

1. インターネットから社内ネットワークへのアクセスを制限するために設置するものを何というでしょう？
2. 社内のネットワークに割り当てるIPアドレスのことを何というでしょうか？
3. Webサーバーの負荷を分散するために、複数サーバーにアクセスを振り分ける装置を何というでしょうか？
4. サーバー側に設置するのはフォワード・プロキシとリバース・プロキシのどちらでしょう？
5. インターネット上に多数のキャッシュ・サーバーを設置して、それをWebサーバー運営者に貸し出すサービスを何というでしょうか？

いかがだったでしょうか。改めて聞かれると、簡潔に答えられない問題もあったことでしょう。答えと解説を以下に示しておきます。

答え

1. ファイアウォール
2. プライベート・アドレス
3. 負荷分散装置（ロードバランサーと呼ぶこともあります）
4. リバース・プロキシ
5. コンテンツ配信サービス（CDS：Content Delivery Service）

解説

1. ファイアウォールは、公開サーバー以外へアクセスするパケットを遮断する役割を持っています。
2. 090は携帯電話、0120はフリーダイヤルというように、電話番号はいくつかの種類に分かれていますが、プライベート・アドレスの考え方もこれと同じです。
3. 負荷分散装置はサーバーの負荷状況などに応じてアクセスを振り分けます。
4. フォワード・プロキシはクライアント側に設置します。
5. このサービスを提供する事業者をCDSP（Content Delivery Service Provider）と呼び、CDSPは主要なプロバイダと契約して多数のキャッシュ・サーバーを設置します。

探検ツアーのポイント

前の章では、インターネットの中に入っていったパケットが、通信回線やプロバイダのネットワークを通ってサーバー側に運ばれていく様子を探検しました。この章は、その続きです。つまり、インターネットを通り抜けたパケットが、サーバー・マシンにたどり着くところまでです。ファイアウォールや、プロキシ・サーバー、キャッシュ・サーバーなど、Webサーバーの手前にはいろいろなサーバーがあり、Webサーバーにアクセスするパケットは、そういったサーバーを経由してWebサーバーにたどり着きます。どのようなサーバーがあり、どのような役割を持っているのか、そして、各サーバーがどのような仕組みで動いているのか、といった点を探検してみます。

■ Webサーバーの手前には各種のサーバーあり

インターネットを抜けてからサーバーにたどり着くまでの道のりは、サーバーの設置場所によって違います。一番簡単なのは、**図5.1**（a）のように、社内のLANにサーバーを設置し、インターネットから直接アクセスできるようにするケースです。この場合パケットは、最寄りのアクセス・ポイントにあるルーター、アクセス回線[*]、サーバー側のルーターを経由して、サーバー・マシンにたどり着きます。ルーターでパケットを中継する動作や、アクセス回線やLANのケーブルの中をパケットが流れていく動きは、これまでに説明してきたものと同じです[注1]。

昔はこのような形態でサーバーを設置することが多かったのですが、今は主流から外れてしまいました。その理由はいくつかあります。一つはIPアドレスの不足です。この形態だと社内LANに設置した機器には、サーバーだけでなくクライアントにも、グローバル・アドレスを割り当てることになります。今は、クライアントにグローバル・アドレスを割り当てるような余裕

注1）ルーターのパケット中継動作は第3章、アクセス回線は第4章、LANは第3章に説明があります。

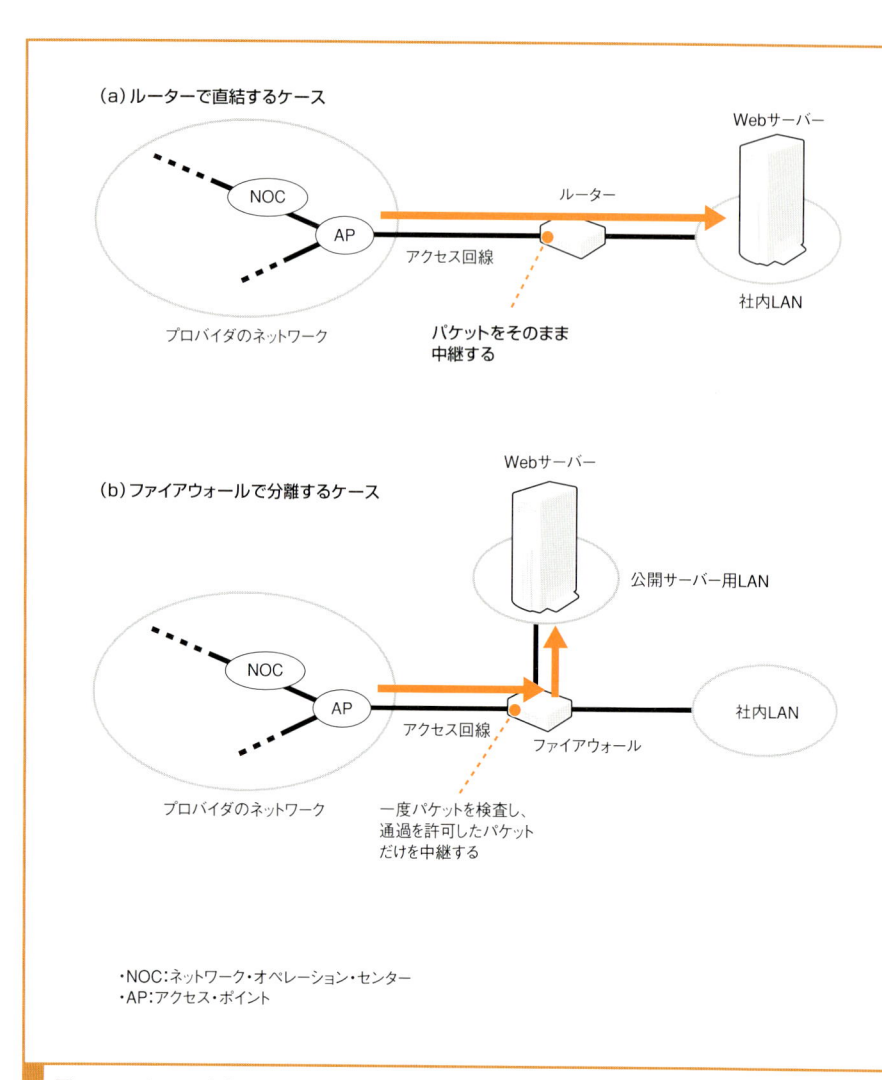

図5.1　アクセス先となるサーバーの所在地

(a) ルーターで直結するケース

- NOC
- AP
- アクセス回線
- ルーター
- Webサーバー
- 社内LAN
- プロバイダのネットワーク
- パケットをそのまま中継する

(b) ファイアウォールで分離するケース

- NOC
- AP
- アクセス回線
- ファイアウォール
- Webサーバー
- 公開サーバー用LAN
- 社内LAN
- プロバイダのネットワーク
- 一度パケットを検査し、通過を許可したパケットだけを中継する

・NOC：ネットワーク・オペレーション・センター
・AP：アクセス・ポイント

はありませんから、自ずとこの形態は減っていきました。

　もう一つはセキュリティ上の理由です。この形態だと、インターネットから届くパケットをさえぎるものがありません。要するに、サーバーはむき出

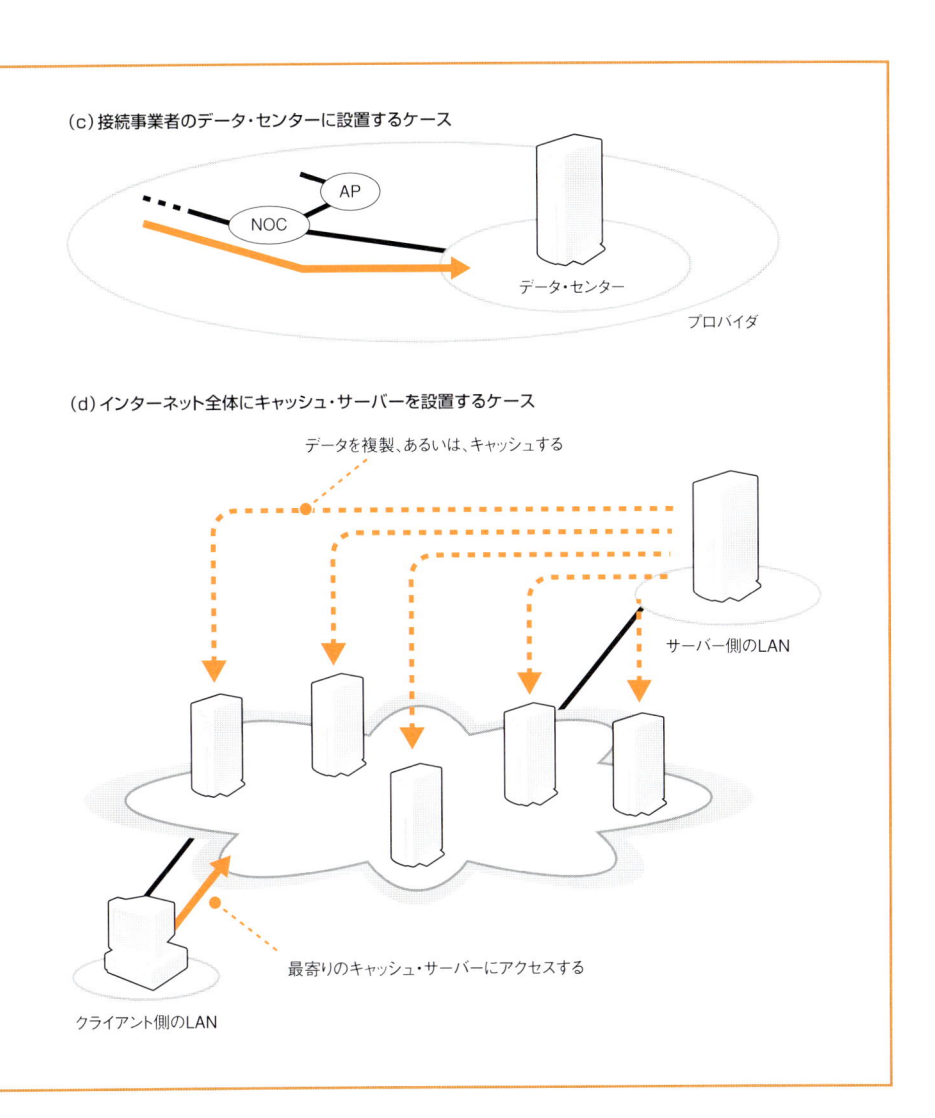

(c) 接続事業者のデータ・センターに設置するケース

AP
NOC
データ・センター
プロバイダ

(d) インターネット全体にキャッシュ・サーバーを設置するケース

データを複製、あるいは、キャッシュする

サーバー側のLAN

最寄りのキャッシュ・サーバーにアクセスする

クライアント側のLAN

しの状態で、攻撃者の目の前にさらされることになります。もちろん、攻撃に耐えるよう、サーバー自身の防御を固める方法もありますし、そうすれば、危険性はそれほど高くありません。しかし、ちょっとした設定ミスなどでセ

キュリティ上の抜け穴ができることもありますし、そのとき、むき出し状態だと、抜け穴が丸見えになってしまいます。人間のやることにミスはつきものですから、そうした抜け穴を完全に塞ぐのは難しいかもしれません。そこまで考えると、やはり、むき出し状態でサーバーを設置するのは賢い方法とはいえません。

　そこで、今は図5.1（b）のように、ファイアウォール*を置く方法が一般化しています。ファイアウォールが関所の役割を果たし、特定のサーバーの、さらに、その中の特定のアプリケーションにアクセスするパケットだけを通し、それ以外のパケットを遮断するわけです。これで、万一抜け穴があったとしても、それがアクセスを許可しないアプリケーションであれば、そこにはパケットが届きませんから、攻撃される危険はなくなります。ただし、それで危険性がゼロになるわけではありません。アクセスを許可するアプリケーションに抜け穴があれば、攻撃される危険性は残ってしまうからです[注2]。それでも、抜け穴が全部丸見えになるのに比べれば、危険性はかなり低くなるといえるでしょう。これがファイアウォールを設ける効用です。では、ファイアウォールのその仕組みから探検することにしましょう。

■ファイアウォールのタイプ

　特定のサーバーの、特定のアプリケーションのパケットだけ通すと一口に言っても、ネットワークにはいろいろな種類のパケットがたくさん流れますから、その中から通すパケットと遮断するパケットを選び分けるのは簡単ではありません。そのため、これまでにいろいろな方法が考案されてきました（表5.1）。この表の中のどの方法でもファイアウォールの目的を果たすことはできるのですが、性能、価格、使いやすさ、といった理由から、今は表の

注2） 抜け穴のある古いアプリケーションは最新版に更新すること、抜け穴ができないように注意深く設定して使うこと、この二つに注意しなければいけません。

表5.1 ファイアウォールのタイプ

タイプ	説明
パケット・フィルタリング型	・ファイアウォール専用の機器やソフトウエアでパケットを中継するときに、MACヘッダー、IPヘッダー、TCPヘッダー、UDPヘッダーといったヘッダーの中身を調べ、そのパケットを通すべきか遮断すべきか判断する方法。 ・どれを通すか遮断するかは、事前に条件を設定しておく
アプリケーション・ゲートウエイ型	・インターネットと社内LANの間のパケット中継動作を止める。そのままだとインターネットにアクセスできないので、フォワード・プロキシを経由してアクセスする ・Web以外のアプリケーションでインターネットにアクセスする場合は、そのアプリケーションに対応したプロキシ・サーバーを設置し、それを経由してインターネットにアクセスする。こうすることで、プロキシ・サーバーを設置したアプリケーションはインターネットへのアクセスが許可され、それ以外のアプリケーションは、アクセスが許可されない
サーキット・ゲートウエイ型	・アプリケーション・ゲートウエイ型と同様に、インターネットと社内LANの間のパケット中継動作を止める。そのままだとインターネットにアクセスできないので、プロキシと似た仕組みを持ったサーバーを経由させて、社内LANからインターネットへアクセスするのを仲介する ・アプリケーション・ゲートウエイ型との違いは、使用するサーバーの仕組みの違い。アプリケーション・ゲートウエイで用いるプロキシ・サーバーは個々のアプリケーションに対応させる必要があるが、サーキット・ゲートウエイで用いるサーバーは、一つでいろいろなアプリケーションに対応できる ・ただし、クライアント・パソコンのTCP/IPソフトをサーキット・ゲートウエイ対応のものに入れ替える必要がある。その手間が大きいため、このタイプの普及率は低い

1番上にあるパケット・フィルタリング型が最も普及しています。そこで、この探検ツアーはパケット・フィルタリング型に的を絞って探検することにしましょう。

パケット・フィルタリングの条件設定の考え方

パケットのヘッダーには通信を司る制御情報が入っていますから、それを調べれば、いろいろなことがわかります。中でも、**表5.2**にまとめておいた項

目はパケット・フィルタリングの条件設定でよく使うものです。とはいっても、この表の説明だけでは遮断する条件を理解するのは難しいので、具体的な例を挙げて説明しましょう[注3]。

　仮に、**図5.2**のように、公開用サーバーを設置するLANと社内LANが分かれており、Webサーバーは公開サーバー用LANに接続されているとします。そして、インターネットからWebサーバーへのアクセスは許可するけれど、Webサーバーからインターネットへのアクセスは禁止するようにパケットを遮断するものとします。昔は、Webサーバーからインターネット側へのアクセスを禁止する例は少なかったのですが、今は、サーバーに寄生し、そこから他のサーバーに感染していくウイルスがありますから、その感染を防ぐためにWebサーバーからインターネット側へのアクセスを止めることにします。このような状況で、どのようにパケット・フィルタリングの条件を設定するのか。それを例にしてパケット・フィルタリングの考え方を説明しましょう。

　パケット・フィルタリングの条件を設定するときは、まず、パケットの流れに着目します。そして、宛先IPアドレスと送信元IPアドレスによって、その始点と終点を判断します。図5.2の例だとインターネットからWebサーバーに対してパケットが流れます。インターネットから送られてくるパケットは始点を特定できませんが、流れの終点はWebサーバーになります。ですから、これを条件として設定し、条件に該当するパケットだけを通過させるわけです。つまり、始点（送信元IPアドレス）はどこでもかまわないから、終点（宛先IPアドレス）がWebサーバーのIPアドレスに一致するパケットは通す、という条件を設定すればよい、ということになります。送信元IPアドレスによって始点を特定できる場合は、それも条件に加えますが、この例のように始点を特定できない場合は、送信元IPアドレスは条件として指定しな

注3） パケット・フィルタリングを理解するにはネットワークにどのようなパケットが流れるのかをきちんと理解している必要があります。そのあたりの説明は第2章にありますから、復習しておくとよいでしょう。

第5章 Webサーバーに遂にたどり着く

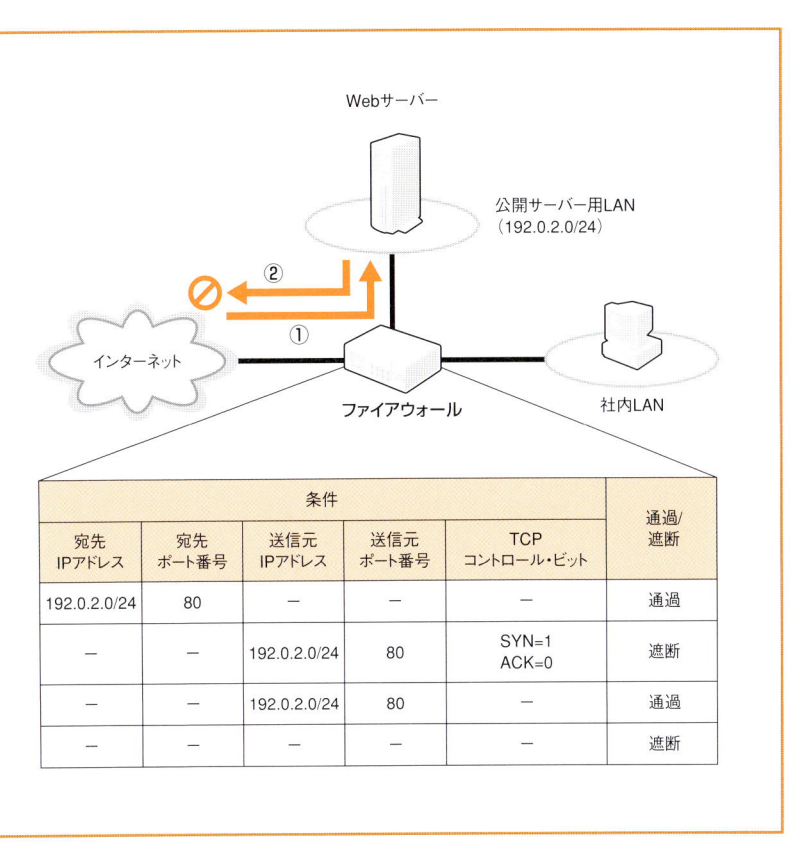

条件					通過/遮断
宛先 IPアドレス	宛先 ポート番号	送信元 IPアドレス	送信元 ポート番号	TCP コントロール・ビット	
192.0.2.0/24	80	—	—	—	通過
—	—	192.0.2.0/24	80	SYN=1 ACK=0	遮断
—	—	192.0.2.0/24	80	—	通過
—	—	—	—	—	遮断

図5.2　パケット・フィルタリングの典型例
インターネットから公開サーバー用LANへのアクセスは許可し、公開サーバー用LANからインターネットへのアクセスは禁止するようにするためのパケット・フィルタリングの条件設定例

くてもかまいません。

　これで、インターネット側からWebサーバーに流れていくパケットはファイアウォールを通過しますが、これだけではアクセス動作は正しく動きません。パケットを受け取ったら、正しく届いたことを送信側に知らせる仕組み[注4]が働くので、Webサーバーからインターネット側へ流れるパケットもあるからです。Webサーバーからクライアントに送るデータもあり、そのパケッ

表5.2　アドレス変換とパケット・フィルタリングの条件設定に用いる項目

ヘッダーの種類	条件設定に使う項目	説明
MACヘッダー	送信元MACアドレス	ルーターはパケットを中継するとき、MACアドレスを書き換え、中継先ルーターのMACアドレスを宛先MACアドレス欄に、自分のMACアドレスを送信元MACアドレス欄に記載する。送信元MACアドレスを調べることで、直前に中継したルーターのMACアドレスがわかる
IPヘッダー	送信元IPアドレス	そのパケットを最初に送信した機器のIPアドレス。パケットを送信した機器を条件として設定する場合には、これを使う
	宛先IPアドレス	パケットを届ける先のIPアドレス。パケットの行き先を条件として設定する場合はこれを使う
	プロトコル番号	TCP/IPプロトコルは、プロトコルの種類ごとに番号が割り当てられている。プロトコルの種類を条件として設定する場合は、その番号を使う。主要なプロトコルに割り当てられている番号は下記のとおり IP：0　　ICMP：1　　TCP：6　　UDP：17 OSPF：89
TCPヘッダーあるいはUDPヘッダー	送信元ポート番号	そのパケットを送信したプログラムに割り当てられたポート番号。サーバー・プログラムに割り当てられるポート番号は固定されているので、サーバーから返送されるパケットのポート番号でサーバー・プログラムを判別できる。しかし、クライアント側のプログラムのポート番号は、未使用のものが無作為に割り当てられることが多いので、それで何かを判断することは難しい。そのため、クライアント側から送信されたパケットのポート番号を条件に設定することはほとんどない
	宛先ポート番号	パケットを届ける先のプログラムに割り当てられたポート番号。送信元ポート番号と同様に、サーバーのポート番号は条件設定に使うことがあるが、クライアント側のポート番号を条件設定に使うことはほとんどない
	TCPコントロール・ビット	TCPプロトコルの制御に使われる情報。主に接続に関する制御に使われる
		ACK　受信データの連番フィールドが有効であることを表す。普通、データが正しく届いたことを受信側から送信側に知らせるときに使う

表5.2 （つづき）

ヘッダーの種類	条件設定に使う項目		説明
		PSH	送信側のアプリケーション・プログラムが、送信バッファにデータをためずに、直ちに送信するよう指示して送信されたデータであることを表す
		RST	接続を強制的に終了する。異常終了時に使われる
		SYN	通信開始時の接続動作で最初に送られるパケットは、SYNビットが1、ACKビットが0となる。このパケットをフィルタすると、以後の動作が続かずアクセスを遮断することができる
		FIN	切断を表す
	フラグメント		IPプロトコルのフラグメンテーション機能によってパケットが分割され、このパケットがその二つ目以後であることを表す
ヘッダーではなくICMPメッセージの中身	ICMPメッセージのタイプ		ICMPメッセージはパケット配送途中で異常が起こったことを知らせたり、通信相手の動作を確認するときに使う。主要なタイプは以下のとおり、このタイプを条件として設定できる
		0	pingコマンドで送るICMPエコー・メッセージに応答するもの。これと下の8を遮断すると、pingコマンドの応答が返らなくなる。攻撃を仕掛ける前にpingコマンドによってどんな機器がネットワークに存在するのか、片っ端から調べることが多いが、0と8を遮断すると、pingに応答しなくなり、それができなくなる。ただ、pingによって機器が動いているかどうか調べることもあり、その場合に0と8を止めると、機器が止まったものを誤認するので要注意
		8	これをICMPエコーと呼ぶ。pingコマンドを実行すると、このICMPエコー・メッセージが送信される
		その他	ICMPメッセージは、0と8以外にもいくつかタイプがある。しかし、中には遮断するとネットワークの動作に支障をきたすものもある。0と8以外のタイプを全部遮断するのは要注意

表5.2 （つづき）

ヘッダーの種類	条件設定に使う項目	説明
ヘッダーではなくパケットを入出力するポート	入力インタフェース	アドレス変換やパケット・フィルタリングを行う機器にパケットが流れ込んできたとき、その入力インタフェースを条件として設定する場合に使う
	出力インタフェース	アドレス変換やパケット・フィルタリングを行う機器からパケットを出力するとき、その出力インタフェースを条件として設定する場合に使う

トもWebサーバーからインターネット側に流れていきます。そこで、送信元IPアドレスがWebサーバーのアドレスに一致するパケットも通すことにします。このように、宛先や送信元のアドレスによって、パケットがどこからどこに流れていくものなのか判断して、通すか遮断するか決めるのが第一歩です。

■アプリケーションを限定するのにポート番号を使用

　しかし、これだけだとインターネットとWebサーバーの間を流れるパケットは全部通過することになり、危険な状態になります。たとえば、サーバー・マシンでtelnet[4]という仕組みが有効になっていると、ネットワークを経由していろいろなコマンドを実行できてしまいます。そのままでは、サーバーからデータを盗まれたり、データを改ざんされる、といった恐れがあります。危険な仕組みはtelnetだけではありません。ですから不要なもの、この例ではWeb以外のアプリケーションのパケットは全部遮断します。

　このように、アプリケーションを限定するときは、ポート番号を条件に使います。Webサーバーのポート番号は80番と決まっていますから[5]、先ほどの宛先IPアドレス、送信元IPアドレスに、ポート番号が80番だったら、とい

注4） 詳しくは第2章に説明があります。

う条件も付け加えます。つまり、宛先IPアドレスがWebサーバーのアドレスと一致し、なおかつ、ポート番号が80番のパケットは通す（図5.2中の表、1行目）、あるいは、送信元IPアドレスがWebサーバーのアドレスと一致し、なおかつ、ポート番号が80番のパケットも通す（図5.2中の表、3行目）、というように設定します。また、サーバー・マシンでWebサーバー以外のアプリケーションを動かす場合には、そのアプリケーションのポート番号を設定して、それを通すようにします。

■接続方向をコントロール・ビットで判断

これでアプリケーションも特定できましたが、まだ条件は足りません。Webサーバーからインターネット側へアクセスする動作を止めることができないからです。Webの動作は両方向にパケットが流れますから、宛先や送信元アドレスで始点と終点を調べたり、パケットが流れる方向を調べるだけでは、どちらの方向にアクセスしているのか判別できません。ここで役に立つのがTCPのコントロール・ビットです。TCPは最初に行う接続フェーズの動作で制御用のパケットが3個流れるのですが[注6]、その最初のパケットだけは、TCPコントロール・ビットのSYNというビットが1、ACKが0になります。他のパケットで同じ値をとるものはありませんから、この値を調べることで、最初のパケットと2番目以後のパケットを判別できます。

この最初のパケットがWebサーバー側からインターネット側に流れていったら、それを遮断するよう設定するとどうなるでしょう（図5.2中の表、2行目）。これを遮断すれば、当然のことですが、相手から2番目のパケットが返ってくることはないので、TCPの接続動作は失敗に終わります。つまり、Webサーバーがインターネットにアクセスしようとしても、接続動作が必ず

注5） 例外的に80番以外のポート番号を使うケースもあります。その場合は、Webサーバー・マシンにその旨設定するはずなので、その設定に合わせてファイアウォールを設定します。
注6） 第2章に説明があります。

失敗するということです。これで、Webサーバーからインターネットにアクセスする動作を止めることができます。

　では、インターネット側からWebサーバーにアクセスするパケットはどうなるでしょう。インターネット側からWebサーバーにアクセスするときの最初のパケットは、パケットの始点と終点が違いますから、図5.2中の表2行目の条件に該当せず、パケット・フィルタリングを通過します。その後に続くパケットはTCPコントロール・ビットの条件が合致しませんから、これもパケット・フィルタリングを通過します。Webサーバーからインターネット側に流れるパケットでも、TCPコントロール・ビットの条件が合致しなければ遮断されずに通るということです。結局、インターネット側からWebサーバーにアクセスするときに流れるパケットは全部パケット・フィルタリングを通過します。

　宛先IPアドレス、送信元IPアドレス、ポート番号、TCPコントロール・ビットを条件として使い、通信の始点と終点、アプリケーションの種類、アクセスの方向を判別する方法を説明しましたが、条件として使える項目は表5.2にあるようにたくさんあります。それを組み合わせれば、対象となるパケットを絞り込むことができます。そうして、許可するアクセス動作で流れるパケットとそれ以外のパケットを完全に選り分けることができるまで、条件を追加していきます。そして、アクセスを許可するパケットだけ通し、それ以外は遮断するように条件を設定します[注7]。

　しかし、実際には通過させるものと遮断するものを完全に選別できないケースもあります。代表的な例はDNSサーバーに対するアクセスです。DNSサーバーに問い合わせる動作はUDPを使いますが、UDPはTCPと違って接続フェーズの動作がありませんから、TCPのようにコントロール・ビットによ

注7）未知の危険を避けるため、必要なものだけ選り分けて通過させ、それ以外のものは全部遮断する、というように条件を設定するが一般的です。

ってアクセス方向を判別することができません。そのため、社内からインターネットのDNSサーバーにアクセスするのは許可し、インターネットから社内のDNSサーバーにアクセスするパケットは遮断する、というような条件設定はできません。この性質はDNSだけでなく、UDPを使うアプリケーションに共通します。そのような場合は、ある程度の危険を覚悟の上、そのアプリケーションのパケットを全部通すか、または、そのアプリケーションは全面的に遮断するか、どちらかを選択するしか方法はありません[注8]。

社内LANから公開サーバー用LANへの条件設定

図5.2のような構成の場合、インターネットと公開サーバー用LANを行き来するパケットの条件を設定するだけでなく、社内LANとインターネット、あるいは、社内LANと公開サーバー用LANを行き来するパケットの条件も設定しなければいけません。そのとき、条件が互いに悪影響を及ぼさないように注意します。たとえば、社内LANと公開サーバー用LANの間は自由に行き来できるようにするため、宛先IPアドレスが公開サーバー用LANと一致するパケットを全部通過させたとしましょう。そこで、送信元IPアドレスを条件に設定し忘れると、インターネット側から流れてきたパケットが無条件に公開サーバー用LANに流れ込んでいきます。これでは先ほどの条件設定でポート番号を条件に加える意味がなくなってしまいます。そんな事態にならないよう、慎重に条件を設定しなければいけません。

社内LANへ外からはアクセスできない

今は、社内LANにはプライベート・アドレスを割り当てるのが通例なので、その設定も必要です。つまり、インターネットと社内LANを行き来する

注8） パケット・フィルタリング以外の方法を使えば、UDPを使うアプリケーションのアクセス方向を判断できる場合もあります。

パケットはアドレス変換しなければいけないので、その設定も必要ということです[注9]。パケット・フィルタリング型のファイアウォールは、パケットを通過させるか遮断させるか判断するだけでなく、アドレス変換の機能も持っていますから、パケット・フィルタリングの条件設定と一緒にアドレス変換も設定するわけです[注10]。具体的には、パケット・フィルタリングと同様にパケットの始点と終点を条件として指定し、アドレス変換が必要な場合はアドレス変換を行い、変換が不要な場合は変換しないように設定します。プライベート・アドレスとグローバル・アドレスの対応付けや、ポート番号の対応づけは自動的にできますから、アドレス変換を行うべきかどうか設定するだけです。

なお、アドレス変換の仕組みを思い出すとわかることですが、アドレス変換を用いると、インターネット側からプライベート・アドレスを割り当てた社内LANには自然とアクセスできなくなります。そのため、社内LANへのアクセスを禁止するようなパケット・フィルタリングの条件設定は不要です。

■ファイアウォールを通過する

このように、ファイアウォールにはいろいろな条件が設定されています。そこにパケットが届いたら、条件に該当するかどうか判定し、通過させるか遮断するか決めます。判定した結果、遮断することになれば、パケットを捨ててしまいます。そして、捨てた記録を残します[注11]。捨てたパケットの中には不正侵入の痕跡を示すものがありますから、それを分析して侵入者の手口を解明したり、今後の不正侵入対策に役立てることができるからです。

通過させるという判定が下された場合は、パケットを中継します。その中

注9) 公開サーバー用LANと社内LANを行き来するパケットは、ファイアウォール自身がパケットを中継しますから、アドレスを変換する必要はありません。つまり、ファイアウォールはルーター機能を持っており、その経路表に社内LANと公開サーバー用LANのアドレスを登録してパケットを中継させればよいので、アドレス変換は不要だということです。

注10) 第3章にアドレス変換の説明があります。

継動作はルーターの動作と同じと考えればよいでしょう。パケットを通過させるか遮断するかを判断することに着目すると、ファイアウォールというのは特別な仕組みを持っているように感じます。ファイアウォール専用ハードウエアやソフトウエアが市販されている点も特別だという印象を強めます。

しかし、一旦通過させると決まれば、それ以上の特別な仕組みはありません。ですから、パケット・フィルタリングという仕組みは、ファイアウォール用の特別な仕組みと考えるのではなく、ルーターのパケット中継機能の付加機能と考えた方がよいかもしれません。ただ、判定条件が複雑になるとルーターのコマンドで設定するのは難しくなりますし、パケットを捨てた記録を残すこともルーターには負担が大きい作業です。そのため、専用のハードウエアやソフトウエアを使う、というわけです。複雑な条件設定や捨てたパケットの記録が不要なら、パケット・フィルタリング機能を持ったルーターをファイアウォールとして使うこともできます。

■ データ・センターにWebサーバーを設置する場合

ここまでは、運営する会社の中にWebサーバーを設置する場合ですが、Webサーバーは会社の中に設置するとは限りません。図5.1（c）のように、プロバイダなどが運営するデータ・センターという施設にサーバーを持ち込んで設置したり、データ・センターに業者が設置したサーバーを間借りする形で運営する場合もあります。データ・センターはプロバイダの中心部分にあるNOCに直接接続されていたり、あるいは、プロバイダ同士を相互接続するIXに直結されています。

インターネットの中心部分に高速回線で接続されているわけですから、そこにサーバーを設置すれば、高速にアクセスできるようになります。これは、サーバーへのアクセスが増えたときに、有効な対策となります[注12]。また、デ

注11）パケット・フィルタリング機能を持ったルーターをファイアウォールとして使う場合、パケットを捨てた記録を残すのは稀です。ルーターはメモリー容量が小さいので、そうした記録を残す余地がないからです。

ータ・センターは耐震構造のビル内に設けたり、自家発電装置を備えたり、24時間の入退室管理体制をとっているところが多いので、会社の中より、安全性が高いといえるでしょう。サーバーの設置場所を提供するだけでなく、機器の稼働状態監視、ファイアウォールの設置運営、不正侵入監視といった付加サービスを提供する場合もあり、その面での安全性も高いといえるでしょう。

　Webサーバーがデータ・センターに設置されている場合、サーバーにたどり着くまでの道筋は多少違います。インターネットの中心部分からデータ・センターにパケットは流れ、そこからサーバー・マシンにたどり着きます。データ・センターにファイアウォールなどが設置されていれば、そこでチェックを受けてからサーバーにたどり着くかもしれません。いずれにしても、パケットはルーターで中継され、最終的にサーバーにたどり着く、という点では変わりはありません。

■処理能力が不足な場合は複数サーバーで負荷分散

　サーバーへのアクセスが増えたときに、サーバーに通じる回線を速くする方法が有効ですが、回線を速くするだけでは不十分な場合もあります。つまり、サーバーに通じる回線を高速化してパケットを素早く運ぶだけでなく、Webサーバーからデータを送信する動作自身の高速化もワンセットで考えなければいけないからです[注13]。特に、CGIなどのアプリケーションでページのデータを動的に作る場合にはサーバー・マシンのプロセサ・パワーを使いますから、その点が重要です。

　そのとき真っ先に思い浮かぶ方法は、サーバー・マシンを高性能な機種に入れ替えることですが、多数のユーザーが集中的にアクセスすると、どんな高性能な機種を使っても1台では追いつかなくなることがあります。その

注12）サーバーを社内に設置し、アクセス回線を高速化する方法もあります。
注13）これは、サーバーの設置場所が社内でもデータ・センターでも、どちらにも共通することです。

第5章　Webサーバーに遂にたどり着く

ときは、複数のサーバーを使って処理を分担することでシステムの能力を増強します。そうした処理形態を総称して「分散処理」といいますが、処理を分担するやり方はいろいろです。一番簡単なのは、単純にWebサーバーを多数並べて、1台が担当するユーザー数を減らす方法です。仮に、Webサーバーを3台並べれば、1台が受け持つクライアントの数は3分の1に減り、それだけ、サーバー1台当たりの負荷が軽くなるわけです。

　この方法をとる場合、クライアントが送ってくるリクエストをWebサーバーに振り分ける仕組みが必要です。この振り分けがうまくいかないと、特定のサーバーにアクセスが集中してしまい、処理を分担する効果が低くなってしまいます。

　具体的な方法はいくつかありますが、一番簡単なのはDNSサーバーで振り分ける方法でしょう。Webサーバーにアクセスするときは、IPアドレスをDNSサーバーに問い合わせて調べますが、DNSサーバーに同じ名前でWebサーバーを複数登録しておくと、問い合わせがある都度、順番にIPアドレスを返します。たとえば、

```
www.glasscom.com
```

というサーバー名に対して

```
192.0.2.60
192.0.2.70
192.0.2.80
```

という三つのIPアドレスを対応付けたとしましょう。すると、最初の問い合わせには

```
192.0.2.60
```

を回答し、次の問い合わせには

```
192.0.2.70
```

を回答し、その次は

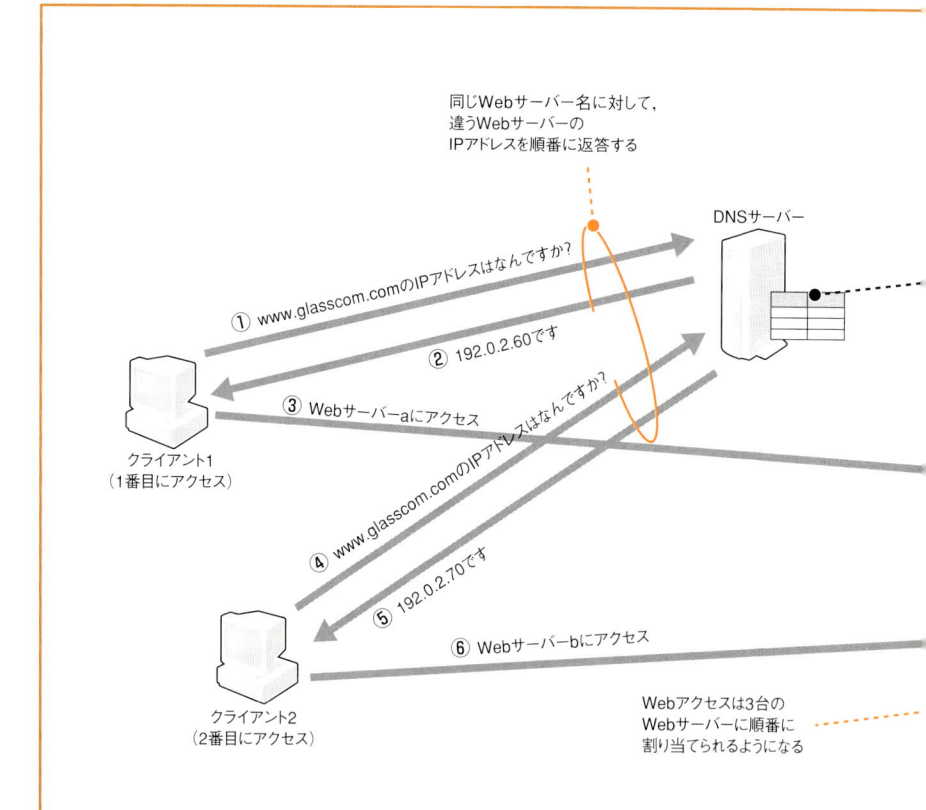

図5.3　DNSラウンド・ロビンの考え方

第5章　Webサーバーに遂にたどり着く

```
192.0.2.80
```

という具合です。そして、一周したら元に戻ります（**図5.3**）。この方法を「ラウンド・ロビン」といいます。これで複数のサーバーに均等にアクセスを分散させることができます。

　ただ、この方法には欠点があります。Webサーバーが何台もあれば、中に

ドメイン名とIPアドレスの対応表

名前	クラス	タイプ	クライアントに回答する内容
www.glasscom.com	IN	A	192.0.2.60
www.glasscom.com	IN	A	192.0.2.70
www.glasscom.com	IN	A	192.0.2.80
…	…	…	…

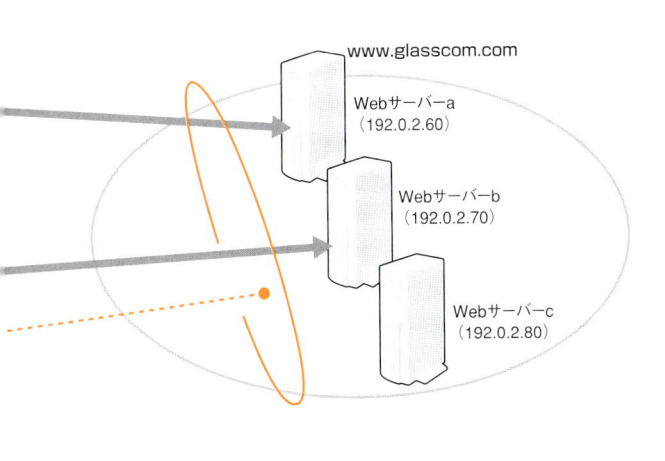

www.glasscom.com
Webサーバーa（192.0.2.60）
Webサーバーb（192.0.2.70）
Webサーバーc（192.0.2.80）

は故障するものも出てきます。そのようなとき、故障したサーバーを避けてIPアドレスを回答してくれればよいのですが、普通のDNSサーバーはWebサーバーが動いているかどうか確認しませんから、サーバーが止まっていてもお構いなしに、そのIPアドレスを回答してしまいます。

また、ラウンド・ロビンで順番にWebサーバーを振り分けると不都合が生じることもあります。CGIなどのアプリケーションでページを作る場合、複数のページにまたがってやり取りすることがありますが、Webサーバーが変わってしまうと、やり取りが途中で途切れてしまうからです。たとえば、ショッピングサイトで、1ページ目に住所や名前を入力し、2ページ目でクレジット番号を入力する、といったケースです。

■負荷分散装置で複数のWebサーバーに振り分け

そのような不都合を避けるために考案された機器があります。「負荷分散装置」あるいは「ロードバランサー」などと呼ぶものです。この種の装置を使う場合、DNSサーバーにWebサーバーを登録するときに、Webサーバーの代わりに負荷分散装置のIPアドレスを登録します。すると、クライアントはその負荷分散装置にリクエストを送り、負荷分散装置がどのWebサーバーにリクエストを送るべきか判断して、Webサーバーにリクエストを転送します(**図5.4**)。ここでのポイントは言うまでもなく、どのWebサーバーにリクエストを転送すべきか判断する部分です。

その判断材料はいくつかありますが、やり取りが複数のページにまたがっているかどうかによって判断基準はまったく違います。複数ページにまたがらない単純なアクセスだったら、Webサーバーの負荷状態が判断材料になるでしょう。Webサーバーと定期的に情報交換してCPUやメモリーの使用率などを収集し、それを基にどのWebサーバーの負荷が低いか判断したり、試験パケットをWebサーバーに送って、その応答時間で負荷を判断するといった方法が一般的です。ただ、Webサーバーの負荷は短時間に上下しますか

第5章　Webサーバーに遂にたどり着く

```
                    DNSサーバー
                    ┌─────┐
                    │     │  負荷分散装置の
                    │     │  IPアドレスを登録しておく
                    └─────┘
  ①
  Webサーバーの                              Webサーバーa
  IPアドレスの問い
  合わせ                                     Webサーバーb
       ②
       負荷分散装置の
       IPアドレスを返答

                  負荷分散装置
  クライアント
       ③
       負荷分散装置に
       Webアクセス                          Webサーバーc
                         ④
                         負荷分散装置が
                         複数のWebサーバーに
                         リクエストを振り分ける
```

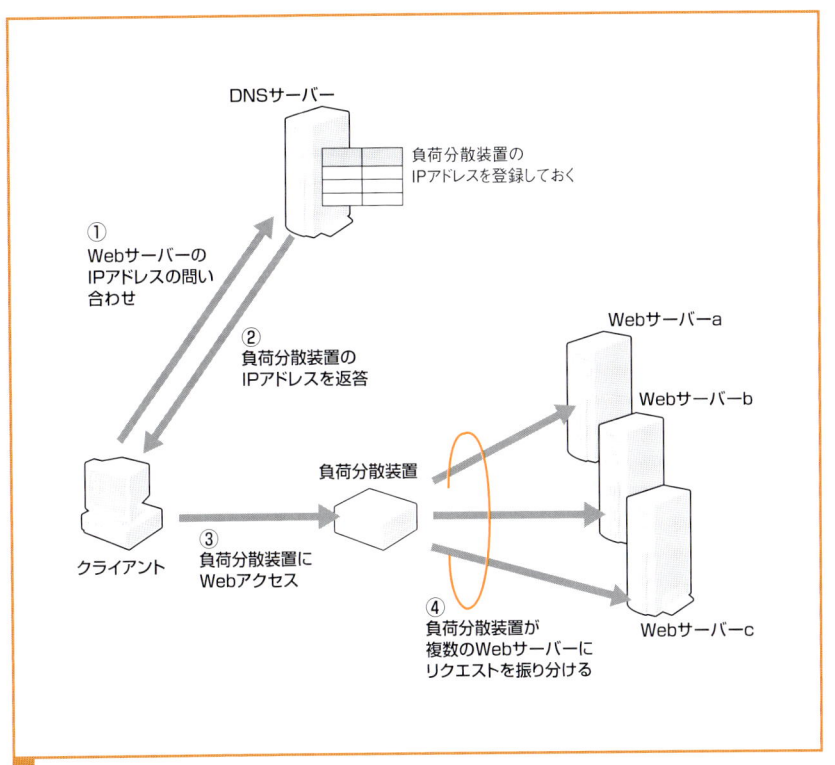

図5.4　Webサーバーへのアクセスを振り分ける負荷分散装置

　ら、こまめに状況を調べないと正確なところまで把握できません。かといって、あまりこまめに状況を調べようとすると、負荷を調べる動作自身でWebサーバーの負荷が上がってしまいます。それだったら、負荷を調べずに、予めWebサーバーの能力を設定し、その比率に応じてリクエストを振り分けた方がよい、という考え方もあります。いずれにしても、特定のサーバーに負荷が集中しないように、という点はどの方法にも共通します。

　やり取りが複数ページにわたるときは、Webサーバーの負荷に関係なく、以前のリクエストと同じサーバーに転送しないといけません。そのためには、まず、やり取りが複数ページにまたがっているかどうか判断しなければなり

ません。そこが問題です。HTTPの基本動作はリクエストを送る前にTCPの接続動作を行い、レスポンスを受け取ると切断することになっています。そして、次にWebサーバーにアクセスするときは、TCPの接続動作からやり直します。そのため、Webサーバー側から見ると、HTTPのやり取りは1回ずつまったく別のものに見えてしまい、受け取ったリクエストが以前のリクエストの続きに相当するものなのか、以前のリクエストとは関係ないものなのか判断できないのです。

　そうした前後の関係を判断するには、サーバー側でその情報を保持しなければならないため、サーバーの負担を増やす結果になります。CGIアプリケーションなどを使わない静的な文書データを読み出すだけなら、前後関係を判断しなくても不都合は起こりませんから、最初のHTTPの仕様には、そうした前後関係を判断する仕掛けがなかったのです。また、リクエストの送信元を調べて、それが同じだったら一連のやり取りだ、というように簡単に判断できないところも問題です。後で説明するプロキシ*を使っていると、リクエストの送信元IPアドレスがプロキシのIPアドレスになってしまい、実際にリクエストを送ったクライアントがどれだかわからなくなってしまうからです。

　そこで、いろいろと工夫しました。フォーム・ページに記入したデータを送るときに、その中に、前後の関連を表す情報を付け加えたり、HTTPの仕様を拡張して一連のやり取りを識別する情報をヘッダーに付け加える[注14]、といった方法でした。負荷分散装置は、そうした情報を調べ、一連のやり取りであれば前回と同じWebサーバーにリクエストを転送し、そうでなければ、負荷の少ないWebサーバーに転送する、というように動きます。

■キャッシュ・サーバーの利用

　Webサーバーを複数台並べる、つまり、同じ機能を持ったサーバーを複数台並べるのではなく、別の方法で負荷分散する方法もあります。それは、デ

ータベース・サーバーとWebサーバー、というように役割に応じてサーバーを分ける方法です[注15]。そうした役割別の分散処理方法の一つが、「キャッシュ・サーバー」を使う方法です。

キャッシュ・サーバーというのは、「プロキシ」という仕組みを使って、データをキャッシュするサーバーです。プロキシという仕組みは、Webサーバーとクライアントの間に入って、Webサーバーへのアクセス動作を仲介する役割を持ったものですが、アクセス動作を仲介するときに、Webサーバーから受け取ったデータをディスクに保存しておき、そのデータをWebサーバーに代わってクライアントに送り返す機能を持っています。これを「キャッシュ」と呼び、キャッシュ・サーバーはこれを利用します。

WebサーバーはURLをチェックしたり、アクセス権限をチェックしたり、ページの中にデータを埋め込んだり、といった処理を内部で実行するため、ページのデータをクライアントに送信するときに多少時間がかかります。一方、プロキシの方は、Webサーバーから受け取って保存しておいたデータを読み出してクライアントに送信するだけなので、Webサーバーより素早くデータを送信することができます。

ただし、キャッシュにデータを保存した後、Webサーバー側でデータが変更されると、キャッシュのデータは使えません。そのため、いつでもキャッシュのデータを利用できるわけではありませんが、アクセス動作の何割かは、Webサーバーの手を煩わせることなく、キャッシュ・サーバーでさばくことができます。その何割かでもサーバーへのアクセス動作を高速化できれば全体の性能が向上する、と考えるわけです。また、キャッシュ・サーバーでリクエストをさばけば、その分、Webサーバーの負荷が減ることになり、それ

注14）この情報を俗に、「クッキー」（cookie）といいます。
注15）同一機能を複数並べる方法と、役割毎に分散する方法の両方を組み合わせる方法もあります。
注16）キャッシュ・サーバーの動きを理解するには、Webサーバーの動きやHTTPプロトコルの動きを理解しておく必要があります。このあたりの説明は第1章にあります。

がCGIアプリケーションなどの処理時間を短縮する効果を持つことにもなります。

■キャッシュ・サーバーは更新日でコンテンツを管理

　では、キャッシュ・サーバーの動きを見てみましょう[注16]。まず、キャッシュ・サーバーはクライアントからHTTPのリクエスト・メッセージを受け取ります（**図5.5**①、**図5.6**（a））。そうしたら、リクエストの内容を調べ、そのデータが自分のキャッシュに保存してあるかどうか、あるいは、保存したデータの有効期限が切れていないかどうか確認します。そして、保存したデータ

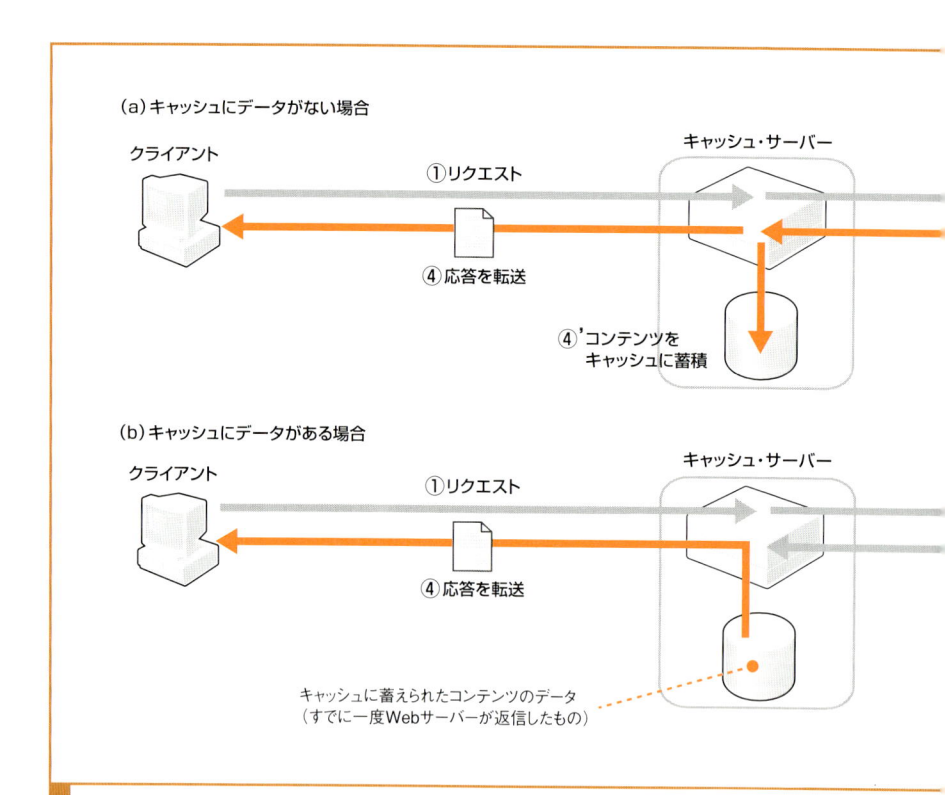

図5.5　コンテンツを一時保存し、代理で返信するキャッシュ・サーバー

の状態によってリクエスト・メッセージを書き換えます。保存したデータが有効なら図5.6（b）のようにIf-Modified-Sinceというヘッダー・フィールドを追加し、そこに、データを保存した日時を記載します。キャッシュに有効なデータがない場合は、このヘッダーはつけません。そうしたら、リクエストをWebサーバーに転送します（図5.5②）。Webサーバーは、その転送されたメッセージを受け取り、If-Modified-Sinceの日時とデータの最終更新日時を比較して、最終更新日時の方が新しければ、通常と同様、ページのデータをキャッシュ・サーバーに送り返します（図5.5（a）③、図5.6（c））。この場合、キャッシュ・サーバーは、それをクライアントに転送し、同時に、

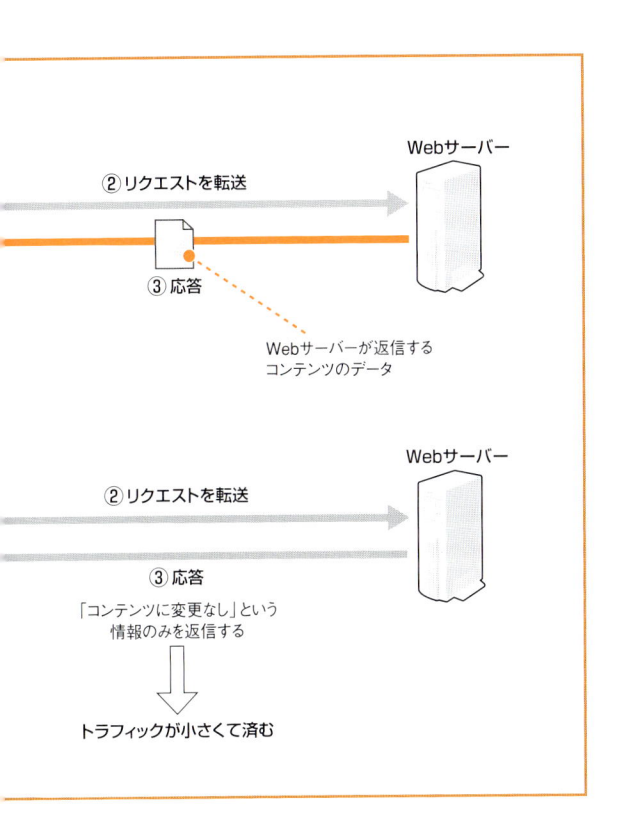

②リクエストを転送
Webサーバー
③応答
Webサーバーが返信するコンテンツのデータ

②リクエストを転送
Webサーバー
③応答
「コンテンツに変更なし」という情報のみを返信する
⇩
トラフィックが小さくて済む

(a) クライアントからキャッシュ・サーバーに送ったリクエストの中身（図5.5①）
　　クライアントからキャッシュ・サーバーに送るリクエストは、通常と変わらない

```
GET /sample1.htm HTTP/1.1
Accept: */*
Accept-Language: ja
Accept-Encoding: gzip, deflate
User-Agent: Mozilla/4.0 (compatible; MSIE 6.0; Windows NT
5.1; Q312461)
Host: www.lab.glasscom.com ●-----------------------------
Connection: Keep-Alive
```

> キャッシュ・サーバーは、ここに書いてあるサーバー名で、転送先のWebサーバーを判断する

(b) キャッシュ・サーバーからWebサーバーに転送したリクエストの中身（図5.5②）

```
GET /sample1.htm HTTP/1.1
Accept: */*
Accept-Language: ja
Accept-Encoding: gzip, deflate
User-Agent: Mozilla/4.0 (compatible; MSIE 6.0;【右端省略】
Host: www.lab.glasscom.com
Connection: Keep-Alive
If-Modified-Since: Mon, 10 Jun 2002 16:56:13 GMT ●--
Via: 1.0 proxy.lab.glasscom.com ●--
```

> Viaでキャッシュサーバーを経由したことをWebサーバーに知らせるためのもの。キャッシュ・サーバーの設定によって、このヘッダーを付けない場合もある

> 以前アクセスしたデータがキャッシュに保存されている場合、If-Modified-Sinceでその情報を付加し、それ以後Webサーバー側で変更があったか否かたずねる。キャッシュにデータが保存されていない場合は、このヘッダーはつかない

図5.6　HTTPメッセージを書き換える様子

(c) Webサーバーからキャッシュ・サーバーに返送したレスポンスの中身（図5.5(a)③）
　　If-Modified-Sinceを付けなかった場合（キャッシュにデータがなかった場合）、あるいは、Webサーバー側で変更があった場合は、Webページのデータがそのまま返ってくる。中身は通常と同じ

```
HTTP/1.1 200 OK
Date: Mon, 10 Jun 2002 16:58:41 GMT
Server: Apache/1.3.20 (Unix)   (Red-Hat/Linux) 【右端省略】
Last-Modified: Mon, 10 Jun 2002 16:58:30 GMT
ETag: "5a9da-279-3c726b61"
Accept-Ranges: bytes
Content-Length: 633
Connection: close
Content-Type: text/html

<html>
<head>
<meta http-equiv="Content-Type" content="text/html; charset
=euc-jp">
【以下省略】
```

(d) Webサーバーからキャッシュ・サーバーに返送したレスポンスの中身（図5.5(b)③）
　　If-Modified-Sinceの日時以後変更がなかった場合は、Webページのデータではなく、変更がない、という意味のメッセージが返ってくる

```
HTTP/1.1 304 Not Modified   ←これでページ・データに変更がないことを知らせる
Date: Mon, 10 Jun 2002 16:57:48 GMT
Server: Apache/1.3.12 (Unix)   (Red Hat/Linux) 【右端省略】
Connection: close
ETag: "22f236-3e9-3b7f46d8"
```

(e) キャッシュ・サーバーからクライアントに転送したレスポンスの中身（図5.5④）
　　キャッシュ・サーバーを経由したことを示すViaヘッダーが付く以外は、通常のレスポンス

```
HTTP/1.1 200 OK
Date: Mon, 10 Jun 2002 16:58:41 GMT
Server: Apache/1.3.20 (Unix)   (Red-Hat/Linux) 【右端省略】
Last-Modified: Mon, 10 Jun 2002 16:56:13 GMT
ETag: "5a9da-279-3c726b61"
Accept-Ranges: bytes
Content-Length: 662
Connection: close
Content-Type: text/html
Via: 1.1 proxy.lab.glasscom.com   ←Viaでプロキシを経由したことをクライアントに知らせるためのもの。キャッシュ・サーバーの設定によっては、このヘッダーを付けない場合もある

<html>
<head>
<meta http-equiv="Content-Type" content="text/html; charset
=euc-jp">
【以下省略】
```

データをキャッシュに保存します（図5.5（a）④'）。この動きは、キャッシュ・サーバーが間に入ってメッセージを転送しているというだけのことです。一方、If-Modified-Sinceの方が最終更新日より新しい場合は、Webサーバーはデータを送り返さずに、変更がないという意味のメッセージを送り返します（図5.5（b）③、図5.6（d））。その場合、キャッシュ・サーバーはキャッシュからデータを読み出し、それをクライアントに送ります（図5.5（b）④、図5.6（e））。Webサーバーは最終更新日をチェックするだけで済みますから、さほど負担はかかりません。

■キャッシュ・サーバーにパケットを届ける方法

　キャッシュ・サーバーの動きだけ見ると気づかないかもしれませんが、キャッシュ・サーバーを使うときは重要なポイントがあります。それはキャッシュ・サーバーにパケットを届ける方法です。キャッシュ・サーバーとWebサーバーは別々のマシンですから、キャッシュ・サーバーを設置するだけだと、パケットはWebサーバーに向かって流れていき、キャッシュ・サーバーには届きません。Webサーバーに向かうパケットをキャッシュ・サーバーに向かうように仕向ける方法が必要なのです。

　その方法はいくつかあります。一つは、クライアントからWebサーバーにパケットが流れる道筋の途中にキャッシュ・サーバーを置き、そこでキャッシュ・サーバーにパケットを横取りさせるという方法です。キャッシュ・サーバーそのものを置くのではなく、パケットを横取りするための特別な装置を置いて、そこからキャッシュ・サーバーにパケットを転送する方法もあります。

　もう一つは、WebサーバーをDNSサーバーに登録するときに、Webサーバーの代わりにキャッシュ・サーバーを登録する方法です。つまり、キャッシュ・サーバーにwww.glasscom.comというような名前を付け、その名前とアドレスをDNSサーバーに登録するわけです。そうすれば、自然とパケットは

キャッシュ・サーバーに流れていきます。その点はいいのですが、最初からキャッシュ・サーバー宛にリクエストが送られてくると困ることが一つあります。Webサーバー宛のパケットを横取りする場合は、リクエストのHostヘッダーにWebサーバーの名前が書いてあるので、どのWebサーバーにリクエストを転送すべきか判断できますが、DNSサーバーにキャッシュ・サーバーを登録すると、クライアントはキャッシュ・サーバーをWebサーバーだと思って、キャッシュ・サーバー宛にリクエストを送信するようになります。つまり、メッセージのHostヘッダーにキャッシュ・サーバーの名前が入ることになります。これでは、どのWebサーバーに転送すべきか判断できません。これが困る点です。

　このようにキャッシュ・サーバーをDNSサーバーに登録する場合はキャッシュ・サーバーに転送先のWebサーバーを設定します。たとえば、リクエストの中にあるURIが

```
/dir1/....
```

だったら、

```
www1.glasscom.com
```

というWebサーバーに転送し、

```
/dir2/....
```

だったら、

```
www2.glasscom.com
```

というWebサーバーに転送する、という具合に条件をキャッシュ・サーバーに設定しておきます。すると、

```
/dir1/sample1.html
```

というリクエストがキャッシュ・サーバーに届いたら、キャッシュ・サーバーはリクエストをwww1.glasscom.comというWebサーバーに転送しますし、

```
/dir2/sample2.html
```

というリクエストが届いたら、www2.glasscom.comにリクエストを転送します。

　この例でわかるように、URIに書いてあるディレクトリ名によって転送先を設定することもできますから、1台のキャッシュ・サーバーで、複数のWebサーバーのデータをキャッシュすることもできます。

■ プロキシの原点はフォワード・プロキシ

　キャッシュ・サーバーは、プロキシという仕組みをWebサーバー側に置いて、そのキャッシュ機能を利用するものですが、クライアント側にプロキシを置く方法もあります。ここで少し寄り道して、クライアント側に置くプロキシも説明しておきましょう。

　実は、プロキシという仕組みは、元々、クライアント側に置く方法から始まりました。それを「フォワード・プロキシ」と呼びますが[注17]、そこから順

[注17] 最初からフォワード・プロキシと呼んでいたわけではなく、最初は今のフォワード・プロキシに相当するものを単にプロキシ、あるいは、プロキシ・サーバーと呼んでいました。最初はこれしかなかったからです。ところがプロキシの方式が増えたので、それを整理するために○○プロキシというように方式を表す言葉を前につけるようになりました。なお、○○プロキシと呼ぶ場合は、長くなるので○○プロキシ・サーバーとは呼ばないことが多いようです。

を追って説明しましょう。

　最初にフォワード・プロキシが登場したとき、その利用目的の一つは、キャッシュを利用することにありました。それは今のキャッシュ・サーバーと変わりません。しかし、当時のフォワード・プロキシはもう一つ重要な目的を担っていました。それはファイアウォールを実現するという目的です。

　ファイアウォールの利用目的は、インターネットからの不正侵入を防ぐことにありますが、その目的を達成する一番確実な方法は、インターネットと社内のパケットの行き来を全部止めてしまうことです。しかし、パケットを全部止めてしまうと、インターネットへのアクセスも止まってしまいます。

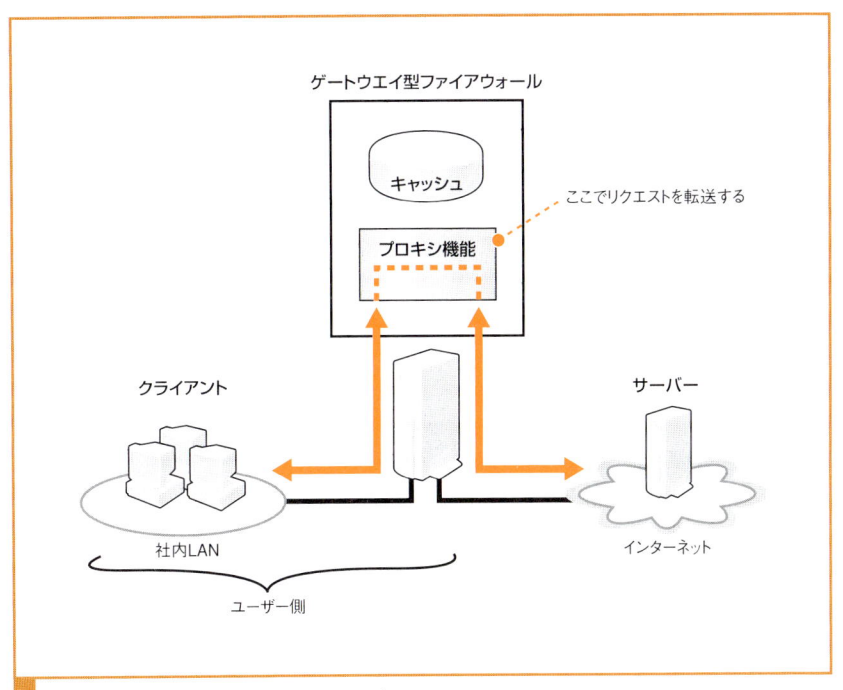

図5.7　プロキシを利用したファイアウォール
　ゲートウエイ型ファイアウォールのプロキシ機能で、リクエストを転送する。これで、社内LANのクライアントはインターネットと直接パケットをやり取りしなくても、インターネット上のWebサーバーにアクセスできる。

これでは役に立ちませんから、必要なアクセス動作を通す方法を考えなければいけません。そのためにプロキシという仕組みが考え出されたのです。つまり、**図5.7**のように、プロキシでリクエスト・メッセージを転送すれば、必要なアクセス動作を通すことができる、と考えたわけです。そのとき、プロキシのキャッシュを利用すれば、さらに効果的です。以前アクセスしたページであれば、社内LANからプロキシにアクセスするだけでデータが手に入ります。低速回線でインターネットにアクセスするより格段に速くなるでしょう。

　また、プロキシは、リクエストの中身を調べてから転送しますから、リクエストの内容によってアクセス可否を判断することもできます。つまり、危険なサイト、仕事と関係ないサイトへのアクセスは禁止する、といったアクセス制限を設けることができるわけです。パケット・フィルタリング型のファイアウォールだと、IPアドレスやポート番号といった情報しか判断材料に使えませんから、ここまで細かく条件を設定することは不可能です。

　なお、プロキシを用いたファイアウォールを「アプリケーション・ゲートウェイ型ファイアウォール」と呼ぶことがあります。

■フォワード・プロキシを改良したリバース・プロキシ

　フォワード・プロキシを使う場合は、通常、ブラウザの設定画面に用意されている「プロキシ・サーバー[*]」という項目にフォワード・プロキシのIPアドレスを設定します。すると、ブラウザのリクエスト送信動作が少し変わります。

　フォワード・プロキシを設定しなければ、ブラウザはURL欄に入力されたhttp://...という文字列からアクセス先のWebサーバーを割り出して、そこにリクエスト・メッセージを送りますが、フォワード・プロキシを設定すると、URLの内容にかかわらず、リクエストを全部フォワード・プロキシに送るようになります。そして、リクエストの内容も少し違った形になります。フォ

第5章 Webサーバーに遂にたどり着く

ワード・プロキシを設定しない場合は、URLからWebサーバーの名前を取り除いてファイルやプログラムの名前だけ取り出し、それをリクエストのURIの部分に記載しますが、フォワード・プロキシを設定すると、**図5.8**のように、http://.... というURLをそのままリクエストのURIに記載するようになります。そして、フォワード・プロキシは、この内容を見て、リクエストの転送先を判断します。

このように、Webサーバーに直接アクセスする場合と、フォワード・プロキシを経由する場合とで、URIの記載内容を使い分けるのが最初の方法でした。これがフォワード・プロキシの特徴といえるでしょう。ところが、この方法だとリクエストのURIに記載する内容を使い分けなければいけないので、ブラウザへフォワード・プロキシを設定することが欠かせません。これは面倒ですし、誤設定などでブラウザが正しく動かないという障害の原因にもなりました。

ブラウザに設定が必要だという点は、そういった手間や障害の問題だけでなく、別の制約事項にもなります。それは、今のキャッシュ・サーバーのように、Webサーバーの手前に置いて、Webサーバーの負荷を軽減するという

(a)クライアントからキャッシュ・サーバーに送ったリクエストの中身（図5.5①）

プロキシを使わない場合、URIはファイルやプログラムの名前を記載するだけだが、プロキシを設定すると、http://....というようにURLをそのまま記載するようになる。プロキシは、この内容を見て、転送先のWebサーバーを判断する

```
GET http://www.lab.glasscom.com/sample1.htm HTTP/1.1
Accept: */*
Accept-Language: ja
Accept-Encoding: gzip, deflate
User-Agent: Mozilla/4.0 (compatible; MSIE 6.0;)【右端省略】
Host: www.lab.glasscom.com
Connection: Keep-Alive
```

図5.8　フォワード・プロキシのHTTPメッセージ

目的には使えないことです。インターネットに公開するWebサーバーは、誰がアクセスしてくるかわかりませんから、ブラウザにプロキシを設定してもらうことなどできません。これでは、プロキシの仕組みを利用できないわけです。

　そこで、ブラウザにプロキシを設定しなくても使えるプロキシを考えだしました。つまり、リクエストのURI部分にhttp://.... と書かずに、Webサーバーに直接アクセスするときと同じように、ファイルやプログラムの名前だけ書いたものでもWebサーバーに転送できるようにしたのです[注18]。この方式を「リバース・プロキシ」と呼びます。

　また、リバース・プロキシを少し工夫すると、フォワード・プロキシの代わりにクライアント側に置いて使うこともできます。クライアント側にプロキシを置く場合、クライアントはインターネット上のどのWebサーバーにアクセスするかわかりませんから、サーバー側に置く場合と違ってプロキシに転送先を設定しておくことはできません。ですから、リクエストの転送先となるWebサーバーを知る手がかりが必要となります。そこで、最初に登場したフォワード・プロキシは、URIにhttp://...というURLをそのまま書き、URLの中にあるサーバー名をリクエスト転送先の手がかりにしていたのです。ところが、URIにhttp://...と書かなくても、リクエスト転送先を知る方法があったのです。

　それは、リクエスト・メッセージのパケットを調べる方法でした。パケットの先頭にあるIPヘッダーには宛先IPアドレスが記載されていますから、それを調べれば、そのパケットを届ける相手、つまり、アクセス先のWebサーバーがどこにあるのかわかります。ですから、それを調べて、そこにリクエストを転送することにしたのです。この方法で転送先を調べるプロキシを「トランスペアレント・プロキシ」と呼びます。これなら、ブラウザにプロキ

注18）リバース・プロキシはフォワード・プロキシと動きが違いますから、設定方法もフォワード・プロキシとは違います。

シを設定する手間を省けます。

さらに、HTTPの仕様自身が改良されました。リクエスト・メッセージの先頭にあるヘッダー部分に、Hostというヘッダー・フィールドを追加して、そこにアクセス先のWebサーバーを書くことにしたのです[注19]。これでIPヘッダーを調べなくても、アクセス先のWebサーバーにリクエストを転送できるようになりました。

その結果、ユーザーがプロキシの存在を気にする必要性はだいぶ薄れました。HTTPのメッセージを転送するというプロキシの考え方や必要性は変わらないのですが、皆の関心がHTTPのメッセージを転送するという部分から、別の側面に移っていったのです。その側面はキャッシュを利用するという側面です。そのため、呼び名も変わってきました。つまり、メッセージの転送に重きを置いてプロキシと呼ぶのではなく、キャッシュ機能に重点を置いてキャッシュ・サーバーと呼ぶ例が増えてきたのです[注20]。

今は、キャッシュ・サーバーが発展し、サーバーの手前にキャッシュ・サーバーを置くだけでなく、クライアント側に置いたり、インターネットの中に多数のキャッシュ・サーバーをばらまいたり、というようにいろいろな利用方法が生まれています。Webサーバーにアクセスするパケットは、そうしたキャッシュ・サーバーを経由して目的のWebサーバーにたどり着きます。

■コンテンツ配信ネットワークを利用した負荷分散

キャッシュ・サーバーは、サーバー側に置く場合とクライアント側に置く場合では、利用効果に差が出ます。**図5.9**(a)でわかるように、サーバー側にキャッシュ・サーバーを置く方法は、Webサーバーの負荷を軽減する効果はありますが、インターネットを流れるトラフィックを抑える効果はありま

注19) 今は、ブラウザにプロキシ・サーバーを設定しなくても、Hostヘッダー・フィールドにWebサーバーの名前が記載されます。
注20) 呼び名は変わっても基本的な仕組みがプロキシであることに変わりはありません。

せん。その点では、クライアント側にキャッシュ・サーバーを置く方が優れています（図5.9（b））。インターネットの中には混雑した個所があるかもしれませんし、そこを通るには時間がかかります。クライアント側にキャッシ

(a) Webサーバー側に配置

クライアント

クライアント側のLAN

インターネット

(b) クライアント側に配置

クライアント

キャッシュ・サーバー

クライアント側のLAN

Webサーバーの運営者はキャッシュ・サーバーを管理できない

インターネット

(c) インターネットの縁に配置

クライアント

キャッシュ・サーバー

クライアント側のLAN

インターネット

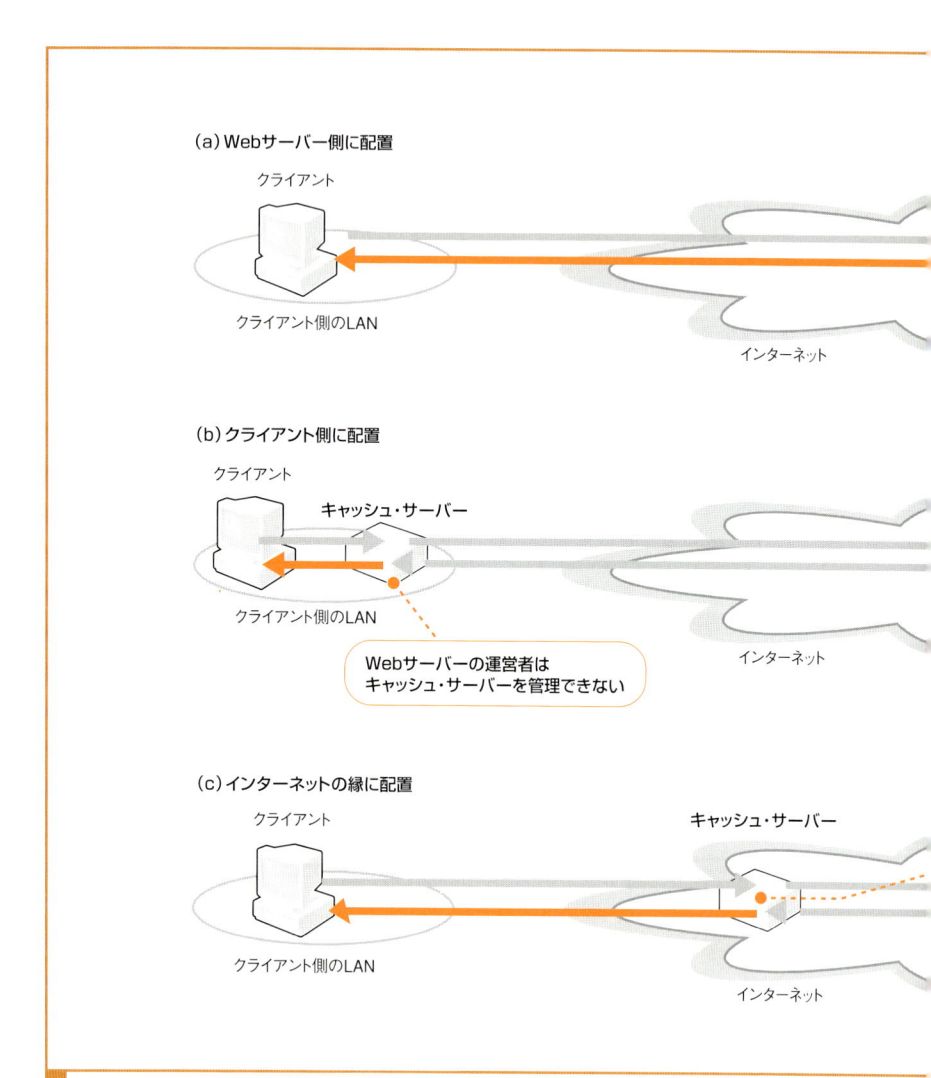

図5.9　キャッシュ・サーバーの配置場所は3種類

ュ・サーバーがあれば、そうした混雑に巻き込まれることがありませんから、パケットの流れは安定します。大きな画像や映像などの大容量データを含むコンテンツだと、その効果は大きいといえるでしょう。

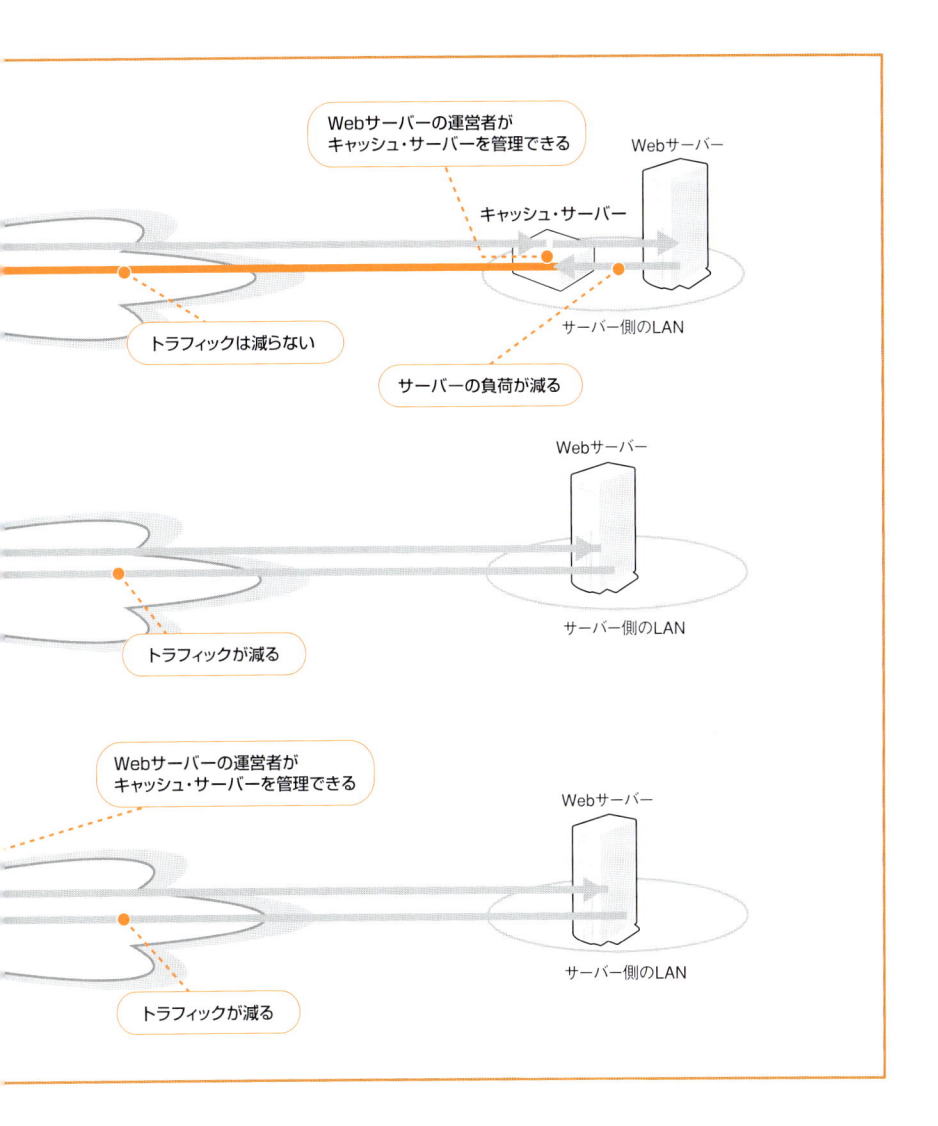

しかし、クライアント側に置くキャッシュ・サーバーは、クライアント側のネットワークを運営管理する者が所有するので、Webサーバー運営者がコントロールすることはできません。たとえば、最近コンテンツの容量が大きくなったのでキャッシュ・サーバーの容量を増やしたい、とWebサーバー運営者が考えたとしましょう。サーバー側のキャッシュ・サーバーなら自分で所有しているものですから、ディスクを増設するなりして容量を増やせばよいのですが、クライアント側のキャッシュ・サーバーはそうはいかないわけです。そもそも、クライアント側にキャッシュ・サーバーがあるとは限りません。

　キャッシュ・サーバーは置き場所によって、このように、一長一短あるのですが、両方の良いところをとった方法もあります。それは、図5.9（c）のように、プロバイダと契約してWebサーバー運営者がコントロールできるキャッシュ・サーバーをクライアント側のプロバイダに置く方法です。

　これならユーザーから近い場所にキャッシュ・サーバーを設置でき、しかも、それをWebサーバー運営者がコントロールできます。ところが、この方法にも問題があります。インターネットに公開するサーバーはインターネットのどこからアクセスするかわかりませんから、この方法を真面目に実現しようとすると、プロバイダのアクセス・ポイント全部にキャッシュ・サーバーを設置しなければいけなくなってしまいます。それでは数が多すぎて現実的ではありません。

　この問題を解決する方法があります。まず、主要なプロバイダに的を絞ることです。そうすれば、キャッシュ・サーバーの数を減らすことができます。キャッシュ・サーバーの数を減らすと、ユーザーによっては、キャッシュ・サーバーにたどり着くまでに長い道のりを経ることになりますが、それでも、Webサーバーに直接アクセスするよりは道のりを短縮できるはずなので、それなりの効果を期待できます。

　これで、現実味が出てきますが、もう一つ問題があります。いくら数を減

らすといっても、Webサーバー運営者が自分でプロバイダと契約してキャッシュ・サーバーを設置するのでは、費用の面でも手間の面でも大変です。この点も解決する方法がありました。それは、キャッシュ・サーバーを設置してそれをWebサーバー運営者に貸し出すというサービスを提供する事業者が登場したことです。この種のサービスを「コンテンツ配信サービス」（CDS：Content Delivery Service）と呼びますが、そのサービス内容を具体的に説明しましょう。

このサービスを提供する事業者（CDSP：Content Delivery Service Provider）は、主要なプロバイダと契約して、そこに多数のキャッシュ・サーバーを設置します[注21]。一方、CDSPはWebサーバー運営者とも契約して、WebサーバーとCDSPのキャッシュ・サーバーを連携させます。その具体的な方法は後で説明しますが、Webサーバーとキャッシュ・サーバーをうまく連携させると、クライアントがWebサーバーにアクセスしようとしたときに、CDSPのキャッシュ・サーバーにアクセスするようになります。

キャッシュ・サーバーは多数のWebサーバーのデータをキャッシュできますから、CDSPが設置した多数のキャッシュ・サーバーを多数のWebサーバー運営者で共同利用することもできます。そうすれば、Webサーバー運営者1社あたりの費用を抑えることができます。これでWebサーバー運営者の費用負担が減ります。さらに、プロバイダとの契約はCDSPが一手に引き受けてくれますから、手間の面でもWebサーバー運営者に負担がかかりません。

■最寄りのキャッシュ・サーバーの見つけ方

コンテンツ配信サービスを使う場合、図5.1（d）のようにインターネット全体に設置された多数のキャッシュ・サーバーを利用することになりますが、このような状況では、多数あるキャッシュ・サーバーの中から最寄りのキャ

注21）インターネット内に数百台以上のキャッシュ・サーバーを設置しているCDSPがあります。

ッシュ・サーバーを探し出して、クライアントがそこにアクセスするよう仕向ける仕組みが必要です。

　フォワード・プロキシを使うときのようにブラウザにプロキシ・サーバーを設定してもらえばよいのかもしれませんが、全ユーザーに徹底するのは現実的ではありません。ユーザーが何もしなくても、リクエスト・メッセージがキャッシュ・サーバーに届くような仕掛けが必要なのです。

　その方法はいくつかあるので順番に説明しましょう。最初の方法は、複数サーバーを並べて負荷分散するときに、DNSサーバーでアクセスを振り分けるのと似た方法です。つまり、DNSサーバーがWebサーバーのIPアドレスを回答するときに、最寄りのキャッシュ・サーバーのIPアドレスを回答するようDNSサーバーを細工する方法です。この方法を説明する前に通常のDNSサーバーの動作を復習しておきましょう。

　DNSサーバーはインターネットに多数配置されており、それが連携して問い合わせに回答することになっています。その動作は、クライアントが問い合わせのメッセージを送るところから始まります。アクセス先のWebサーバー名を記した問い合わせメッセージを作り、それを自分のLANにあるDNSサーバーに送ります[注22]（**図5.10**①）。すると、クライアント側のDNSサーバーは、Webサーバーの名前の階層構造を調べて、その名前が登録されているWebサーバーを探し出し、そこに問い合わせメッセージを送ります（②）。Webサーバー側のDNSサーバーは、その問い合わせメッセージを受け取り、名前に対応するIPアドレスを調べて回答します。Webサーバー側のDNSサーバーには、管理者が登録したサーバー名とIPアドレスを対応付けた対応表があるはずなので、その対応表からサーバー名を探し、それに対応するIPアドレスを回答するわけです（③）。すると、その回答がクライアント側のDNS

注22）自分のLANにDNSサーバーを設置していない場合は、自分がつながっているプロバイダのDNSサーバーに問い合わせを送ります。

サーバーに届き、そこからクライアントに回答が返ります（④）。

　これは、DNSサーバーにWebサーバーが1台だけ登録されている場合です。Webサーバーが複数ある場合は、図5.3のように、ラウンド・ロビンによって順番にIPアドレスを回答します。

　ここまでが通常のDNSサーバーの動作なのですが、これをそのまま使ってWebサーバーの代わりにキャッシュ・サーバーのIPアドレスを登録するというやり方だと、クライアント側とキャッシュ・サーバーの位置関係をまったく考慮しないので、遠い位置にあるキャッシュ・サーバーのIPアドレスを返す結果になります。

　最寄りのキャッシュ・サーバーを探す場合は、ここに、クライアント側とキャッシュ・サーバーの位置関係という判断材料を加えます。具体的には、まず、キャッシュ・サーバーの設置場所にあるルーターから経路情報を集め

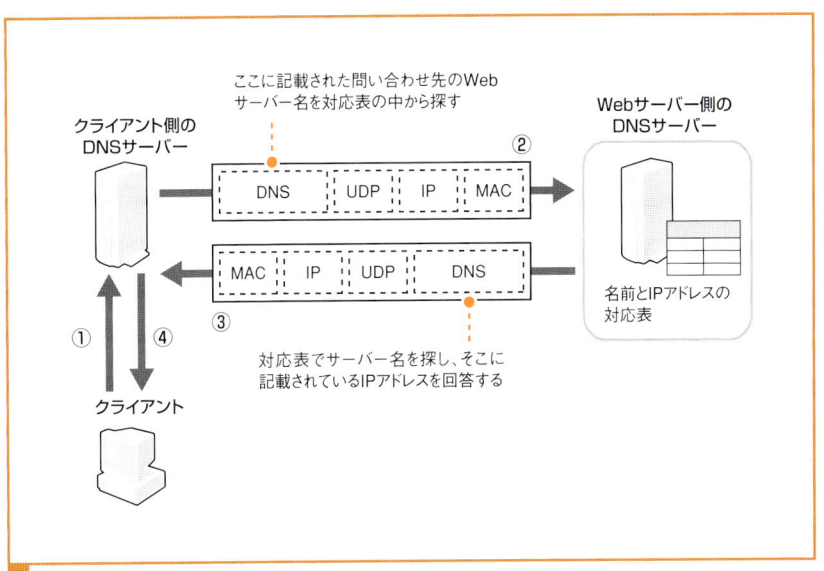

図5.10　通常のDNSサーバーの動き
DNSサーバーに登録してある名前とIPアドレスの対応表から答えを探してクライアントに回答する。

ておきます（**図5.11**）。図5.11の例のようにキャッシュ・サーバーが4台あったら、その4カ所に設置されたルーターから経路情報を集めるわけです。そして、サーバー名に該当するIPアドレスを回答するときに、経路情報からどのキャッシュ・サーバーがクライアントに一番近いか調べ、一番近いキャッシュ・サーバーのIPアドレスを回答するようにします。インターネットの中にあるルーターには、宛先アドレスと、その宛先に至るまでに経由するプロバイダの識別番号が順番に記録されていますから、それをたどれば、問い合

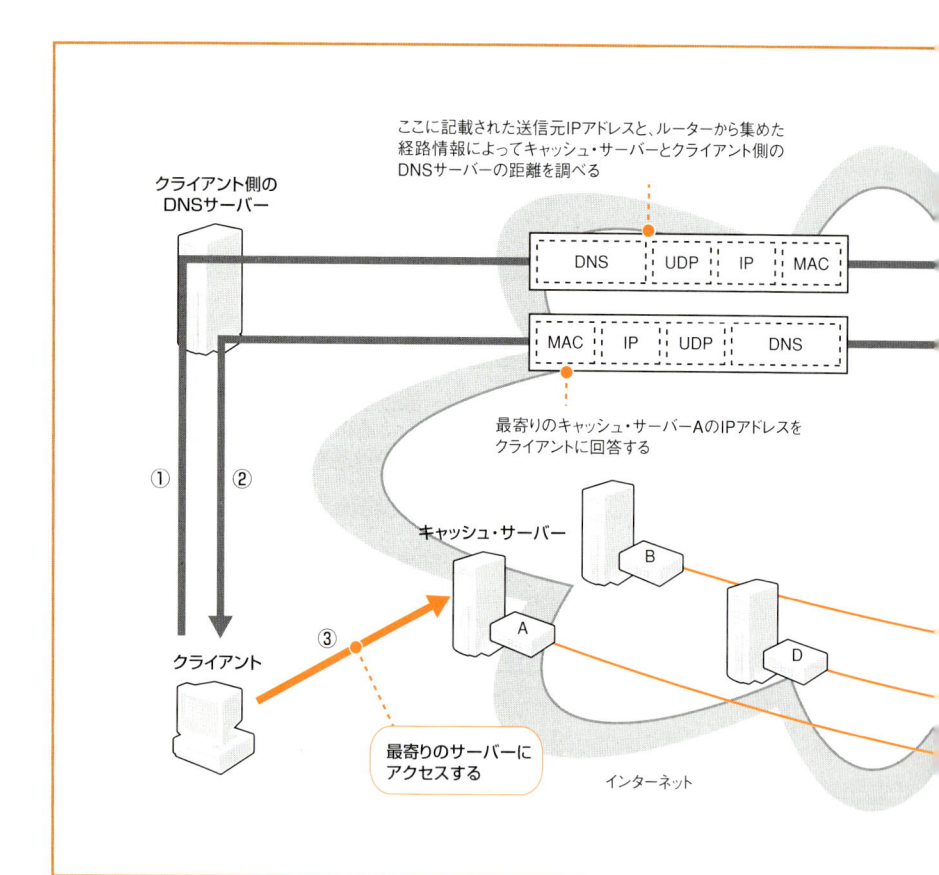

図5.11　経路情報と連動したDNSサーバーの動き

第5章 Webサーバーに遂にたどり着く

わせメッセージの送信元、つまり、クライアント側のDNSサーバーとキャッシュ・サーバーの距離を判断できるので、それを基にキャッシュ・サーバーのIPアドレスを回答するわけです。

具体的には、次のように動きます。まず、集めた経路情報の中には、多数のルーターから集めた経路情報がありますから、それを整理して、一つのキャッシュ・サーバーに関する経路情報にだけ着目します。そして、問い合わせメッセージの送信元IPアドレスを経路情報の宛先欄の中から探し出し、

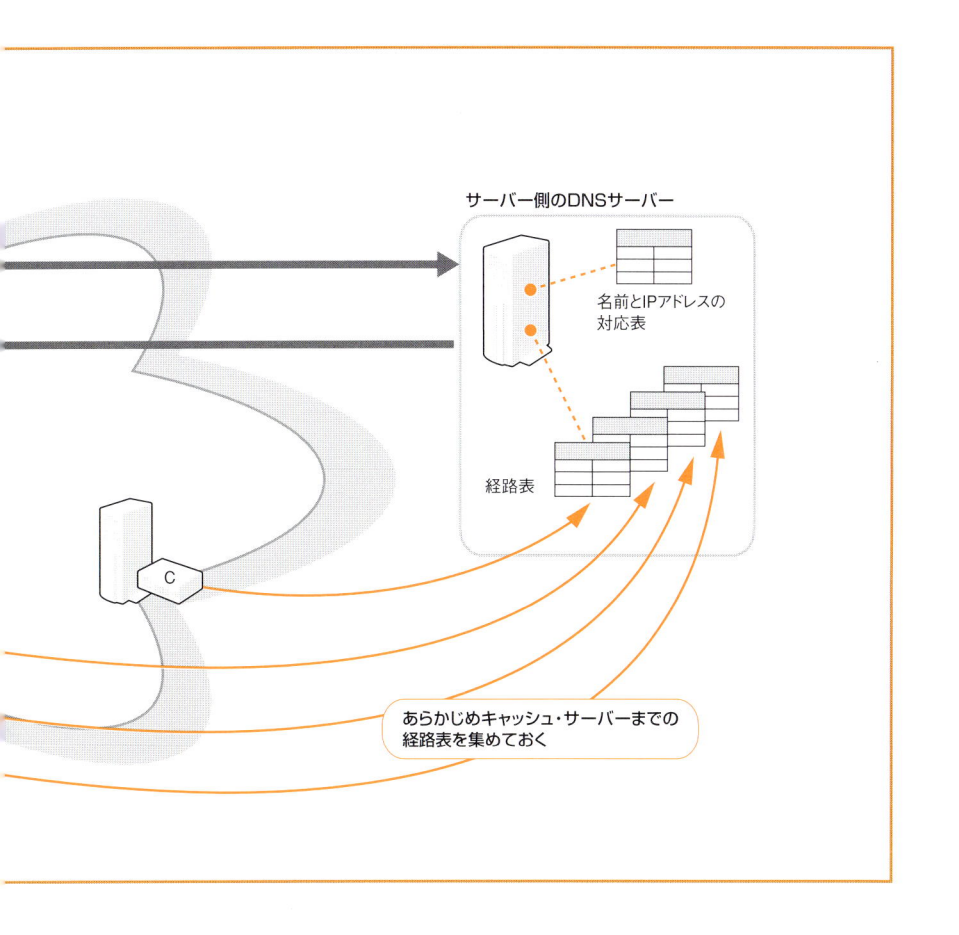

サーバー側のDNSサーバー

名前とIPアドレスの対応表

経路表

あらかじめキャッシュ・サーバーまでの経路表を集めておく

その宛先に至る経路を調べます。そこには、プロバイダAを通って、その次はプロバイダBを通って、そして、送信元が存在するプロバイダCに至る、といった具合で経路が記載されていますから、それでキャッシュ・サーバーから送信元までの距離がわかります。これを、キャッシュ・サーバー全部に関して調べれば、どのキャッシュ・サーバーが問い合わせメッセージの送信元に一番近いかがわかります。そうしたら、そのキャッシュ・サーバーのIPアドレスを回答する、というわけです。DNSの問い合わせメッセージは、クライアント側のDNSサーバーから送られてきますから、そのDNSサーバーとキャッシュ・サーバーの距離を計ることになりますが、それはクライアント側のLANに存在することが多いので、クライアントとキャッシュ・サーバーの距離もそれに等しいと考えるわけです。これで、クライアントはDNSサーバーからの回答に従って、そこに書いてあるIPアドレスにリクエストを送ってくるはずです。クライアント側は、そのような仕掛けがあるとは知りませんが、それでかまいません。クライアントは通常のWebアクセスと同じ方法でキャッシュ・サーバーにアクセスできるからです。

■ リダイレクト用サーバーでアクセス先を振り分ける

　最寄りのキャッシュ・サーバーにアクセスさせる方法はもう一つあります。
　HTTPの仕様にはいろいろなヘッダー・フィールドが定義されており、その中に、Locationというヘッダーがあります。これは、Webサーバーのコンテンツを他のサーバーに移したときなどに使うもので、「そのコンテンツは、こちらのサーバーにありますから、そちらにアクセスし直してください」という意味を持っています。これを使って、クライアントに最寄りのキャッシュ・サーバーにアクセス先を振り向ける方法です。この方法を「リダイレクト」と呼ぶことにします。
　リダイレクトによって最寄りのキャッシュ・サーバーをクライアントに通知するときは、まず、リダイレクト用のサーバーをWebサーバー側のDNSサ

ーバーに登録しておきます。すると、クライアントはそこにHTTPのリクエスト・メッセージを送ることになります。リダイレクト用サーバーには、先ほどのDNSサーバーと同じように、ルーターから集めた経路情報があり、そこで最寄りのキャッシュ・サーバーを探します。そして、そのキャッシュ・サーバーを示すLocationヘッダーをつけてレスポンスを返します。そうしたら、クライアントは、そのキャッシュ・サーバーにアクセスし直します（**図5.12**）。

　この方法は、リダイレクトのHTTPメッセージのやり取りが増えるので、その分オーバヘッドが多いという短所がありますが、長所もあります。DNSサーバーを細工する方法は、クライアント側のDNSサーバーとキャッシュ・サーバーの距離を計るので、精度が劣ることがあるのに対して、リダイレクトならクライアントが送ってくるHTTPメッセージの送信元IPアドレスを基に距離を判断するので、精度が高い点です。

　また、経路情報ではなく、他の情報から距離を計ることで、さらに精度を上げることもできます。リダイレクト用サーバーがクライアントに返送するのは、Locationヘッダーを含むHTTPメッセージとは限りません。パケットの往復時間でキャッシュ・サーバーまでの距離を計って、最適なキャッシュ・サーバーにアクセスするようなスクリプト・プログラムを埋め込んだページを返送する方法もあります。そのページには、いくつかのキャッシュ・サーバーに試験的にパケットを送り、往復時間を計測してから、一番往復時間が短かったキャッシュ・サーバーにリクエストを送り直せ、というような内容のスクリプト・プログラムを埋め込んでおきます。これで、クライアント自身に最適なキャッシュ・サーバーを判断させて、そこにアクセスさせることができます（**図5.13**）。

■キャッシュ内容の更新方法で性能に差が出る

　キャッシュ・サーバーの効率を左右する要素はもう一つあります。キャッシュの内容を更新する方法です。元々のキャッシュの考え方は、図5.3にあ

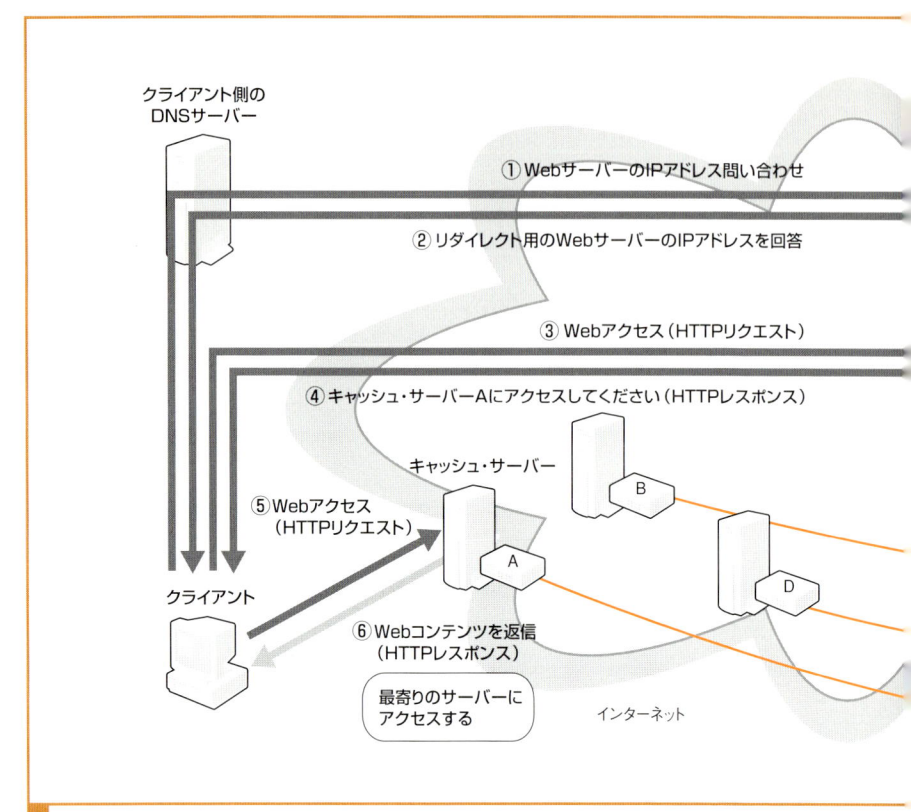

```
クライアント側の
DNSサーバー

① Webサーバーのアドレス問い合わせ
② リダイレクト用のWebサーバーのIPアドレスを回答
③ Webアクセス（HTTPリクエスト）
④ キャッシュ・サーバーAにアクセスしてください（HTTPレスポンス）

キャッシュ・サーバー
⑤ Webアクセス（HTTPリクエスト）
クライアント
⑥ Webコンテンツを返信（HTTPレスポンス）
最寄りのサーバーにアクセスする
インターネット
```

図5.12　リダイレクトで最寄りのキャッシュ・サーバーにアクセスさせる仕組み

るように、一度アクセスしたデータを保存しておき、それを2回目以後のアクセス動作に利用することでアクセス動作の効率を上げることにありました。しかし、この方法では最初のアクセス動作には役立ちません。また、2回目以後のアクセスでも、元データを持つWebサーバーに更新の有無を確認するという動作があるため、それが混雑に巻き込まれると、応答時間は悪化します。

　この点を改善する方法があります。それは、Webサーバーで元データが更新されたら、それを直ちにキャッシュ・サーバーに反映する方法です。そう

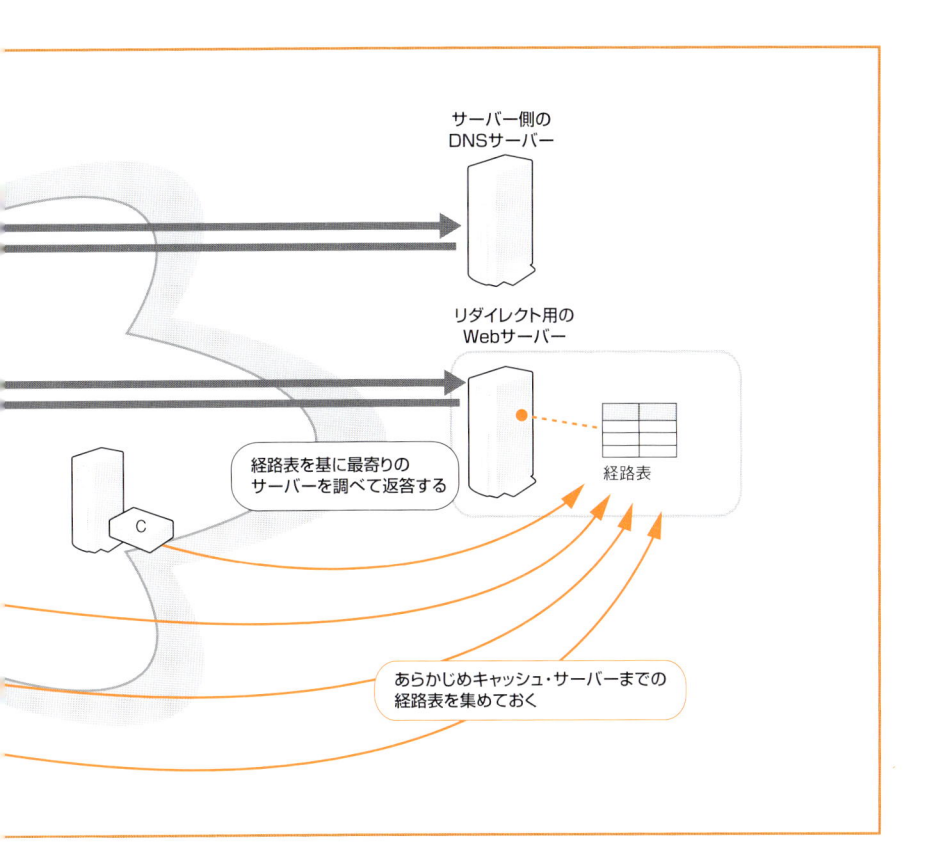

第5章　Webサーバーに遂にたどり着く

サーバー側の
DNSサーバー

リダイレクト用の
Webサーバー

経路表を基に最寄りの
サーバーを調べて返答する

経路表

C

あらかじめキャッシュ・サーバーまでの
経路表を集めておく

　すれば、キャッシュのデータは常に最新の状態を保つことができますから、元データの更新を確認する必要がなくなりますし、最初のアクセス動作にもキャッシュのデータを利用できます。今のキャッシュ・サーバーはそうした工夫も盛り込まれています。

　また、Webのページは、事前に用意しておく静的なものだけでなく、リクエストを受け付けたときにCGIアプリケーションなどで動的にページを作る場合もあります。そのようなものはキャッシュ・サーバーにデータをためるわけにはいきません。その場合、ページ全体をキャッシュに保存するのでは

289

```
図5.12の③HTTPリクエスト・メッセージの中身
```

```
GET /sample1.htm HTTP/1.1
Accept: */*
Accept-Language: ja
Accept-Encoding: gzip, deflate
User-Agent: Mozilla/4.0 (compatible;【右端省略】
Host: www.lab.glasscom.com
Connection: Keep-Alive
```

クライアント　　　　　　　　　　　　　　　　　　　　　リダイレクト用
　　　　　　　　　　　　　　　　　　　　　　　　　　　サーバー

```
HTTP/1.1 302 Found
Date: Mon, 10 Jun 2002 17:09:54 GMT
Server: Apache/1.3.20 (Unix)【右端省略】
Location:http://192.0.2.80/sample1.htm
Connection: close
Transfer-Encoding: chunked
Content-Type: text/html; charset=iso-8859-1
【メッセージ本体部分省略】
```

図5.12の④HTTPレスポンス・メッセージの中身

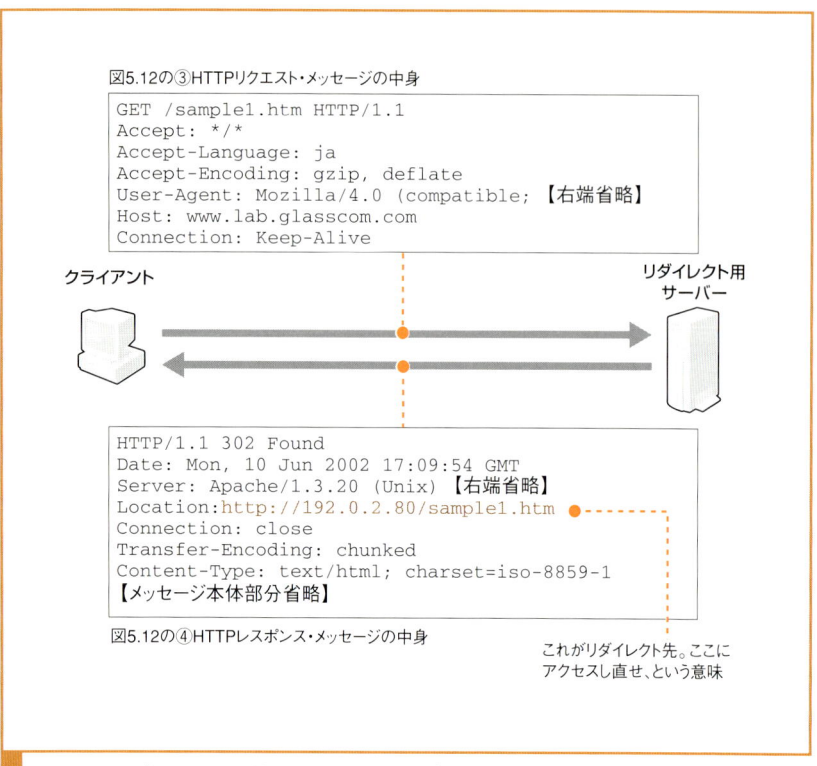

これがリダイレクト先。ここにアクセスし直せ、という意味

図5.13　リダイレクトで使うHTTPメッセージの中身

なく、アプリケーションで作る部分、つまり、毎回ページの内容が変わる部分と、変わらない部分を分け、変わらない部分だけキャッシュに保存するような方法もあります。

　　　　　　　　　＊　　　　　　＊　　　　　　＊

　ファイアウォールや、プロキシ・サーバー、キャッシュ・サーバーなど、Webサーバーの手前にはいろいろなサーバーがありますが、リクエストは、最終的にそこを通過してWebサーバーに届きます。Webサーバーはリクエストを受け取って、要求内容を調べ、その要求に従ってレスポンス・メッセージを作って送り返します。その部分は次の章のツアーで取り上げます。

用語解説

アクセス回線
通信サービスの本体部分（通信事業者のネットワーク）と企業やユーザー宅とを接続するために使う通信回線のことです。俗に「足回り回線」と呼ぶこともあります。アクセス回線という種類の通信回線があるのではなく、通信事業者のネットワークにつなぐ目的で使う通信回線を指してアクセス回線と呼びます。たとえば、電話のように、最寄りの電話局に通信事業者のネットワークのアクセス・ポイントがある場合は、そことユーザー宅を結ぶ電話線がアクセス回線となります。アクセス・ポイントが離れた場所にある場合は、専用線などをアクセス回線として用いてアクセス・ポイントまで接続します。

ファイアウォール
社内のネットワーク、あるいは部門内のネットワークを不正侵入や攻撃から守るための装置あるいはソフトウエア。実現方式によって、パケット・フィルタリング、アプリケーション・ゲートウエイ、サーキット・ゲートウエイなどに分類されます。

パケット・フィルタリング
ルーターやファイアウォールでパケットを中継するとき、あらかじめ設定しておいた条件に適合するものを捨て去ることをいいます。不要なトラフィックを流さないようにしたり、セキュリティ上問題のあるパケットを遮断するために使う技術です。

telnet
自分のコンピュータを文字端末として使い、他のコンピュータにログインするためのプログラムです。telnetプログラムが使うプロトコルもtelnetと呼び、インターネット標準に指定されています。

プロキシ
他のコンピュータに成り代わってネットワークの動作を実行するものをプロキシといいます。プロキシはいろいろな技術に利用されており、プロキシ・サーバー、プロキシARP、RADIUSプロキシ、プロキシ・エージェントなどがその例です。

プロキシ・サーバー
Webなどのインターネット・サービスを中継するサーバー。プロキシ・サーバーがWebサーバーなどへのリクエストをいったん受信し、改めて本来のサーバー宛てにリクエストを送ります。ファイアウォールやキャッシュ・サーバーを実現するために使う技術としても使います。

COLUMN
ほんとうは難しくない ネットワーク用語

通信回線が LANになる日

探検隊員：LANって、通信回線とどう違うんですか？

探検隊長：そもそもLANっていう言葉のだね…

隊員：わかってますよ。辞書引きましたよ。でもボクの辞書には出てないんですよLANっていう言葉が。学生の頃に買った辞書だから古いのかなぁ。

隊長：言葉は変わっていくんだから新しいの買いなさい。

隊員：そんな簡単に言わないでくださいよ。給料日までまだ1週間もあるんですから…

隊長：しようがないなあ。それじゃ、これを貸してあげよう。

隊員：あー、出てました。Local Area Networkの略ですね。ローカルってことは地方だってことですか？

隊長：何も地方にかぎらないよ。ローカル線やローカル局もそうだが、狭い地域のことを指すんだ。LANっていうのは建物の中で使うものだろう。だからローカルなんだよ。

隊員：それなら知ってます。知りたいのは、通信回線との違いなんですけど。

隊長：通信回線は、通信事業者っていうか、要するに電話会社が世界中に張り巡らせているから、世界のどこでも通信できるんだよ。全然違うだろう？

隊員：それもわかっているつもりです。ボクが知りたいのは、そういうことじゃなくてですね。LANの方が通信回線より、速くて安いじゃないですか。

隊長：まあ、そうだな。

隊員：通信回線はどうしてLANみたいに速く安くできないのか、っていうことなんです。

隊長：なるほど、そういうことか。君の気持ちはわかるし、ワタシも同感なんだが、そう簡単にはいかないんだよ。

隊員：どうしてですか？

隊長：ADSLを探検したときのことを思い出してみなさい。電話局から

離れるとどんどんスピードが遅くなるだろう。
隊員：そうですね。
隊長：LANは建物の中とか、近くを結ぶだけだからあんなに速くできるんであって、あれをそのまま世界中に広げるわけにはいかないんだな。
隊員：はあ。
隊長：納得していないみたいだな。
隊員：ADSLは確かにそうですけど、FTTHとかってLANと同じくらい速いじゃないですか。
隊長：うーむ。君もあきらめが悪いね。
隊員：いえ、真実を知りたいだけです。隊長どの。
隊長：FTTHが安くて速いのは、LANの技術を使うようになったからなんだよ。
隊員：でも、LANは離れた場所だとだめなんでしょ。
隊長：ほら、そうくると思った。だから説明したくなかったんだよ。さっきLANは近くだけっていったのは、光ファイバが普及する前の話なんだ。
隊員：なんだ昔のことですか。（すぐ昔話になるんだから…）
隊長：なに？
隊員：いえ、何も。
隊長：今の光ファイバ技術を使うと、何十キロもケーブルを延ばせるんだ。だからLANの技術でも離れたところを結べるようになったんだな。
隊員：なるほど。
隊長：しかもだね。ネットワークが普及したおかげで、大量生産で安く上がるんだよ。
隊員：それじゃ、通信回線は全部LANに置き換えちゃえばいいじゃないですか。
隊長：そのうち、そうなるかもしれないね。
隊員：えっ、ホントですか！？
隊長：ワタシは神様じゃないから明日のことまでわからないよ。でも、その可能性は十分ある、っていうことだな。

第6章
返信データが完成し、Webブラウザに戻る
～わずか数秒の「長い旅」の終わり～

ウォーミングアップ

本題に入る前に、ウォーミングアップとしてクイズを出題させていただきます。きちんと説明できるかどうか試してみてください。

問題

1. サーバーにパケットが届くと、LANアダプタが信号を受信し、CPUに受信を知らせます。その際に使う仕組みを何というでしょう？
2. サーバー側のデータ送受信機能（TCP/IP）はクライアント側と違いがあるでしょうか？
3. Webサーバーは複数のクライアントからのアクセスを同時並行して処理します。このときに利用するOSの機能を何というでしょう？
4. Webサーバーへのアクセスを制限したい場合、アクセスを許可するか拒否するか判断する材料として、どのような項目を利用できるでしょうか？
5. Webサーバーが送り返すデータの中身は文章や画像などいろいろありますが、クライアント側はその中身の違いをどうやって判別するのでしょう？

いかがだったでしょうか。改めて聞かれると、簡潔に答えられない問題もあったことでしょう。答えと解説を以下に示しておきます。

答え

1. 割り込み
2. ない
3. マルチタスクまたはマルチスレッド
4. (a) クライアントのIPアドレス、(b) クライアントのドメイン名、(c) ユーザー名とパスワード
5. Webサーバーがデータを送り返すときに、データの種類を表す情報を付加することになっており、それで判別するのが原則です

解説

1. 割り込みがあるとCPUはLANドライバソフトを実行してパケットをLANアダプタから受け取ります。
2. サーバーはクライアントから受け取ったリクエストに従ってデータを送り返します。そのとき、データを送り返す部分の動きは、クライアントがサーバーにリクエストを送る動きと同じです。そして、送り返したデータをクライアントが受信するときの動きは、サーバーがリクエストを受信するときの動きと同じです。
3. マルチタスクやマルチスレッドは、複数のプログラムを同時並行して実行する機能です。これを利用して、Webサーバーは複数のWebサーバープログラムを同時併行して実行し、そのプログラムの一つひとつがそれぞれのクライアントとやり取りします。
4. Webサーバーに上記の項目を設定することで、アクセス許可／拒否を判断できます。
5. データの種類を表す情報が誤っているために、ブラウザがデータを正しく表示できないこともあります。

第6章 返信データが完成し、Webブラウザに戻る

探検ツアーのポイント

　Webサーバーの手前には、ファイアウォール、キャッシュ・サーバー、負荷分散装置といった装置があります。前章はその動きを説明しました。この章はその続きです。つまり、そうした装置を通ってWebサーバーに届いたパケットがサーバー内部に入って行くところからです。パケットを受け取ったWebサーバーは、それをHTTPプロトコルのリクエスト・メッセージの形に戻します。そして、そこに書いてある指示に従ってリクエストを処理します。たとえば、リクエストの内容がWebページのデータ読み出しだったらファイルからデータを取り出しますし、CGIアプリケーションだったら、そこにパラメータを渡してアプリケーションを動かし、そこから出力されるデータを受け取ります。次に、そのデータをレスポンス・メッセージに格納してクライアントに送り返します。それがブラウザに戻ってきたら、ブラウザはそのデータを表示します。これでWebサーバーにアクセスする動作は完了し、この探検ツアーは終わります。

■受信信号をデジタル・データに変換

　サーバーに届くパケットの実体は電気や光の信号です。それを受信する動作は、送信動作の逆と考えればよいでしょう。まず、LANアダプタの送受信回路で信号を受信してデジタル・データに戻し、それをTCP/IPソフトでプロトコル処理をして元のデータを復元する、といった具合に送信とは逆の順に進むわけです。各段階の動作は、第2章で送信動作を説明するとき、一緒に説明しましたが、ここで復習をかねて、受信動作の全体を眺めてみましょう。

　受信動作はパケットの信号をLANアダプタで受信し、デジタル・データに直すところから始まります[注1]。LANを流れるパケットの信号は、ベースバンド*という方式で、1と0から成るデジタル・データの信号と、タイミングを

注1） LANアダプタの構造については、p.84を参照

表すクロックの信号を合成したものといえます。ですから、そこからクロック信号を取り出してタイミングを計り、そのタイミングに従って信号を読み取れば、1と0のデジタル・データに直すことができます。信号の形式は伝送速度によって異なりますが、たとえば、10BASE-Tであれば**図6.1**のように動きます。

　まず、プリアンブル*の部分からクロックを抽出します（図6.1①）。プリアンブル部分は信号が一定間隔で規則正しく変化するので、その変化のタイミングを調べればクロックがどの位置にあるかがわかるわけです。そうしたら、そのクロックを同じ間隔で延長します（②）。そして、クロックの位

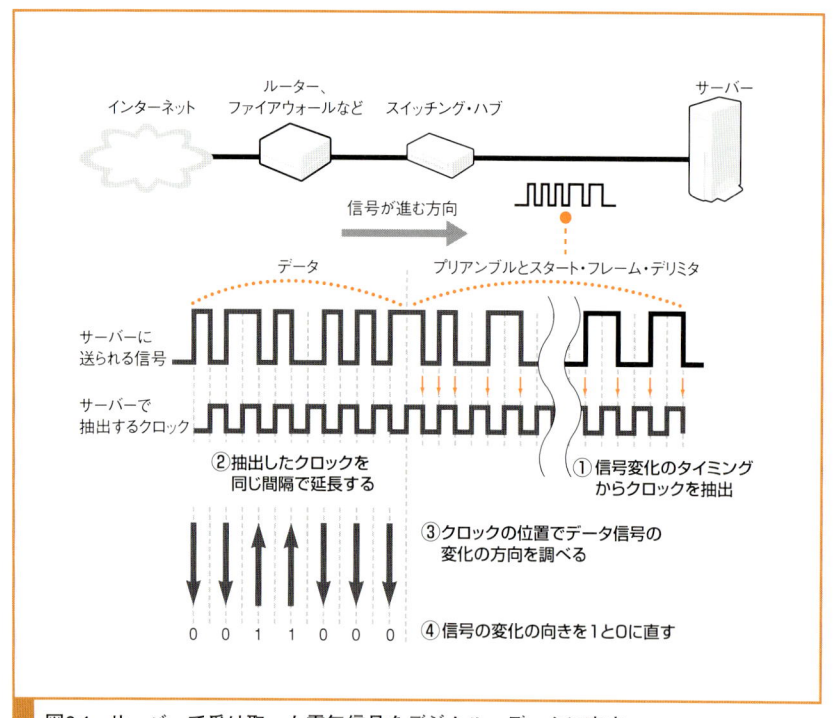

図6.1　サーバーで受け取った電気信号をデジタル・データに直す
　　　サーバーが受け取った電気信号は，クライアントが信号を送り出す処理の逆になり，アナログ・データをデジタル・データに変換する。

第6章　返信データが完成し、Webブラウザに戻る

置で信号の変化の向きを調べます（③）。この図では上向き、下向きの矢印で書いてありますが、実際の信号はプラスとマイナスの電圧を持っているので、電圧がプラスからマイナスに変化するか、またはその逆に変化するのか調べます。この信号の変化がデジタル・データの1と0に対応付けられているので、信号の変化をデジタル・データに対応付けます（④）。この図では上向きが1、下向きが0となっていますが、実際には、マイナスからプラスに変化したら1、プラスからマイナスに変化したら0となります。これで、信号をデジタル・データに戻すことができました。

　次に、パケットの最後尾にあるフレーム・チェック・シーケンス（FCS）*というエラー検査符号を検査します。今、受信してデジタル・データに戻したものをエラー検査の計算式[注2]に従って計算し、パケット最後尾のFCSフィールドの値と比較します。パケット最後尾に入っている値は、送信時に電気信号に変換する前のデジタル・データを基にして計算したものですから、信号から戻したデジタル・データが送信前と同じなら、今計算した値と末尾にある値は一致するはずです。両方が一致しなければ、信号を運ぶ途中、雑音などで信号が変形しデータが化けてしまったことになります。一致しなかった場合、受信したパケットは役に立たないので捨ててしまいます[注3]。

　FCSが一致し、エラーがないことを確認したら、次は先頭のMACヘッダー中にある宛先MACアドレスを調べ、パケットが自分宛てに送られたものかどうか判断します。イーサネットの基本動作は、とりあえず信号をLAN全体に流して、該当者だけが信号を受信するという方法をとります。そのため、他の機器に宛てたパケットの信号が流れてくることもあります。ですから、パケットの宛先が自分宛て以外だったら捨てるわけです。

　これで信号を受信する動作は終わりなので、デジタル・データに直したも

注2） イーサネットはCRC-32という方式で計算します。
注3） パケットが抜けたらTCPがそれを検出して抜けたパケットを送り直しますから、エラーとなったパケットは捨ててしまってもかまいません。

のをバッファ・メモリーに格納します。

■TCP/IPソフトがHTTPメッセージを取り出す

　ここまではLANアダプタに組み込んだイーサネット・コントローラ・チップが実行します。その間、サーバーのCPUはパケットの到着を監視しているわけではなく、他の仕事を実行していますから、プロセサはパケットの到着に気づきません。それでは受信処理が進まないので、「割り込み」という方法を使って、コントローラからCPUにパケットの到着を知らせます。

　すると、CPUはその時点で実行していた仕事を中断し、LANドライバに実行を切り替えます。これでLANドライバが動き始めますから、LANアダプタのバッファ・メモリーから受信したパケットを取り出します。そして、MACヘッダーのタイプ・フィールドの値によってプロトコルを判別し、そのプロトコルを処理するソフトを呼び出します。タイプ・フィールドの値はTCP/IPを示す値になっているでしょうから、TCP/IPソフトを呼び出して、そこにパ

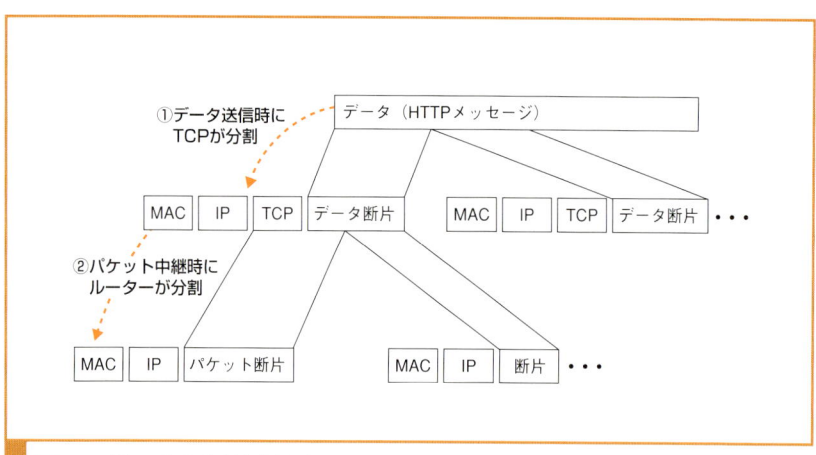

図6.2　パケットの分割と組み立て
　受信するときは、分割とは逆の順に組み立て、元のデータを復元する動作が必要となる。なお、①の分割動作はTCPを利用するときに通常起こる動作だが、②の動作（フラグメンテーション）が起こる例は少ない。

第6章 返信データが完成し、Webブラウザに戻る

ケットを渡すことになります[注4]。

　TCP/IPソフトは、このデジタル・データの姿に戻ったパケットを受け取って、そこからデータを取り出します。Webサーバーが受け取るデータは、HTTPのリクエスト・メッセージなので、それを取り出すということです。といっても単純に一つひとつのパケットから単純にデータを取り出す、というだけではありません。

　ネットワークでデータを運ぶときは、一つのパケットに収まるサイズのデータ断片に分割し、そのデータ断片をパケットに格納して送ります（**図6.2**①）。ですから、受信するときは、パケットから取り出したデータ断片をつなぎ合わせて元のデータに復元しなければいけません。また、データ断片を格納したパケットを運ぶ途中のルーターでフラグメンテーション[注5]によってパケットが分割されることもあります（②）。もしそうなら、分割されたパケットの断片を組み立てて元のパケットを復元してから、データ断片を取り出して、それをつなぎ合わせて元のデータに戻します。

　この動作は分割するときと逆の順番に実行します。まず、TCP/IPソフトのIPがフラグメンテーションによるパケット分割の有無を調べます。IPヘッダーを調べれば分割されたかどうかはわかりますから、分割されていた場合はそのパケットを一時的にメモリーにためておきます。そして、分割されたパケット断片が全部到着した時点でパケットの断片を組み立てて元のパケットに復元します。パケットが分割されていなければ、受け取ったパケットは元の姿のままなので、このパケット組み立ての動作は不要です。これで送信側が送り出したパケットを受け取ったことになります。ここまでが、TCP/IPソフトのIPの担当範囲で、ここから先はTCPの担当範囲となります。

注4） 実際の動きはOSによって異なります。多くの場合、LANドライバから直接TCP/IPソフトを呼び出すことはなく、一旦OSに実行を切り替え、OSがTCP/IPソフトを呼び出して、そこに実行を引き継がせることになるでしょう。
注5） フラグメンテーションについては、p.157参照

TCPはIPからパケットを受け取って中身を調べます。TCPヘッダーの記載内容を調べ、そこに矛盾がないかどうか、パケットの抜けなどがないかどうか、といった点を調べるわけです。そして問題がなければ、送信側に受信確認のパケットを送ります[注6]。

　それと同時に、TCPヘッダー以後に格納されているデータ断片を取り出し、それをつなぎ合わせて受信用のバッファ・メモリーに格納します。ただし、このときの動作は全パケットの到着を待つわけではなく、IPからパケットを受け取ったらすぐにこの動作を行います。TCPが扱うデータは長さに制限がなく、巨大なデータを送る場合もありますから、それが全部到着するのを待っていると時間がかかりますし、途中でデータをためておくメモリーの量も大きくなり、大変なことになってしまうからです。受信用のバッファ・メモリーには、その時点までに到着したデータ断片が順番に並んでおり、TCPはパケットが到着する都度、そこにデータ断片を追加していく、と考えればよいでしょう。

　これでパケットを受信する動作は一段落です。この受信動作に取り掛かるとき、CPUは実行していた仕事を一時的に中断したはずです。ですから、受信動作が一段落したところで、CPUは中断した元の仕事に戻ります。

■ソケットを作成して接続を待ち受ける

　受信したデータは受信用バッファ・メモリーにどんどんたまっていきますが、それがそのまま増えていくわけではありません。受信データの到着を待っているアプリケーション・プログラムがあるはずなので、普通は、到着したデータをそのプログラムに渡してしまうからです。次は、そのデータを受信するプログラムの動きです。

　データを送受信するプログラムは、Socketライブラリを介してTCP/IPソフトとやり取りします[注7]。その基本的な考え方はクライアントがデータを送受信するときと変わりませんが、クライアント側とは違う点があります。サ

第6章　返信データが完成し、Webブラウザに戻る

ーバー側はクライアントからの接続動作を受け付ける形で通信動作を実行するところです。クライアントは自分から相手に対して接続動作を実行しますから、それと逆になるわけです。そのため、サーバー・プログラムの通信動作は次のように動きます。

　まず、ソケットを生成するようTCP/IPソフトに依頼します。ソケットの考え方自身はクライアントと同じなので、この部分はクライアントと変わりません（**図6.3**①）。次にそのソケットを、接続を待ち受ける状態にします（②）。接続を受け付けるLANアダプタのIPアドレスとポート番号を通知して、そこへ接続してくるものを待ち、誰かが接続してきたらそれを受け付けるよう、TCP/IPソフトに依頼するわけです[注8]。この動作はクライアントの接続動作と対になります。つまり、クライアントが接続相手のIPアドレスとポート番号を指定して接続動作を行うと、接続要求を表すTCPの制御パケットがサーバー側に届き、そのとき、サーバー側のソケットが接続を受け付ける状態になっていると、サーバーのTCP/IPソフトは接続許可を表す制御パケットをクライアントに送り返し、クライアントがこれに応えて受信確認のパケットを送り返す、というように動きます。これで接続動作は完了します。そして、接続動作が終わったら、クライアント側のポートとサーバー側のポートがパイプのようなもので結ばれた状態になります。

　この接続動作をみればわかると思いますが、クライアントが接続動作を実行する前に、サーバー側でソケットを接続待ちの状態にしておかないと接続動作は正しく動きません。また、ソケットを接続待ちの状態にするときに、接続を受け付けるLANアダプタのIPアドレスとポート番号をTCP/IPソフト

注6）実際には、TCPが自分でパケットを送るのではなく、受信確認のパケットを作り、それをIPに渡して送信するよう依頼します。
注7）Socketライブラリの説明は第1章と第2章にあります。
注8）サーバーには複数のLANアダプタが装備されているかもしれません。そのとき、特定のLANアダプタでだけ接続を待ち受ける場合に、そのアダプタのIPアドレスをTCP/IPソフトに通知します。もし、IPアドレスを通知しないと、どのアダプタでも接続を待ち受ける状態になります。このように、IPアドレスは省略可能です。しかし、ポート番号の方は省略できません。

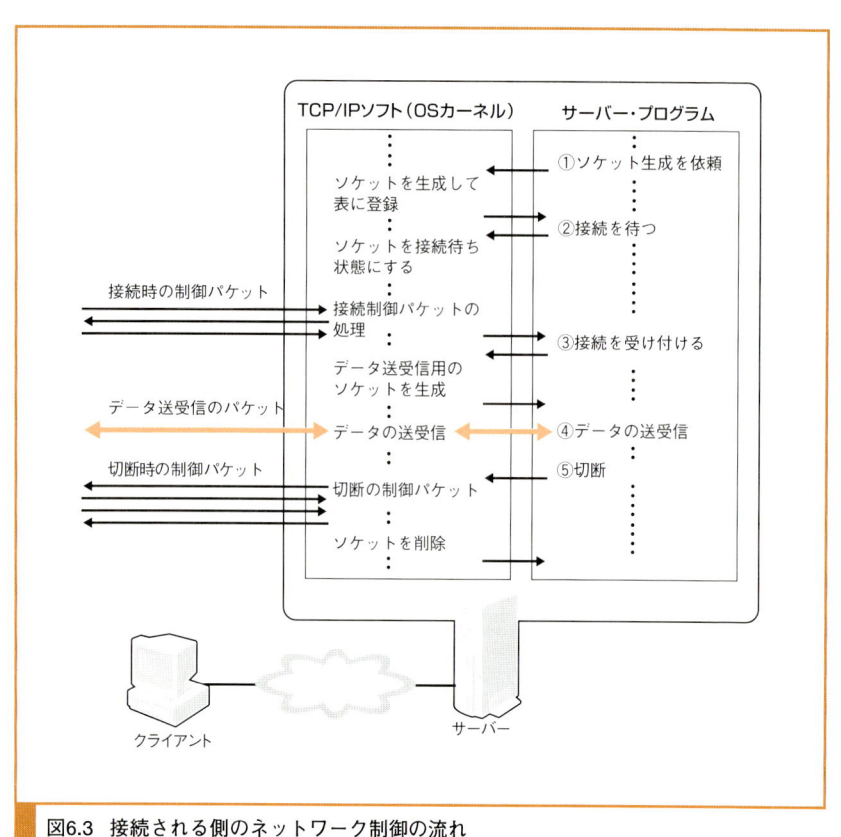

図6.3 接続される側のネットワーク制御の流れ
上図では接続される側から切断しているように書いてあるが、接続した側から切断してもよい。

に通知しますが、届いた接続要求パケットの宛先IPアドレスと宛先ポート番号が、それと一致しないと、接続は受け付けません。クライアントは、サーバー側で待ち受けているアドレスとポート番号に対して接続動作を実行しなければいけないわけです[注9]。

　接続動作を受け付ける時の動きには、もう一つ、注目すべき点があります。それは、接続を受け付けるときに、TCP/IPソフトが新しいソケットを生成する点です。ソケットは通信する両者を結ぶパイプと1対1で対応するよ

うに作られますから[注10]、新しいパイプができたら、ソケットも新しく作る、というわけです。そして、新しいソケットにクライアント側のIPアドレスとポート、接続を受け付けたサーバー側のIPアドレスとポート番号といった制御情報を登録して、サーバー・プログラムに通知します（③）[注11]。サーバー・プログラムは、その新しいソケット使ってデータの送受信動作を行います。では、最初に作った接続待ち受け用のソケットはどうなるかというと、それはそのまま残って次の接続を待ち受けます。こうしないと、一度接続を受け付けたら次の接続を受け付けられなくなってしまいます。

　さらに、データ送受信用のバッファ・メモリーも、このときに用意します。バッファ・メモリーはパイプを通って流れるデータを一時的に保管するものですから、ここで用意しておかないとパイプの中を流れるデータが漏れてしまうことになります。先ほど説明したパケット受信動作で、パケットから取り出したデータ断片をバッファ・メモリーに格納する、という個所がありましたが、そのバッファ・メモリーはここで用意したものです。

　バッファ・メモリーもソケットと同様にパイプと1対1に対応するように作りますから、パイプと同じ数だけバッファ・メモリーがあることになります。ですから、パケット受信動作でバッファ・メモリーにデータ断片を格納するときに、どのバッファ・メモリーに格納するのか判断しなければいけません。そのときの判断材料は、通信している両者のIPアドレスとポート番号です。この情報はソケットに登録されているはずです。そして、受信したパケットにも両方のIPアドレスとポート番号が記されていますから、それを照合して、パケットがどのパイプに該当するか判断し、そのパイプに対応するバッファ・

注9）Webサーバーは、通常、80というポート番号で接続を待ち受けますが、それはWebサーバー・プログラムが、80番ポートで接続を待ち受けるようTCP/IPソフトに依頼するからです。もし、Webサーバー・プログラムがそれ以外のポート番号、たとえば、8080ポートで接続を待ち受けている場合は、80番ポートに接続してもWebサーバー・プログラムには接続できません。
注10）TCP/IPソフトが新しいパイプを作成する動作については、第2章、p.68で説明があります。
注11）新たに生成したデータ送受信用ソケットに登録するアドレスやポート番号は、接続動作のときに流れる制御用パケットに記された値です。

メモリーにデータ断片を格納するわけです。

■TCP/IPソフトからデータを受け取る

　こうして接続フェーズの動作が終わり、クライアント側のポートとサーバー側のポートがパイプのようなもので結ばれたら、そのパイプの中にデータを流す段階に進みます（図6.3④）。データを送受信するフェーズです。この段階に入ったら、接続する側と接続を待ち受ける側の違いはなくなります。データを送るときはTCP/IPソフトを呼び出してデータを送るよう依頼し、データを受け取るときはTCP/IPソフトを呼び出してデータを受け取る、というだけです。Webのように、クライアントからサーバーにリクエストを送り、サーバーがそれに応える、というやり方の場合、サーバーは最初にデータを受け取る動作に入りますから、TCP/IPソフトを呼び出して、データを受信しようとするでしょう。その部分の動きが、サーバー・プログラムの受信動作であり、そこで、先ほどパケットの受信動作で受信用バッファ・メモリーに格納したデータを受け取ります。その動きは次のようになるでしょう。

　まず、サーバー・プログラムは接続を受け付けたときに生成されたソケットをTCP/IPソフトから受け取っているはずです[注12]。そのソケットを示して、TCP/IPソフトにデータ受信を依頼します。ソケットには、データ送受信用バッファ・メモリーの位置も登録されていますから、そこにデータがたまっていれば、TCP/IPソフトはその先頭から順番にデータを取り出してサーバー・プログラムに渡します。もし、まだデータが届いておらず、バッファ・メモリーが空だったら、データが到着するまでサーバー・プログラムを休止状態にします。そして、データが到着したら、サーバー・プログラムを復活させ、そこにデータを渡します。

■サーバーは複数のクライアントと同時に通信

　このように接続を受け付けてからデータ送受信動作を行うところがクライ

アントとサーバーの違うところですが、違いはもう一つあります。サーバー側は同時に複数のクライアントと通信動作を実行する点です。しかし、一つのプログラムで多数のクライアントの相手を務めるのは大変です。どのクライアントとどこまでやり取りが進んでいるか、その状態を全部把握しないといけないからです[注13]。そこで、クライアントが接続してくる都度、新たにサーバー・プログラムを動かして、クライアントと1対1でやり取りする方法をとるのが通例となっています（**図6.4**）。

具体的には、次のようにサーバー・プログラムを作ります。まず、サーバー・プログラムを接続を待つ部分（図6.4①）とクライアントとやり取りする部分（図6.4②）の二つに分けて作ります[注14]。そして、最初に接続を待つ部分を実行します。すると、この部分が図6.3の①と②の部分を担当し、クライアントからの接続動作を待ち受ける状態になります。その後、プログラムは一旦休止状態になり、クライアントが接続してきたときに再び動き出します。動き出したら、クライアントとやり取りする部分を新たに起動してそちらに動作を引き継ぎます。そして、新たに起動した部分が接続を受け付けるようTCP/IPソフトに依頼します（図6.3③）。すると、TCP/IPソフトは接続を受け付け、新しいソケットを生成してサーバー・プログラムに通知します。そうしたら、新たに動き出したサーバー・プログラムが新しいソケットを使ってクライアントとやり取りし始めます（図6.3④）。こうすると、クライアント毎に別々のサーバー・プログラムが動き、それが1対1でクライアントとやり取りすることになります。こうする方がプログラムはずっと簡単になります。サーバーOSは「マルチタスク*」あるいは「マルチスレッド*」

注12） 実際に受け取るのはソケットそのものではなく、ソケットを識別するために使うソケット・ディスクリプタというものです。
注13） そうやって、一つのプログラムで多数のクライアントの相手を務めるようにサーバー・プログラムを作る方法もありますが、プログラム作成の難易度は高いといえるでしょう。
注14） 実行形式のプログラムを二つに分ける方法もありますが、一つのプログラムの内部を二つの部分に分ける方法が一般的です。

Ⓐ TCP/IPソフトは，接続情報をサーバー・プログラムの接続を受け付ける部分に渡す
Ⓑ クライアントとやりとりする部分を個別に生成する
Ⓒ クライアントごとにソケットを用意してデータのやりとりを中継する

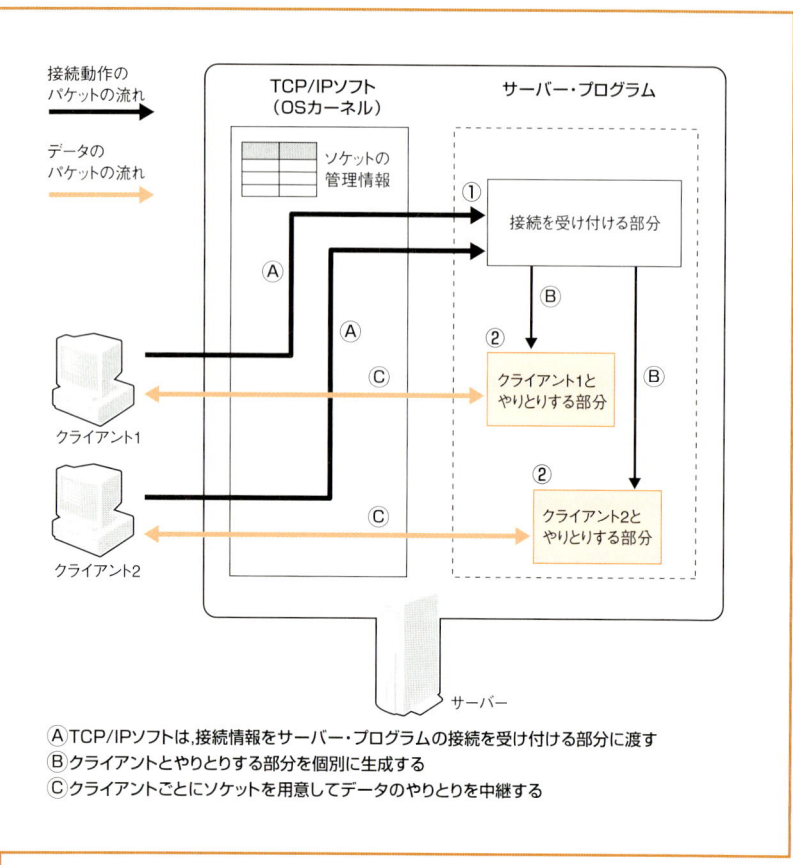

図6.4 クライアントごとに別の部分でデータをやりとりする
サーバー・ソフトは，接続を一括して受け付ける。しかし，データのやりとりはクライアントごとに別の部分（スレッド，プロセス）を設けて行うことが多い。TCP/IPソフトは，その部分ごとにソケットを用意する。

と呼ぶ機能によって、多数のプログラムを同時並行して動かすことができますが、その性質を利用したプログラミング・テクニックだといえるでしょう。

　この方法はクライアントが接続する都度、新たにプログラムを起動しますが、そのとき多少時間がかかり、応答時間が余計にかかる欠点があります。そこで、あらかじめ図6.4②に相当する部分を数個程度動かしておき、クラ

イアントが接続してきたときに、クライアントの相手を務めていない空いたプログラムを探し、そこに新しく生成したソケットを渡してクライアントとのやり取りを引き継ぐ方法もあります。

■ 問い合わせのURIを実際のファイル名に変換

　このサーバー・プログラムの動作は、Webサーバーに限らずいろいろなサーバーに共通するものです。図6.3④の部分でどのようなやり取りをするのか、その部分がサーバーの種類によって異なるのであって、図6.3の①②③⑤の部分はどのサーバーでも大差ありません。逆に言えば、図6.3の④の部分でどのようなやり取りをするか、それがサーバー・プログラムの動きを決める部分といえるでしょう。

　Webサーバー・プログラムの場合は、ここでHTTPのリクエスト・メッセージを受け取り、そこに記されている内容に従って然るべきレスポンス・メッセージを送り返します。リクエスト・メッセージには、メソッドという一種のコマンドと、データ源を表すURIというファイルのパス名のようなものが書いてあり、その内容に従ってデータを送り返すのですが、メソッドやURIの内容によってWebサーバー内部の動作は違います。そこで、簡単なものから順に説明しましょう。

　一番簡単なものは、**図6.5**の例のように、GETというメソッドと、HTMLドキュメントのファイル名を表すURIを記したリクエストでしょう。その場合は、ファイルからHTMLドキュメントのデータを読み込んで、それをレスポンス・メッセージとして送り返します。しかし、単純に、URIに記されているファイルをディスクから読むのではありません。URIの部分に書くファイルの名前は、ディスク上のファイルのパス名と同じ形式で書きますが、Webサーバーに実際にあるディスクのファイルのパス名ではありません。URIのパス名をWebサーバーにあるディスクのファイルのパス名と見なしてファイルを読み込むと、ルート・ディレクトリ以下のファイルに全部アクセスで

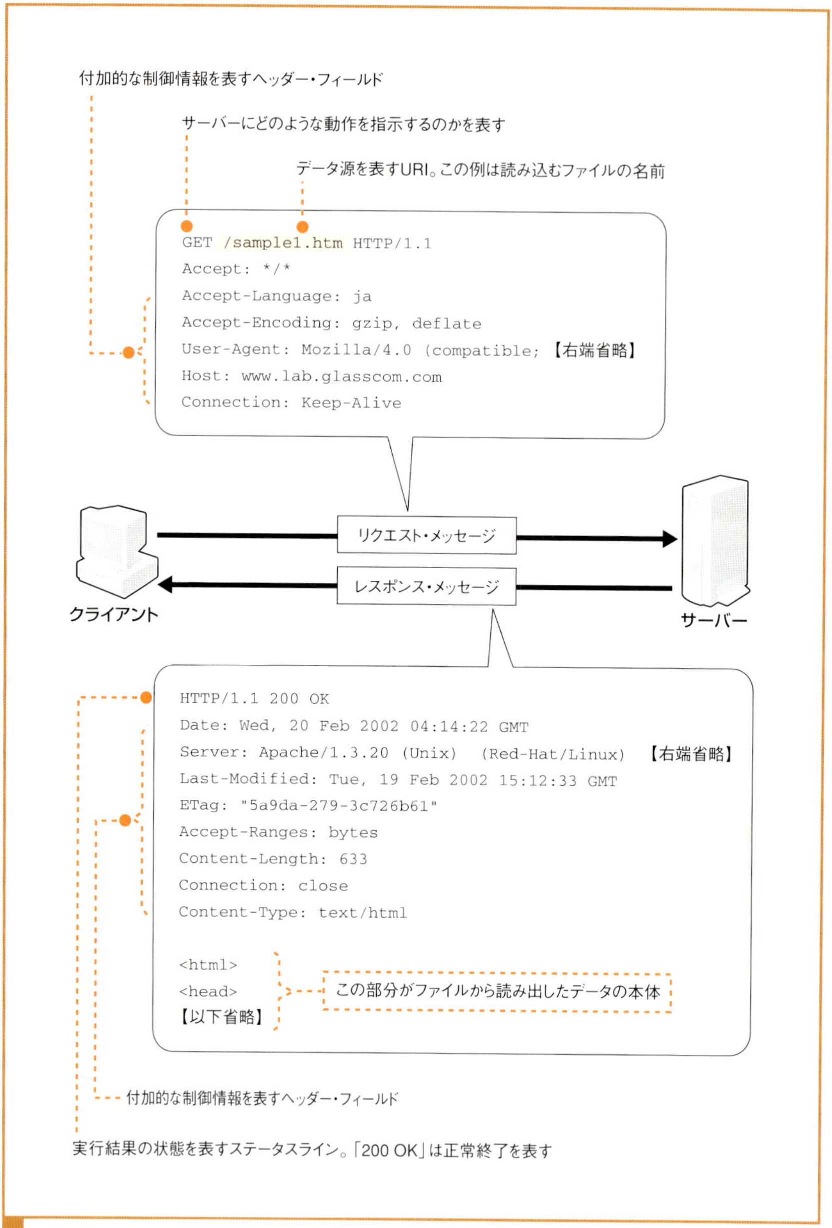

付加的な制御情報を表すヘッダー・フィールド

サーバーにどのような動作を指示するのかを表す

データ源を表すURI。この例は読み込むファイルの名前

```
GET /sample1.htm HTTP/1.1
Accept: */*
Accept-Language: ja
Accept-Encoding: gzip, deflate
User-Agent: Mozilla/4.0 (compatible; 【右端省略】
Host: www.lab.glasscom.com
Connection: Keep-Alive
```

クライアント　→　リクエスト・メッセージ　→　サーバー

サーバー　←　レスポンス・メッセージ　←　クライアント

```
HTTP/1.1 200 OK
Date: Wed, 20 Feb 2002 04:14:22 GMT
Server: Apache/1.3.20 (Unix)  (Red-Hat/Linux) 【右端省略】
Last-Modified: Tue, 19 Feb 2002 15:12:33 GMT
ETag: "5a9da-279-3c726b61"
Accept-Ranges: bytes
Content-Length: 633
Connection: close
Content-Type: text/html

<html>
<head>
【以下省略】
```

この部分がファイルから読み出したデータの本体

付加的な制御情報を表すヘッダー・フィールド

実行結果の状態を表すステータスライン。「200 OK」は正常終了を表す

図6.5　Webの基本動作

きることになり、Webサーバーのディスクが丸見えになってしまいます。それでは危ないので、一工夫してあります。

　Webサーバーで公開するディレクトリは、ディスク上の実際のディレクトリではなく、**図6.6**のように、仮想的に作られたディレクトリなのです。そして、この仮想的なディレクトリ構造でのパス名をURIに書くことになっています。ですから、ファイルを読み込むときは、仮想的なディレクトリと実際のディレクトリの対応関係を調べ、実際のディレクトリのパス名に変換してからファイルを読み込んでデータを送り返します。たとえば、図6.6のように仮想ディレクトリが作られているところで、URIに

```
/~user2/sub-user2/sample.html
```

と書いてあるリクエストが届いたら、「/~user2/.....」は実際のディレクトリの「/home/user2/.....」に対応付けられているので、URIを

```
/home/user2/sub-user2/sample.html
```

というパス名に変換し、そのパス名のファイルをサーバー・マシンから読み込んで、そのデータを送り返す、といった具合です。

　このファイル名変換には特例があります。それは、URIがディレクトリの名前だった場合は、あらかじめ設定したファイル名が書いてあったものと見なす、というものです。たとえば、ブラウザで

```
http://www.glasscom.com/tone/
```

というようにURLを入力すると、末尾にファイル名が追加され、

```
http://www.glasscom.com/tone/index.html
```

というページが画面に表示される、といったことがありますが、これがその例です。この例の場合、index.htmlというファイル名がサーバーに設定されており[注15]、それがディレクトリ名の後に書いてあったものと見なしたことになります。

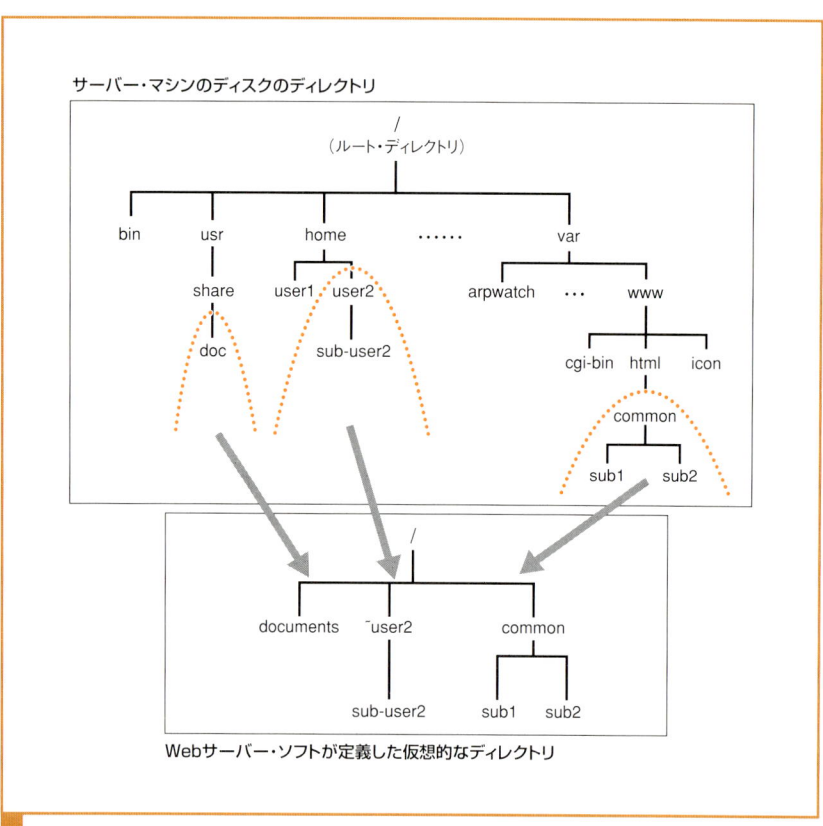

図6.6 クライアントから見えるディレクトリは実際の構成とは違う
クライアントから見えるWebサーバーのディレクトリは仮想的なもので、実際のディレクトリ構成とは違う。Webサーバーの内部で、実際のディレクトリのパス名と外部から見える仮想ディレクトリのパス名を対応づけている。

Webサーバーによっては、ファイル名を書き換えるルールをサーバー側に設定しておき、そのルールに従ってファイル名を書き換えてからファイルにアクセスできる機能を持ったものもあります。URIに書いたパス名が設定しておいたパターンに合致したら、パス名を書き換えてからディスクにアクセスする、というわけです。何らかの理由でWebページのディレクトリ名やファイル名を変更したけれど、元のURLでそのままアクセスできるようにしたい、といったときにこの機能は便利です。

■CGIアプリケーションを起動する場合

　URIに書いたファイルの中身がHTMLドキュメントや画像データの場合はファイルの中身をそのままレスポンス・メッセージとしてクライアントに送り返しますが、URIに書くファイルの中身はHTMLドキュメントとは限りません。CGI（Common Gateway Interface）アプリケーションなどのプログラム・ファイルもあります。その場合は、ファイルの中身をそのまま送り返すのではなく、そのプログラムを起動して、それが出力するデータをクライアントに送り返します。具体的な動作はプログラムのタイプによって違いますが、CGIというタイプのプログラムの場合は次のように動きます。

　Webサーバーからプログラムを起動する場合は、最初に、そのプログラムに処理させるデータをクライアントからWebサーバーに送るのが一般的です。そのデータにはいろいろなものがあるでしょう。ショッピング・サイトで注文フォームに品名、個数、送付先などを記入して送るのが典型例です。検索エンジンでキーワードを入力して送るのもよく見る例です。

　とにかく何らかのデータをクライアントからWebサーバーに送るのですが、そのときの方法が二つあります。一つは、HTTPのリクエスト・メッセージ

注15）これはWebサーバーの設定ファイルに設定します。ファイル名は自由に設定できますが、index.html、index.cgi、default.htm、というようなファイル名を設定するのが慣例です。

のメッセージ・ボディという部分[注16]にデータを埋め込んで送る方法で、もう一つは、URIに書くファイル名の後ろにデータを埋め込むものです[注17]。ブラウザでページを表示したときに、URL欄の後ろに暗号のような文字列が表示されることがありますが、あれが埋め込んだデータです。

なお、メッセージ・ボディ部分にデータを埋め込む場合は、HTTPリクエスト・メッセージのメソッドの部分にPOSTと書き、URIにデータを埋め込むときは、メソッド部分にGETと書くことになっているので、データを埋め込んだ場所は、HTTPリクエスト・メッセージのメソッドを見ればわかります。また、GETとPOSTの使い分けは、Webページ中にあるデータを入力する部

```
<form method="GET" action="/cgi/sample.cgi">
  <input type="text" name="Field1" size="20">
  <input type="submit" value="SEND" name="SendButton">
  <input type="reset" value="RESET" name="ResetButton">
</form>
```

メソッドを指定する部分
①GET、②POSTのいずれかが入る（ここはGETの例）

フォームのデータを渡すプログラムのファイル名

フォーム・ページのHTMLソース

Webブラウザの表示

クライアント

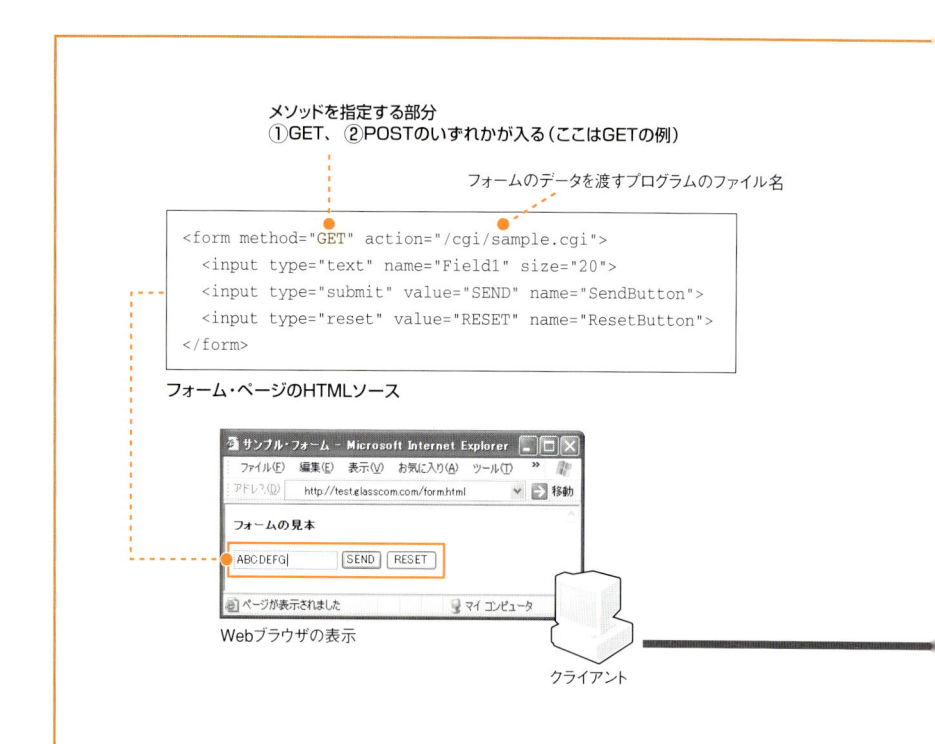

図6.7　フォームに入力した内容はHTTPのリクエストで送られる

分（フォーム）に埋め込むHTMLタグで指定します（**図6.7**）。ブラウザはフォームのデータをサーバーに送るときに、その指定を見てどちらの方法を使うか決めるわけです。

次は、リクエスト・メッセージを受け取ったWebサーバーの動きです。Webサーバーは、最初に、URIの部分に書いてあるファイル名を調べ、それがプログラムなのかどうか判断します。その判断方法はあらかじめWebサーバーに設定しておきます。ファイル名の拡張子でプログラムかどうか判断するというのが最も多いでしょう。「.cgi」「.php」といった拡張子を登録しておきファイル名の拡張子がそれと一致したらプログラムと見なす、というわけで

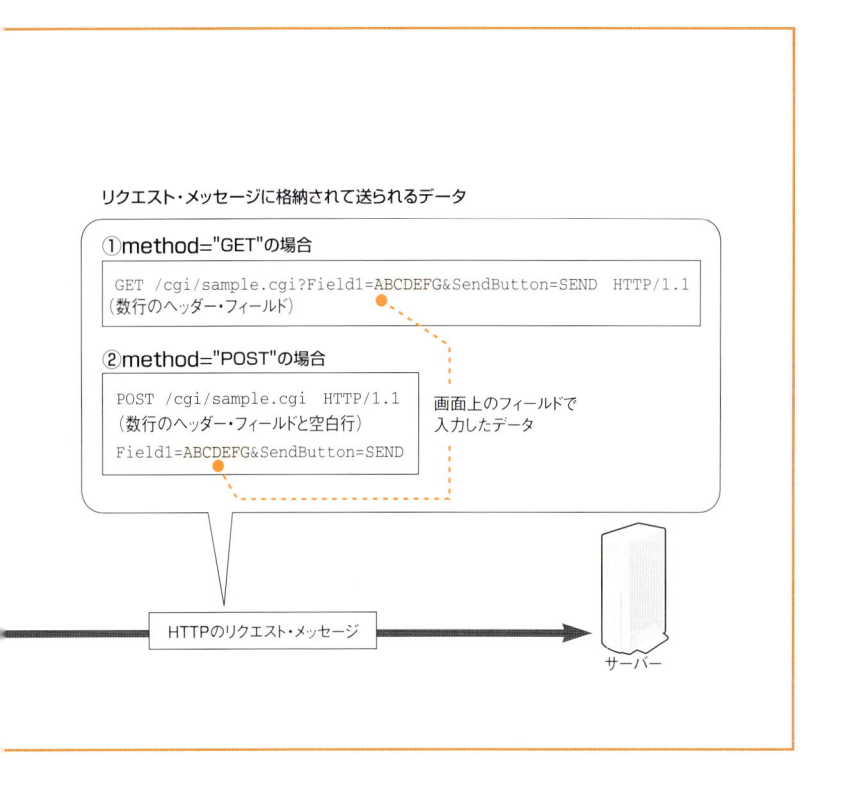

リクエスト・メッセージに格納されて送られるデータ

①method="GET"の場合

```
GET /cgi/sample.cgi?Field1=ABCDEFG&SendButton=SEND HTTP/1.1
（数行のヘッダー・フィールド）
```

②method="POST"の場合

```
POST /cgi/sample.cgi HTTP/1.1
（数行のヘッダー・フィールドと空白行）
Field1=ABCDEFG&SendButton=SEND
```

画面上のフィールドで入力したデータ

HTTPのリクエスト・メッセージ → サーバー

す。プログラム用のディレクトリ名を設定しておき、そのディレクトリに置いたファイルは全部プログラムと見なす、という方法もあります。

それで、ファイルがプログラムだということがわかったら、WebサーバーはOSにそのプログラムを起動するよう依頼します。そして、リクエスト・メッセージからデータを取り出して、起動したプログラムに渡します[注18]。メソ

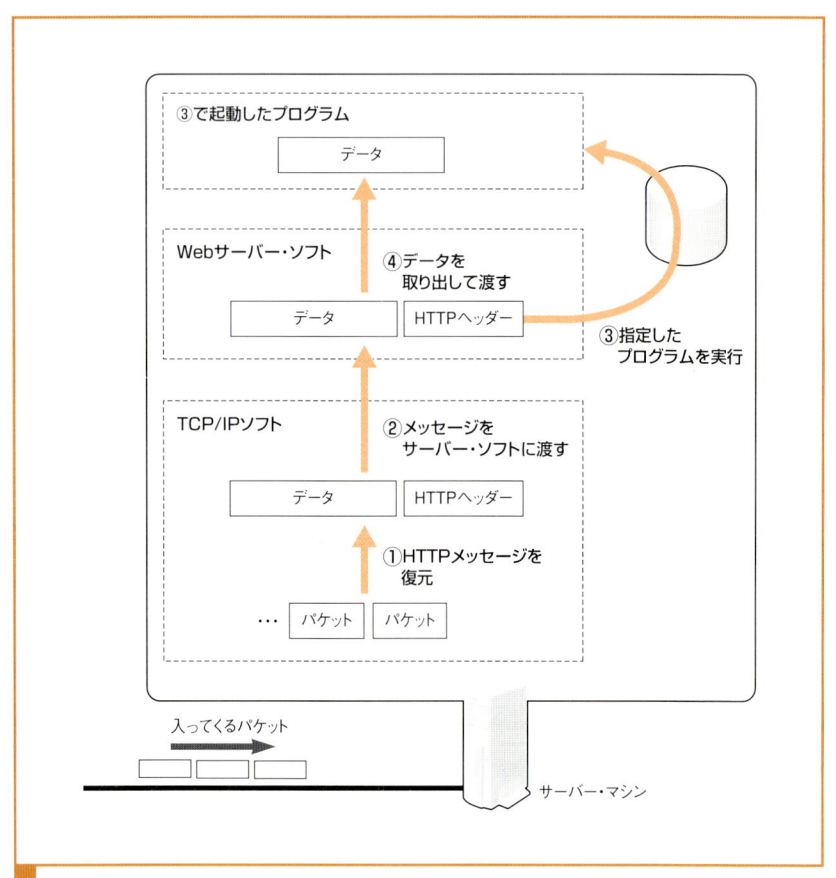

図6.8　Webサーバーで動くプログラムにデータが届くまで
Webサーバー・ソフトは、パケットを組み立ててデータを復元すると、その中で指定されたプログラムを起動する（実際は起動するようにOSに依頼する）。そして、Webサーバーは起動したプログラムにデータを渡す。

ッドがGETだったらURIの後ろに埋め込んだデータを取り出して渡し、POSTだったらメッセージ・ボディに埋め込んだデータを取り出して渡す、というわけです（**図6.8**）。

すると、起動したプログラムが受け取ったデータを処理して何らかの出力データを返してきます。注文を受け付けたことを表す案内文章とか、データベースからキーワードを検索した結果とか、その内容はいろいろでしょう。いずれにしても、データを処理した結果をクライアントに通知するために、出力データを返すわけです。その出力データは、通常、HTMLタグを埋め込んだHTMLドキュメントとなっているので、Webサーバーはそれをそのままレスポンス・メッセージとしてクライアントに送り返します。出力データの内容は起動したプログラムの作り方次第であり、Webサーバーにはうかがい知れないことなので、Webサーバーはその内容にはタッチしません[注19]。

Webサーバーで行うアクセス制御

このように、リクエスト・メッセージの内容からデータ源を判断して、そこからデータを得てクライアントに送り返す、というのがWebサーバーの基本動作ですが、その動作を実行する際、事前に設定しておいた条件に該当するかどうかを調べ、条件に該当する場合にその動作を禁止したり、条件に該当する場合だけ動作を実行する、といった機能もあります。このように条件によってアクセス動作の可否を設定する機能を、「アクセス制御」と呼び、会員制の情報提供サービスなどで、特定のユーザーにだけアクセスを許可するような場合に使います。社内で運用するWebサーバーで、特定の部署からのアクセスだけ許可する、という使い方もあります。

注16）ヘッダー・フィールドの後ろの部分です。
注17）URIの末尾に「?」を付け、その後にデータを埋め込みます。
注18）データだけでなく、メッセージのヘッダー・フィールドを渡すこともできます。
注19）HTTPメッセージのヘッダー・フィールドを付加することはありますが、データそのものにはタッチしません。

Webサーバーで設定する条件は主に次の三つです。

(1) クライアントのIPアドレス
(2) クライアントのドメイン名
(3) ユーザー名とパスワード

これを、データ源となるファイルやディレクトリに設定します。そして、クライアントからリクエスト・メッセージを受け取り、URIでデータ源を判断したら、そこにアクセス可否の条件が設定されているかどうか調べ、アク

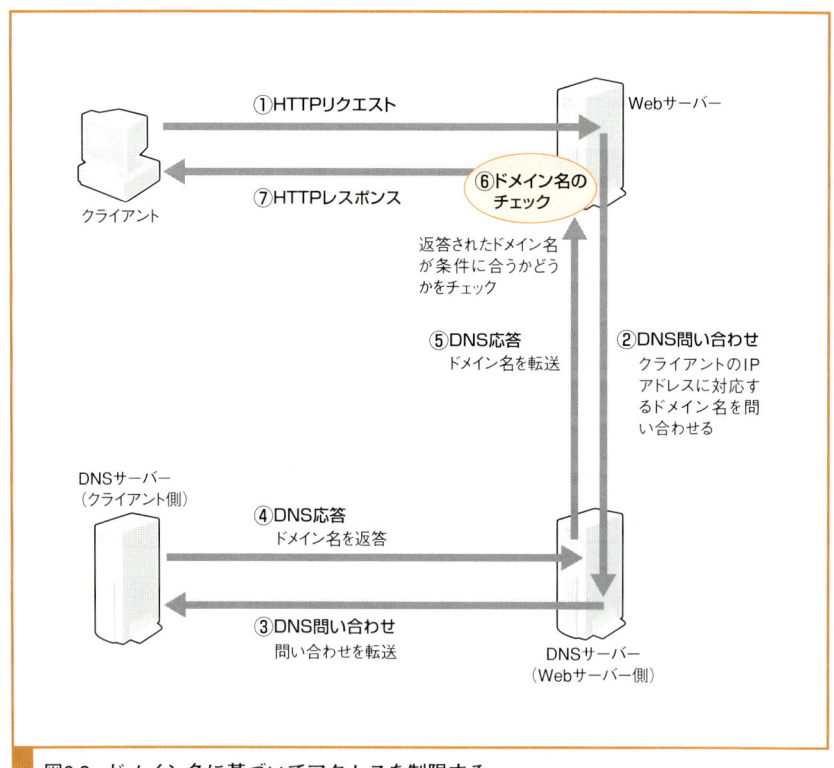

図6.9 ドメイン名に基づいてアクセスを制限する

セスが許可されている場合だけ、ファイルを読み込んだり、プログラムを実行するわけです。次は、この条件が設定されている場合の動作を見てみましょう。

　最初はクライアントのIPアドレスが条件として設定されている場合ですが、これは、簡単です。リクエスト・メッセージのパケットから送信元IPアドレスを調べ、それが条件に該当するかどうか判定するだけです。

　クライアントのドメイン名が条件として設定されている場合は、送信元IPアドレスからドメイン名を調べます。このとき、DNSサーバーを利用します。通常、DNSサーバーを使うのは、ドメイン名からIPアドレスを調べるときですが、その逆に、IPアドレスからドメイン名を調べるときもDNSサーバーを使います。具体的には、次のように動きます。クライアントからリクエスト・メッセージを受け取ったWebサーバーは（**図6.9**①）、パケットから送信元IPアドレスを調べて、それをDNSサーバーの逆引き問い合わせメッセージに記載して、最寄りのDNSサーバーに送ります（②）。すると、DNSサーバーはそのIPアドレスが登録されたDNSサーバーを探し出し、そこに問い合わせを転送します（③）。そこでドメイン名がわかるはずですから、そこからドメイン名の回答が返ってきます（④）。返ってきたら、Webサーバー側のDNSサーバーはそれをWebサーバーに転送します（⑤）。これで、送信元IPアドレスからドメイン名が判明します。念のために、そのドメイン名からIPアドレスを調べます。そして、送信元IPアドレスと一致することを確かめます（⑥）。ドメイン名を偽ってDNSサーバーに登録する攻撃方法もありますから、それを防ぐために二重にチェックするわけです。両方が一致したらドメイン名を設定した条件と照合して、アクセス可否を判断します。図6.9でわかるように、この方法はDNSサーバーの問い合わせメッセージが行き交う分だけ時間がかかり、その分Webサーバーの応答時間が長くなります。

　ユーザー名とパスワードが設定されている場合は**図6.10**のように動きます。通常のリクエスト・メッセージにはユーザー名もパスワードも含まれていな

いので、これではユーザー名とパスワードを確認することができません（①）。そのため、ユーザー名とパスワードを記入したリクエスト・メッセージを送るよう、レスポンス・メッセージでクライアントに通知します（②）。ブラウ

```
クライアント                                                              サーバー

           ①ファイル読み出しのリクエスト（GETメソッド）

           ②ユーザー名/パスワードの確認のためのリクエスト

           HTTP/1.1 401 Authorization Required
           Date: Mon, 06 Aug 2001 11:17:34 GMT
③ユーザー名と  Server: Apache/1.3.12 (Unix)（行末まで省略）        ユーザー名とパ
 パスワードを  WWW-Authenticate: Basic realm="for TEST"          スワードを要求
 入力        （以下省略）                                          するヘッダー・フ
                                                                 ィールド

           ④ユーザー名/パスワードの応答

           GET /test/ HTTP/1.1
           Accept: */*
           Accept-Language: en,ja;q=0.5
この部分は通  Accept-Encoding: gzip, deflate
常のリクエスト User-Agent: Mozilla/4.0（行末まで省略）
と同じ       Host: p90m.test.glasscom.com
           Connection: Keep-Alive                               ユーザー名と
           Authorization: BasicdGVzdHVzZXIxOnBhc3MxMQ==         パスワードを符
                                                                号化したもの
           ⑤GETに対するレスポンス
```

　　　通常のアクセスで発生するHTTPメッセージ

　　　ユーザー名/パスワードを確認する場合に追加されるHTTPメッセージ

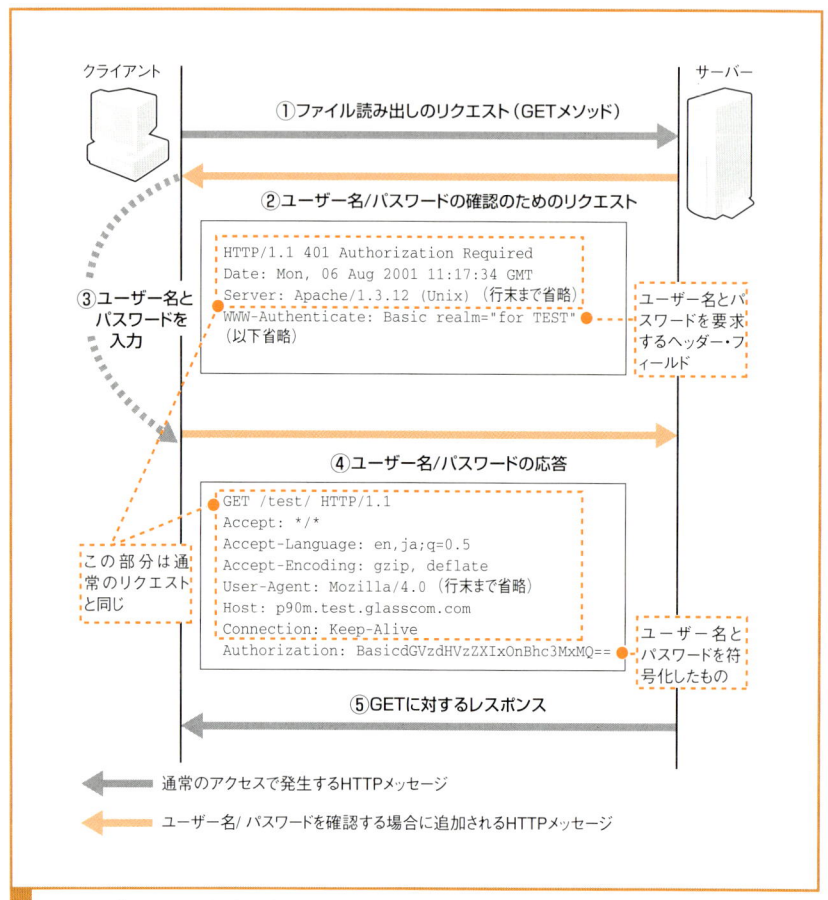

図6.10 パスワードを確認するにもHTTPを利用する

ユーザー名／パスワードを設定したページにアクセスするときは、HTTPメッセージにユーザー名／パスワード情報を記載したヘッダー・フィールド（Authorization）を追加しなくてはならない。それがない場合、Webサーバーはリクエストしたページの内容を返送せずに、ユーザー名／パスワードを要求するヘッダー・フィールド（WWW-Authenticate）を含むメッセージを返送する。

ザはこのレスポンス・メッセージを受け取ると、ユーザー名とパスワードを入力する画面を表示します。そこでユーザーがユーザー名とパスワードを入力したら（③）、それをリクエスト・メッセージに記載して、もう一度サーバーにアクセスし直します（④）。Webサーバーは通知されたユーザー名とパスワードと事前に設定したものとを照合してアクセス可否を判断し、アクセスを許す場合は、データを送り返します（⑤）。

■ レスポンス・メッセージを送り返す

　Webサーバーからクライアントにレスポンス・メッセージを送り返す動作の考え方は、最初にクライアントがリクエスト・メッセージをWebサーバーに送る動作と同じです。

　まず、Webサーバーがレスポンス・メッセージをTCP/IPソフトに渡します。このとき、レスポンス・メッセージをどこに送るべきかTCP/IPソフトに知らせる必要がありますが、通信相手のクライアントを直接通知するのではなく、どのソケットを使って通信しているのかを通知します[20]。ソケットには、通信の状態が全部記録されており、そこに通信相手の情報もあります。ですから、ソケットを通知すればそれが全部わかって都合がよいからです。

　そうしたら、TCP/IPソフトは一つのパケットに収まる長さにデータを分割し、ヘッダーを付けてパケットを送り出します。このパケットには、宛先としてクライアントのアドレスが記載されているはずです。TCP/IPでパケットを運ぶ仕組みは、どちらがクライアントで、どちらがサーバーなのか区別せず、単純に、ヘッダーに記載された宛先アドレスの相手にパケットを届ける、という動作で成り立っています。ですから、宛先としてクライアントのアドレスが記載されたパケットはスイッチやルーターを経由して、そして、インターネットの中を通って最終的にクライアントに届きます。

注20） 具体的には、ソケット・ディスクリプタをTCP/IPに通知します。

■ レスポンスのデータ・タイプを見て中身を判断

　Webサーバーが送ったレスポンス・メッセージは多数のパケットに分かれてクライアントに届くはずです。そうしたら、クライアント側のTCP/IPソフトが分割されたパケットを集めてデータ部分を取り出し、元のレスポンス・メッセージに戻したら、それをブラウザに渡します。その動きはサーバーの受信動作と同じです。その後はブラウザの画面表示動作に進みます。

　その表示動作は、レスポンス・メッセージに格納されたデータがどのような種類のものか調べるところから始まります。Webアクセスで扱うデータは文章、画像、音声、映像などいろいろありますし、その種類によって表示方法が違いますから、最初にその種類を調べるわけです。そうしないと、表示動作を正しく実行できません。

　そのとき、データの種類を判断する材料はいくつかありますが、レスポンス・メッセージの先頭部分にある「Content-Type」というヘッダー・フィールドの値で判断するのが原則です。ここには、

```
Content-Type: text/html
```

というような形式でデータの種類を書くことになっています。この「/」の左の部分を「主タイプ」と呼び、これでデータの種類の大分類を表します。そして、右の「サブタイプ」と呼ぶ部分で実際のデータの種類を表します。たとえば上の例なら、主タイプがtextでサブタイプがhtmlだということになります。主タイプとサブタイプの意味はすべて決まっているので[注21]、主要なものを**表6.1**にまとめておきます。上の例は、HTML仕様に従ってタグを埋め込んだHTMLドキュメントだということになります。

注21）このタイプの値と意味は、IPアドレスのグローバル・アドレスやポート番号と同じように、全世界で一元管理されています。

表6.1 メッセージの「Content-Type」で指定されるデータ形式

主タイプ	説明	サブタイプの例	
text	いわゆるテキスト・データを表す	text/html	HTMLドキュメント
		text/plain	プレーン・テキスト
image	画像データを表す	image/jpeg	JPEG形式の画像
		image/gif	GIF形式の画像
audio	音声データを表す	audio/mpeg	MP2、MP3形式の音声
video	映像データを表す	video/mpeg	MPEG形式の映像
		video/quicktime	Quicktime形式の映像
model	物体などの形や動きをモデリングしたデータを表す	model/vrml	VRML形式のモデリング・データ
application	上記以外のデータ。ExcelやWordなどのアプリケーションのデータは全部このタイプとなる	application/pdf	PDF形式の文書データ
		application/msword	MS-WORDの文書データ
message	メールなどのメッセージをそのまま別のメッセージに格納するときに使うタイプで、メッセージがそのまま格納されていることを表す	message/rfc822	通常のメールのデータ。「From::」「Date:」などのヘッダーを含む
multipart	メッセージ・ボディ部分に複数のデータが入っている	multipart/mixed	異なる形式の複数のデータがメッセージ・ボディ部分に格納されており、その個々にメディア・タイプが記載されている

　また、データの種類がテキストの場合は、どのような文字コードが使われているのか判断しなければいけません。その場合は、

```
Content-Type: text/html; charset=euc-jp
```

というように、charsetで文字コードの情報を付加することになっているので、それで判断します。そこがeuc-jpであれば文字コードはEUC、iso-2022-jpならJISコード、shift_jisならシフトJISコードというわけです。

　Content-Typeでデータの種類を調べたら、「Content-Encoding」というヘッダー・フィールドの値も調べます。圧縮技術や符号化技術によって元データを変換してからメッセージに格納した場合は、どのような変換を施したのかContent-Encodingフィールドに書くことになっています。ですから、このフィールドを調べて、必要に応じて元に戻さなければいけません。

　なお、この方法、つまり、Content-Typeフィールドを使ってデータの種類を表す方法はMIME[*]という仕様で規定されたもので、Webアクセスだけでなくメールなどでも使われている一般的な方法です。しかし、この方法はあくまでも原則に過ぎません。Content-Typeで判断する方法を正しく動かすためには、WebサーバーがContent-Typeの値を正しくセットしなければならないのですが、現実はそうなっているとは限りません。Webサーバーの運営管理者が不慣れなために、設定が不適切で、Content-Typeに正しい値がセットされない、といった事態が起こるからです。ですから、原則に従ってContent-Typeを調べるだけではデータの種類を正確に判断できないこともあるわけです。

　そこで、今のブラウザは他の判断材料も使って総合的にデータの種類を判断します。リクエストしたファイルの拡張子や、データの中身のフォーマットなどから総合的に判断するわけです。たとえば、ファイル名の拡張子を調べ、それが.htmlや.htmだったらHTMLドキュメントだとみなしたり、あるいは、データの中身を調べ、先頭部分に<html>というタグが書いてあったらHTMLドキュメントだとみなす、といった具合です。HTMLドキュメントのようなテキスト・データだけでなく、画像データも同様です。画像データは圧縮されたバイナリ・データですが、その先頭部分に中身を表す情報が記載されています。その内容を見て、データの中身を判断するわけです。ただ、

この部分は仕様で定められたものではありませんから、ブラウザの種類やバージョンによって動きが異なります。

ブラウザ画面にWebページを表示！アクセス完了！

　データの種類が判明したら、もうゴールは目前です。その種類に応じて画面表示のプログラムを呼び出して、データを表示させるだけです。HTMLドキュメント、プレーン・テキスト、画像といった基本的なものは、ブラウザ自身が画面表示機能を持っていますから、自分自身で画面表示を実行します。

　表示動作はデータの種類によって異なるので、HTMLドキュメントの場合を例にとって説明しましょう。HTMLドキュメントには文章のレイアウトやフォントの種類などを記したタグが埋め込まれていますから。そのタグの意味を解釈して、文章をレイアウトして画面に表示します。実際の画面表示動作はOSが担当しますから、OSに対して、どの位置に、どんな文字を、どんなフォントで表示するか指示を出すわけです。

　HTMLドキュメントの中には画像などを埋め込んだものもあります。そのような場合、文章のデータと画像のデータは別々のファイルに格納し、HTMLドキュメント中の方には画像を埋め込む個所に画像を表すタグを書くことになっています。ブラウザはそのタグを見つけたら、画像データのファイルをサーバーから読み込みます。その動作はHTMLドキュメントのファイルを読み込む動作と同じです。HTTPリクエストのURIの部分に画像データのファイル名を書くだけです。そうしてリクエスト・メッセージをWebサーバーに送れば、Webサーバーから画像データが送り返されるはずです。そうしたら、タグが書いてあった場所に画像データを埋め込みます。JPEGやGIF形式の画像データは圧縮されていますから、圧縮を解いてからデータをOSに渡して表示するよう指示します。もちろん、その場所に文章を表示したら重なってしまいますから、その部分は画像の大きさの分だけ空けて文章を表示しま

す。

　HTMLドキュメントのように、ブラウザが自分で表示機能を持っている場合は、こうやってOSに指示を出しながら画面に表示します。しかし、Webサーバーから読み込むものには、ワープロやプレゼンテーション・ソフトといったアプリケーションのデータもあります。その場合は、自分では表示できませんから、そのアプリケーションを呼び出します。そのアプリケーションはブラウザにプラグインとして組み込む形かもしれませんし、独立したプログラムかもしれません。いずれにしても、データの種類によって呼び出すプログラムは決まっており、それがブラウザに設定されているはずですから、その設定に従ってプログラムを呼び出してデータを渡します。そうすれば、呼び出したプログラムが画面に表示してくれます。

　これで、ブラウザは表示動作を終わり、ユーザーが次のアクションを取るのを待ちます。表示したページ中のリンクをクリックするとか、URL欄に新たにURLを入力すれば、再びWebサーバーへのアクセス動作が始まります。

用語解説

■ベースバンド
信号を変調せずにケーブル上に流す通信方式。イーサネットがその代表です。

■プリアンブル
英語では序文、前文といった意味があり、何かの前につける情報のことを指します。イーサネットのパケットの先頭部分にクロックの同期をとるために、64ビット分の特別なビット・パターンの信号を付加するのが代表的な例です。

■フレーム・チェック・シーケンス（FCS）
イーサネットなど、フレーム単位でデータを送信する通信システムで、エラー検出のためにフレームの最後に付加される情報のことです。

■マルチタスク
OSが備える機能の一つで、複数のタスク（プログラム）を同時並行して実行する機能のことをいいます。一つのプロセッサは、ある時点で一つのタスクしか実行できませんが、短時間にタスクを切り替えながら実行することで、同時に実行されているように見せます。

■マルチスレッド
複数のスレッドを同時に実行させる機能を指します。スレッドは、OSの用語で、一つのプログラム中に並行して動作する部分を複数持つもの、あるいは、そうした形態のプログラムを実行する仕組みをマルチスレッドと呼び、その並行動作する個々のプログラム部分を「スレッド」といいます。プログラムを並行して動作させるという意味でスレッドと似た用語としてタスクとプロセスがありますが、タスクやプロセスはOS内部では別々のプログラムとして扱われます。これに対してスレッドは、一つのプログラム中に並行動作する部分を含むものを指すので、意味は異なります。

■MIME
Multipurpose Internet Mail Extensionsの略。電子メールで画像や添付ファイルなどの文字以外の情報を送るための仕様です。昔のインターネットのメールには、使用する文字コードや1行の文字数などの制限がありましたが、MIMEによって制限を回避できるようになりました。また、MIMEで定めたデータの種類を表すタイプ（通称、MIMEタイプという）はWebなどでも利用されています。

COLUMN
ほんとうは難しくない ネットワーク用語

ゲートウエイは 別世界に通じる入り口

探検隊員：ゲートウエイって、いろいろな種類がありますよね。
探検隊長：そうだね。
隊員：そもそも、ゲートウエイって何なんですか？
隊長：人に聞く前にだね。
隊員：そうでした。辞書引いてみます。えーと、壁などにある門のような入り口、って書いてありますね。
隊長：そういうこと。入り口の向こうには何があると思う。
隊員：えっ、向こう側ですか。そうですね。天国ですか？
隊長：天国ねぇ。まあ、当たらずといえども遠からず、っていうところかな。入り口の向こう側には、こちら側とは違う世界がある、と考えるわけだ。
隊員：はあ。
隊長：その別の世界に通じる入り口がゲートウエイっていうことだよ。
隊員：またまた、禅問答ですかぁ。
隊長：まあ、そう言うな。それじゃ、例を挙げて考えてみようか。Webサーバーには CGI（Common Gateway Interface）っていう機能があるだろう。あれはどういうものかね？
隊員：WebサーバーがCGIアプリケーションを起動して、そこでユーザーから受け取ったデータを処理するんですよね。
隊長：Webサーバーの立場で見ればそういうことだけど、クライアントから送られてきたメッセージになったつもりで考えるとどうなるかな？
隊員：メッセージは、まず、Webサーバーにたどり着きますね。
隊長：そうだよ。その後どうなる？
隊員：その後は…、Webサーバーの中に入っていって、そこからCGIアプリケーションの中に入っていく、っていうことですか？
隊長：そうだよ。正確にいうと、CGIっていうのはアプリケーションじゃなくて、アプリケーションとWebサーバーの間をつなぐインタフェース仕様のことだね。だから、WebサーバーからCGIっていうインタフェース

を通って、アプリケーション・プログラムに入っていく、っていう感じかな。

隊員：なるほど。だから、そのインタフェースがアプリケーションという別世界に通じる入り口になるっていうことですね。

隊長：少しは「心」がわかってきたようだね。CGI以外にも、別世界に通じる入り口がいろいろあるだろう。それをゲートウエイっていうんだよ。

隊員：それじゃ、TCP/IPの設定画面にあるデフォルト・ゲートウエイのゲートウエイもそうですか？

隊長：その場合のゲートウエイはルーターっていう意味だな。

隊員：どうしてデフォルト・ルーターじゃなくてデフォルト・ゲートウエイなんですか？

隊長：昔は、ルーターっていう言葉はなかったんだよ。それで、ルーターのことをゲートウエイと呼んでいたんだ。ルーターも、ある意味で、別のネットワークに抜けていく入り口みたいなものだからね。デフォルト・ゲートウエイというのは、その名残りなんだ。

隊員：へぇー。それじゃどうしてルーターっていう言葉ができたんですか？

隊長：昔、ルーターに当たるものには、いろいろな名前がついていたんだ。TCP/IPではゲートウエイと呼んでいたんだけど、TCP/IP以外の人達は、別の呼び名を使っていたんだ。今だって、なんとかスイッチとか、なんとかハブとか、わかりにくいだろ？あんな感じだったんだ。

隊員：それじゃ何とかしなくちゃいけませんね。

隊長：そう思うだろう。だから、ルーターっていう名前に統一することにしたんだ。

隊員：そういうことですか。それじゃ、今のスイッチとかハブとか、こっちの方も何とかなりませんか？

隊長：ワタシに言ってもダメだよ。

隊員：そんなこと言わず、何とかしてくださいよー。

あとがき

　URLを入力してからページが画面に表示されるまで、ものの数秒しかかかりません。しかし、その裏側ではこのように、いろいろな機器やソフトウエアが絡み合って動いています。探検ツアーで取り上げたものだけでも十分すぎるほど複雑だといえるでしょう。しかし、ツアーで取り上げたものはその一部に過ぎません。取り上げることができなかった部分がまだ多数残っています。細かい部分まで説明していると本当にキリがありません。それほどネットワークは複雑なのです。

　しかし、このツアーでネットワークの姿が見えてきたはずです。基本的な考え方もわかったはずです。探検する個所はまだまだたくさん残っていますが、ツアーに参加した方は残りの部分を自力で探検できるようになっているでしょう。この後どこを探検するかは、皆さん一人ひとりの興味の持ち方次第です。

　それから、私が運営しているWebサイトの掲示板で著作物に関する質問を受け付けています。疑問を解消できないまま読み終わってしまった方は一度アクセスしてみてください。お役に立てるかもしれません。

http://www.glasscom.com/tone/

謝辞

　本書の発行に際して、ご協力いただいた皆さまに感謝します。特に、快く取材に応じていただき、いろいろと教えてくださった通信事業者各社の皆様に感謝します。企画段階からお世話になりました日経NETWORKの瀬川弘司編集長、三輪芳久副編集長、高橋健太郎記者、日経BP社出版局の高畠知子様、編集スタッフの皆様、そして、日経NETWORKで「インターネットはなぜつながるのか」を連載中、いろいろなご指摘ならびに激励の言葉をお寄せくださった読者の皆様にもこの場を借りてお礼申し上げます。

索引

数字

10BASE-T	129
1000BASE-T	129
100BASE-T	129

A

accept	44
ACK	73、250、253
ACK番号	74、102、115
ADSL	181、188
ADSLモデム	199、204
ADSLモデム一体型ルーター	182
AppleTalk	94
ARP	60、81、114、160、173
ARPキャッシュ	81
ATM	185、236
ATM専用線	223
ATM網	183

B

bind	44
BGP	237

C

CATV	181
CDSP（Content Delivery Service Provider）	281
CGI	258、313
CGIプログラム	10、50
close	47
connect	45、68

D

DELETE	10
DNS	22
DNSサーバー	22、254、282
──のアドレス設定	27
──の基本動作	29
DSLAM	190、206、236

F

FCS	88、89、114
file:	3
FIN	251
ftp:	3
FTP	3、49
FTTH	181、236

G

GET	10、14、314

H

HDLC	206、236
HEAD	10
HTML	322
http:	3
HTTPのメソッド	10
HTTPメッセージ	11、17、268

フォワード・プロキシの―― ……………275
　　リダイレクトで使う―― ………………290

I

ICMP …………60、77、95、114、155、173
ICMPメッセージ ………………………………250
ID情報（Identification）……………………76
IDF（Intermediate Distribution Frame、中間配
　　線盤）………………………………………192
IP ………………………………………59、301
IPv4 ……………………………………………113
IPX/SPX …………………………………………94
IPアドレス ………20、43、50、65、148、243
　　――の表記法 ……………………………152
IPヘッダー ……………………………75、157、250
IRQ ……………………………………………114
ISDN ……………………………………181、194
ISP ……………………………………………181
IX（Internet eXchange）………………230、257

J

JPIX ……………………………………230、237
JPNAP …………………………………230、237

L

LANアダプタ …………60、83、93、124、297
　　――の構造 …………………………………84
LANケーブル …………………………………123
LANドライバ …………………………60、83、94
LINK ……………………………………………10
listen ……………………………………………44

M

MACアドレス ……………………………60、113
MACアドレス・テーブル ………………133、136
MACヘッダー ……………………………79、250
mailto: ……………………………………………3
MAU（Medium Attachment Unit）90、91、172
MDF（Main Distribution Frame、主配線盤）
　　…………………………………………190、192
MDI（Media Dependent Interface）………130
MDI-X（MDI-Crossover）……………………130
MIME ……………………………………324、327
MSS（Maximum Segment Size）……………98
MTU（Maximum Transmission Unit）
　　……………………………………………98、173

N

NetBEUI …………………………………………94
NetWare …………………………………………94
NOC（Network Operations Center）
　　……………………………………212、231、257
NSPIXP-2 ………………………………230、237

O

OPTIONS …………………………………………10

P

PATCH ……………………………………………10
PID（Process ID）………………………63、113
PnP ………………………………………94、114
POST ……………………………………10、314
PPP ……………………………………201、236

索引

――の認証動作 ……………………………204
PPPoA（PPP over ATM）………………201
PPPoE（PPP over Ethernet）
　………………………………158、173、209
PPPメッセージ ……………………………206
PSH …………………………………………251

R
RADIUS ……………………………………200
read …………………………………………47
RJ-45コネクタ ……………………………123
RST …………………………………………251

S
SNA …………………………………………94
socket ………………………………44、113
Socketライブラリ …………22、39、59、67
SYN ……………………………73、250、253

T
TCP ……………………………59、253、302
TCP/IPソフト …………27、41、50、58、300
TCPヘッダー …………………73、101、250
telnet …………………………………252、291
TRACE ………………………………………10
TTL（Time To Live）……………………157

U
UDP ………………………31、50、59、109、254
UDPヘッダー ………………………111、250
UNLINK ……………………………………10

URI ……………………………………8、14、50
URL ……………………………………………3、49

W
write …………………………………………47、98

あ
アクセス回線 ……………………………181、291
アクセス制御 ……………………………………317
アクセス・ポイント ……………………199、211
　――の内部構成 ………………………………214
宛先IPアドレス ……………………75、76、250
宛先MACアドレス ………………………80、250
宛先ポート番号 ……………………………74、111
アドレス変換 ……………………………161、165
アドレス変換 ……………………………………256
アドレス変換装置 ………………………………165
アプリケーション・ゲートウエイ型
　………………………………………………247、274

い
イーサ・タイプ …………………………………80
イーサネット・コントローラ …………84、132
位相 ……………………………………188、217
位相変調 ………………………………………186
インターネット接続事業者 ……………………181

う
ウインドウ ………………………………………74
ウインドウ・サイズ …………………………108
ウインドウ制御方式 …………………………105

333

お
オート・ネゴシエーション ……………………144

か
仮想ディレクトリ ………………………………311

き
き線点 ……………………………………………193
キャッシュ ……………………………38、50、265
キャッシュ・サーバー …………………………265
　　　──の配置場所 …………………………278
緊急ポインタ ……………………………………74

く
クッキー（cookie）………………………………265
クラッド …………………………………………216
グローバル・アドレス ……………………163、243
クロスケーブル …………………………………130
クロストーク ……………………127、194、236
クロック …………………………………87、298

け
経路情報 ……………………………………225、283
経路表 ……………………75、78、148、152、225
ケーブル長 ………………………………………142

こ
コア ………………………………………………216
広域イーサネット・サービス ……………223、236
公開用サーバーLAN ……………………………255
コネクション ……………………………69、113

コ
コリジョン・ドメイン …………………………141
コンテンツ配信サービス ………………………281
コントロール・ビット
　　………………………73、74、97、250、253

さ
サーキット・ゲートウエイ型 …………………247
サービス・タイプ（ToS）………………………76
サブ・ドメイン …………………………………33

し
シーケンス番号 ………………………73、74、101
ジャミング ………………………………………91
ジャミング信号 …………………………136、172
周波数 …………………………………………188
　　　ADSLの── ………………………………189
　　　ISDNの── …………………………………196
出力インタフェース ……………………………252
主配線盤 …………………………………………192
衝突 …………………………………………91、140
シングル・モード光ファイバ …………………220
振幅変調 …………………………………………186

す
スイッチ …………………………………………172
スイッチ回路 ……………………………133、142
スイッチング・ハブ ……123、132、155、172
スタート・フレーム・デリミタ ………85、88
ステータス・コード ………………………8、16
スプリッタ ………………………………………190

索引

せ

生存期間（TTL） ……………………76
接続フェーズ ………………………71
切断 …………………………………47
切断フェーズ ………………………72
セル ……………………………185、236
全2重 ………………70、113、143、161
専用線 ……………………………160

そ

送信元IPアドレス ……………75、76、250
送信元MACアドレス ……………80、250
送信元ポート番号 ………74、111、250
ソケット ……………………42、60、303

た

ダーク・ファイバ ……………223、237
タイムアウト値 ……………………104
ダイヤルアップ接続 ………………200
ダイヤルアップ・ルーター …………205
タグ ………………………………16、50
多重化 ……………………………225
　　　通信回線の―― ……………224

ち

チェックサム ……………………74、111
中間配線盤 ………………………192
直交振幅変調 ………………………186

つ

ツイストペア・ケーブル ………123、126

て

通信回線 ……………………………223
　　　――の多重化 …………………224

て

ディスクリプタ ……………………42、68
データオフセット …………………74
データ・センター …………………257
データ送受信フェーズ ……………72
データ・タイプ ……………………322
データ長 ……………………………111
デジタル専用線 ……………………223
デフォルト・ゲートウエイ ……77、114、156
デュアルビットマップ ………………198
電磁波 ………………………………127
電話ケーブル ………………………194

と

とう道 ………………………………193
トップレベル・ドメイン ………………34
ドメイン ………………………………33、49
ドメイン名 ……………………………5、49
トランジット …………………………227
トランスペアレント・プロキシ ………276

に

入力インタフェース …………………252
認証サーバー ………………………200

ね

ネーム・リゾリューション ……………22

ネットマスク …………77、114、150、172
ネットワーク・アプリケーション ………58
ネットワーク番号 ………………………149

は

パケット ………………31、59、113、184
　　──の振り分け ………………………64
　　──の分割と組み立て ………………301
パケット・フィルタリング …161、170、291
　　──の典型例 …………………………249
パケット・フィルタリング型 ………247
半2重 ………………………………………89

ひ

ピア ………………………………………228
光ファイバ ………………………………216
非トランジット …………………………228
ピンポン伝送 ……………………………196

ふ

ファイアウォール ……………246、291
フォーム ……………………………50、315
フォワード・プロキシ …………………272
負荷分散 …………………………………258
負荷分散装置 ……………………………262
プライベート・アドレス …………163、255
ブラウザ ……………………………………3
フラグ ……………………………………76
フラグメント ……………………………251
フラグメントオフセット ………………76
フラグメンテーション ………96、159、301

プラスチック絶縁ケーブル ……………192
プリアンブル …………85、88、298、327
ブリッジ・タイプ ………………207、236
フレーム・チェック・シーケンス（FCS）
　………………………………85、299、327
ブロードキャスト ………………………151
ブロードキャスト・アドレス ………140、172
ブロードバンド・アクセス・サーバー（BAS）
　……………………………………………199
プロキシ ………………………264、265、291
プロキシ・サーバー ……………274、291
プロトコル …………………………5、49
プロトコル番号 …………………76、250
プロバイダ ………………………181、225
分散処理 …………………………………259

へ

ベースバンド ……………………297、327
ヘッダーチェックサム ……………………76
ヘッダー長（IHL）…………………………76
変調技術 …………………………………186

ほ

ポート番号 …5、43、45、50、165、167、252
ホスト番号 ………………………………149

ま

マルチスレッド …………………307、327
マルチタスク ……………………307、327
マルチ・モード光ファイバ ……………220

索引

む
無線LAN ……………………………………181

め
メソッド ………………………………………8
メッセージ・ヘッダー ……………………13
メッセージ・ボディ ………………………14
メーラー ……………………………………59
メール・サーバー …………………………59

ゆ
ユーザー認証 ……………………………200

よ
より対線 ……………………………123、126

ら
ラウンド・ロビン …………………………261

り
リアセンブリング …………………………97
リクエスト・メッセージ …8、11、267、309
リソース・レコード ………………………31
リゾルバ …………………………………22、59
リダイレクト ……………………………286
リバース・プロキシ ……………………276
リピータ回路 ……………………131、142
リピータ・ハブ ……91、114、123、129、172
　　──の接続台数 ………………142
リモート・アクセス・サーバー（RAS）…200
リンカ ………………………………………59

る
ルーター …………………21、113、123、147、213
ルーティング・テーブル ………………75、148
ルート・ディレクトリ ………………………7
ルート・ドメイン ……………………………34

れ
レイヤー2スイッチ ……………………232
レスポンス・メッセージ …………8、15、320

ろ
ロードバランサー ………………………262

わ
割り込み …………………………………300

337

著者プロフィール

戸根　勤（とね・つとむ）
1985年、ケーブルやLANボードをかき集めて自力で構築したパソコンLANでネットワークを初体験。その後、外資系ネットワーク機器メーカや国内インテグレータで製品開発や技術コンサルティングに従事。1998年に独立。技術コンサルティングや執筆活動を手がける。本名は水吉俊幸。

近年の主な著書
『プロフェッショナル・ネットワーク ― 設計・分析・管理 徹底解説』（戸根勤著、日本実業出版社）
『ネットワーク用語事典』（戸根勤著、オーム社）
『新人SEのための基礎からわかるネットワーク入門』（戸根勤ほか共著、日経BP社）
『基礎から身につけるLinuxインターネットサーバ構築術』（戸根勤ほか共著、日経BP社）
『完全理解TCP/IPネットワーク』（戸根勤著、日経BP社）

初出
日経NETWORK　2002年4月号～2002年9月号
「インターネットはなぜつながるのか」第1回～第6回
本書は上記連載を全面的に見直し、加筆・修正したものです。

ネットワークはなぜつながるのか
知っておきたいTCP/IP、LAN、ADSLの基礎知識

2002年11月11日　　1版1刷
2004年 1月30日　　1版10刷

著者　　　戸根 勤
監修　　　日経NETWORK
発行者　　国谷 和夫
発行　　　**日経BP社**
発売　　　**日経BP出版センター**
　　　　　〒102-8622
　　　　　東京都千代田区平河町2-7-6
　　　　　TEL.(03)3238-7200（営業）
　　　　　ホームページ　http://store.nikkeibp.co.jp/
　　　　　e-mail　book@nikkeibp.co.jp

装幀　　　　　　黒田 貴
制作・イラスト　桜デザイン工房
印刷・製本　　　日経印刷（株）
cover phtograph/ⒸGisuke Hagiwara/amana images

Ⓒ2002 Tsutomu Tone
ISBN4-8222-8151-5

●本書の無断複写複製（コピー）は、特定の場合を除き、著作者・出版社の権利
　侵害になります。